U0664115

住房城乡建设部土建类学科专业"十三五"规划教材

高职高专土建类"411"人才培养模式综合实务模拟系列教材

施工图识读实务模拟

（第二版）

主　编　夏玲涛

副主编　陈伟东　蒋　蓓

主　审　丁天庭

中国建筑工业出版社

图书在版编目（CIP）数据

施工图识读实务模拟/夏玲涛主编. —2版. —北京：中国建筑工业出版社，2022.9（2025.12重印）
住房城乡建设部土建类学科专业"十三五"规划教材
高职高专土建类"411"人才培养模式综合实务模拟系列教材
ISBN 978-7-112-27402-4

Ⅰ. ①施… Ⅱ. ①夏… Ⅲ. ①建筑制图-识别-高等职业教育-教材 Ⅳ.①TU204

中国版本图书馆 CIP 数据核字（2022）第 084722 号

"施工图识读实务模拟"是一门实践性很强的综合实务能力训练课程。本教材由综述、4 个项目和 2 个附录组成：项目 1 为建筑施工图识读，项目 2 为结构施工图识读，项目 3 为设备施工图识读，项目 4 为图纸自审及会审，附录 1 为图纸会审纪要，附录 2 为本教材配套的商务办公楼施工图。

本书可作为高等职业院校土建类专业综合实训阶段的教学指导用书，也可供相关专业技术人员参考。

为方便教师授课，本教材作者自制免费课件并提供习题答案，索取方式为：1. 邮箱 jckj@cabp.com.cn；2. 电话（010）58337285；3. 建工书院 http://edu.cabplink.com。

责任编辑：李天虹
责任校对：赵 菲

住房城乡建设部土建类学科专业"十三五"规划教材
高职高专土建类"411"人才培养模式综合实务模拟系列教材

施工图识读实务模拟（第二版）

主　编　夏玲涛
副主编　陈伟东　蒋　蓓
主　审　丁天庭

*

中国建筑工业出版社出版、发行（北京海淀三里河路 9 号）
各地新华书店、建筑书店经销
霸州市顺浩图文科技发展有限公司制版
建工社（河北）印刷有限公司印刷

*

开本：787 毫米×1092 毫米　1/16　印张：17¾　字数：438 千字
2022 年 9 月第二版　　2025 年 12 月第五次印刷
定价：55.00 元（附图册、赠教师课件）
ISBN 978-7-112-27402-4
（39561）

版权所有　翻印必究
如有印装质量问题，可寄本社图书出版中心退换
（邮政编码 100037）

前　言

　　"施工图识读实务模拟"是浙江建设职业技术学院"411"人才培养模式下第二阶段综合实务能力训练的核心课程之一，是一门实践性很强的综合实务能力训练课程。"图纸是工程师的语言"，识读施工图是工程技术人员必备的基本技术，识读能力反映了对施工图理解和实施的水平。"施工图识读实务模拟"课程以真实的工程项目为载体，进行识读训练，将第一阶段的专项知识转化为识读能力、纠错能力等综合实务能力的提升。同时，学好该课程，具备识读能力，也是后续课程正常开展的前提和必要条件。可以说，该课程在"411"人才培养模式的运行环节中居于承前启后的地位，起到了决定性的作用。

　　本书编写时对施工图的识读能力标准进行了定位，以职业素质为根本，将识读能力分为三个层次，第一层次是基本识读能力，即掌握施工图的基本知识，能正确识读施工图，理解设计意图；第二层次是独立校审能力，即在正确识读施工图的基础上，能对施工图进行校对审核，发现图纸中的问题，能编写自审记录以备图纸会审时提出商讨；第三层次是解决问题能力，即发现问题后能解决问题，或提出修改建议，这一能力需要具备丰富的理论知识和实践经验，因此是识读能力的最高层次。

　　本书内容精炼，由综述、4个项目和2个附录组成。4个项目中项目1为建筑施工图识读，项目2为结构施工图识读，项目3为设备施工图识读，项目4为图纸自审及会审。为更好地强调项目贯穿教材，我们还编写了《综合实务模拟系列教材配套图集》，项目4教学时可针对配套图集中的工程项目进行综合实务模拟训练。

　　本书除了作为建筑工程技术、建设项目信息化管理、工程监理、工程造价等专业学生的综合实训教材以外，还可作为建筑施工技术入门人员学习建筑工程施工图识读的指导书，也可供建筑行业其他工程技术人员及管理人员工作时参考。

　　本书由浙江建设职业技术学院夏玲涛（教授、高级工程师、国家一级注册结构师）任主编，浙江建设职业技术学院陈伟东（副教授、国家一级注册建造师）和蒋蓓（讲师、工程师）任副主编，浙江建设职业技术学院邬京虹（讲师、建筑师）、朱敏敏（讲师、工程师、二级注册建造师）、徐卫敏（讲师、工程师）、萧山区第四中等职业学校周嫣妮（讲师）参编。综述、项目1由夏玲涛编写，项目2由陈伟东、夏玲涛、朱敏敏、徐卫敏编写，项目3、项目4由蒋蓓、周嫣妮编写，配套图纸由邬京虹、朱敏敏绘制。全书由丁天庭（教授、国家一级注册结构师）主审。在本书编写过程中，得到了杭州恒元建筑设计院有限公司、浙江建院建筑规划设计院、浙江国泰建设集团有限公司等诸多单位和专家的大力支持和帮助；同时，编写委员会提出了编写意见和建议，浙江建设职业技术学院的诸多同事也提供了资料和帮助，在此一并表示感谢。

　　"411"人才培养模式是一个创新人才培养教学模式，在"411"人才培养模式"追求工程真实情境，提升学生顶岗能力"理念的指导下，综合实践训练——"施工图识读实务模拟"的方式和内容正处在不断探索之中，同时还需要结合新技术、新工艺、新材料、新结构的发展不断地补充、完善，另外由于编者水平有限，时间比较仓促，书中缺点与问题在所难免，恳请读者批评指正。

目 录

综　　述

◆ 概念导入

1. 建筑

建筑，既表示建筑工程的营造活动，又表示营造活动的成果——建筑物，同时可表示建筑类型和风格。

在我国，建筑作为营造成果时常与"建筑物""房屋"通用；在西方国家，只有具备设计与营造艺术的才称建筑。

2. 建筑物和构筑物

建筑物，系指用建筑材料构筑的空间和实体，供人们居住和进行各种活动的场所。

构筑物，系指为某种使用目的而建造的、人们一般不直接在其内部进行生产和生活活动的工程实体或附属建筑设施。

建筑物包括住宅、厂房、仓库、办公楼、影剧院、体育馆、学校校舍等各类房屋。构筑物包括电视塔、筒仓、挡土结构等。

3. 建筑工程

建筑工程，系指通过对各类房屋建筑及其附属设施的建造和与其配套的线路、管道、设备的安装活动所形成的工程实体。

1. 建筑工程图

建筑工程图是以投影原理为基础，按国家制图标准，把建筑物的形状、大小等准确地表达在平面上的图样，并同时表明建筑工程所用材料以及生产、安装等的要求。

建筑工程图是建筑工程建设的技术依据和重要的技术资料。

根据建筑工程建设过程中各个阶段的不同要求，建筑工程图分为方案设计图、建筑工程施工图和建筑工程竣工图。

由于建设过程中各个阶段的任务要求不同，各类图纸所表达的内容、深度和方式也有差别。方案设计图主要是为征求建设单位的意见和供有关主管部门审批；建筑工程施工图是施工单位组织施工的依据；建筑工程竣工图是工程完工后按实际建造情况绘制的图样，作为技术档案保存起来，以便于需要的时候查阅。

本书重点介绍建筑工程施工图的图示内容、识读方法、识读技巧。

2. 建筑工程施工图

"图纸是工程师的语言"，设计人员通过绘制建筑工程施工图，来表达设计构思和设计意图，而施工人员通过正确地识读建筑工程施工图，理解设计意图，并按图施工，使工程图纸变成工程实物。

建筑工程施工图包括以下内容：

（1）图纸总封面，总封面应标明：项目名称；编制单位名称；项目的设计编号；设计阶段；编制单位法定代表人、技术总负责人和项目总负责人的姓名及其签字或授权盖章；编制年月（即出图年、月）。

（2）所有涉及的专业设计图纸，包含总图、建筑施工图、结构施工图、给水排水施工图、电气施工图、暖通空调施工图等。

给水排水施工图、电气施工图、暖通空调施工图又统称为设备施工图。

（3）工程预算书。

注：对于方案设计后不做扩初设计，直接进入施工图设计的项目，若合同未要求编制工程预算书，施工图设计文件应包括工程概算书。

建筑工程施工图的编排按照以下原则排序：

（1）首先按专业顺序编排：总图、建筑施工图、结构施工图、给水排水施工图、电气施工图、暖通空调施工图等。

（2）各专业的图纸，按图纸内容的主次关系、逻辑关系，有序排列。一般是全局性图纸在前，局部图纸在后；先施工的在前，后施工的在后；重要图纸在前，次要图纸在后。

3. 建筑工程施工图识读概述

一套建筑工程施工图由建筑、结构、给水排水、电气、暖通空调等多个专业的图纸组成。对识读图纸的初学者来说，由于图纸数量多，且各工种相互配合，紧密联系，往往会感到毫无头绪，抓不住要点，分不清主次。对于土建施工人员来说，如何识读建筑工程施工图，准确理解设计意图，应注意以下几点：

（1）首先应掌握投影原理、制图标准（或制图规则），熟悉房屋建筑构造、结构构造，这是识图读图的前提条件；同时了解设备专业的基本知识，掌握设备专业图纸中与土建相关的内容。

（2）掌握识读建筑工程施工图的方法和步骤，抓住重点要点，系统性、综合性、针对性地识读施工图纸。

（3）耐心细致，通过实践反复进行训练，熟能生巧，不断提高施工图识读能力。

根据经验，可将施工图识读方法归纳为：从上往下、从左往右；由先到后；由粗到细、由大到小；建施结施结合看、设施参照看。

（1）"从上往下、从左往右"的顺序，符合读图习惯，同时也是施工图绘制的先后次序。

（2）"由先到后"识读图纸，指根据施工先后顺序，比如建筑施工图先看一层平面图，再依次看二层、三层平面图等；比如结构施工图，从基础、墙柱、楼面到屋面依次看，此顺序基本上也是施工图编排的先后顺序。

（3）"由粗到细、由大到小"指先粗看一遍，了解工程概况、总体要求等，然后再看每张图，熟悉柱网尺寸、平面布置，构件布置等，最后详细看每个构件的详图，熟悉做法。

（4）"建施结施结合看、设施参照看"指建筑施工图与结构施工图结合识读、设备施工图（给水排水施工图、电气施工图、暖通空调施工图）参照识读。各专业的施工图是相互配合、紧密联系的，只有结合起来看，才能全面理解整套施工图。

识读建筑工程施工图没有捷径可走，必须按部就班，系统阅读，相互参照，反复熟悉，才不致疏漏，识读步骤概述如下：

（1）看图纸目录，了解本工程建筑工程施工图的组成。

图纸目录是施工图编排的目录单，按专业分列，通常由序号、图号、图名、图幅、备注等几项组成。目录中应先列新绘制的图纸，后列选用的标准图和重复利用图。

按建施、结施、设施顺序查看各专业的图纸目录，明确工程名称、项目名称、设计日期等，初步了解各专业施工图的图纸组成情况。

（2）看建筑施工图，了解建筑外形、平面布置、内部构造等。

（3）看结构施工图，了解建筑物的基础、柱（墙）、梁、板等承重结构情况。

（4）看设备施工图（给水排水施工图、电气施工图、暖通空调施工图），了解建筑给水排水、电气、暖通空调等设备方面的情况。

（5）结构施工图与建筑施工图相结合，并参照设备施工图，从整体到局部，从局部到整体，综合识读，全面熟悉掌握本工程。

（6）在读懂建筑工程施工图的基础上，对施工图进行综合识读校核，找出图纸中"漏""碰""错"等问题，并提出有关建议。即对施工图中表达遗漏的内容提出补充建议；对存在的碰头、错误、不合理的或者无法施工的内容提出修改建议；对不能判断的疑难问题也要一一记录，最终形成图纸自审记录，待图纸会审时提交讨论解决。

4. 案例导入

本教材采用商务办公楼的建筑工程施工图作为案例，进行施工图识读讲解。

商务办公楼地下一层，地上三层（局部二层），采用框架-剪力墙结构，图纸包括建筑施工图、结构施工图和设备施工图。本书主要面向土建施工类专业，因此设备施工图选取与土建施工相关的部分图纸进行识读。

▶▶ 项目1　建筑施工图识读

能力目标

专项能力	能力要素	
建筑施工图 基本识读能力	建筑投影知识 应用能力	识读三视图
		识读剖面图
		识读断面图
	建筑制图标准 应用能力	识读常用符号
		识读定位轴线、尺寸与标高
		识读常用图例
	建筑构造标准 应用能力	选用基础构造形式
		选用墙体构造形式
		选用楼地面构造形式
		选用屋顶构造形式
		选用楼梯构造形式
		选用变形缝构造形式
		选用其他构造形式
建筑施工图 综合识读能力	能在具备建筑投影知识、建筑制图标准、建筑构造知识应用能力的基础上，对建筑施工图进行综合识读，准确理解建筑专业的设计意图和施工要求	

概　　述

◆ 概念导入

1. 建筑类型

建筑可以按照不同分类方法区分成不同类型，同一类型的建筑应符合相应的建筑标准、规范的技术或经济规定。

按建筑使用功能及属性区分，分为民用建筑、工业建筑和农业建筑。

2. 民用建筑、居住建筑和公共建筑

民用建筑，是供人们居住和进行各种公共活动的建筑的总称。民用建筑按使用功能又分为居住建筑和公共建筑两大类。

居住建筑是供人们居住使用的建筑，居住建筑可分为住宅建筑和宿舍建筑。公共建筑是供人们进行各种公共活动的建筑。

根据建筑防火设计规范，民用建筑按地上建筑层数或高度进行区分，分为多层建筑、高层建筑和超高层建筑，如表1.1所示。

民用建筑类别　　　　　　　　　　　　　　　　表1.1

类　　别		高度
多层建筑	住宅建筑	≤27.0m
	公共建筑 宿舍建筑	≤24.0m
高层建筑	住宅建筑	>27.0m
	公共建筑 宿舍建筑	>24.0m 且≤100.0m
超高层建筑		>100.0m

注：单层的公共建筑当高度大于24.0m时，属于多层民用建筑。

3. 建筑设计

广义的建筑设计，是指设计一个建筑物（群）要做的全部工作，包括场地、建筑、结构、设备、室内环境、室内外装修、园林景观等设计和工程概预算。

狭义的建筑设计，是指解决建筑物使用功能和空间合理布置、室内外环境协调、建筑造型及细部处理，并与结构、设备等工种配合，使建筑物达到适用、安全、经济和美观。

4. 建筑防火设计

建筑防火设计，是指在建筑设计中采取防火措施，以防止火灾发生和蔓延，减少火灾对生命财产危害的专项设计。

5. 建筑节能设计、绿建设计、无障碍设计

建筑节能设计，是指为降低建筑物围护结构、供暖、通风、空调和照明等的能耗，在保证室内环境质量的前提下，采取节能措施，提高能源利用率的专项设计。

绿建设计，是指因地制宜进行场地设计与建筑布局，并对场地的风、光、热、声环境等加以组织和利用。绿色建筑评价指标体系由安全耐久、健康舒适、生活便利、资源节约、环境宜居 5 类指标，以及提高与创新加分项组成。

无障碍设计，是指为保障行动不便者在生活及工作上的方便、安全，对建筑室内外的设施等进行的专项设计。

6. 人防设计

人防设计，是指在建筑设计中对具有预定战时防空功能的地下建筑空间采取防护措施，并兼顾平时使用的专项设计。

1. 建筑施工图的组成

建筑施工图是指表示建筑物的总体布局、外部造型、内部布置、细部构造、内外装饰和施工要求的图样。

建筑施工图一般包括：建施图纸目录、建筑总平面图、建筑设计总说明、建筑平面图、建筑立面图、建筑剖面图、建筑详图。

施工内容如能用图形表达清楚的，一定要用图形表达；那些不适宜用图形表达的，则用文字表述。

2. 建筑施工图的作用

建筑施工图是用来作为施工定位放线、内外装饰做法的依据；同时，建筑施工图也是结构、给水排水、电气、暖通专业施工图的设计依据。

3. 建筑施工图识读概述

识读建筑工程施工图的第一步是识读建筑施工图，建筑专业是整个建筑工程设计的基础，所以看懂建筑施工图就显得格外重要。

识读建筑施工图，通常按照以下顺序，由浅入深逐步熟悉图纸表述的内容：

（1）识读建筑施工图（以下简称建施图）的图纸目录，看编号及图名，掌握本工程建施图的图纸数量、图纸组成。

（2）按照图纸目录的编号，从建筑总平面图开始，到建筑设计总说明、建筑平面图、建筑立面图、建筑剖面图、建筑详图，按顺序进行翻阅，先粗看一遍，大致了解图纸内容，对本工程的建筑施工内容有一个初步的了解。

（3）仔细阅读每张图纸，熟悉图纸中表述的设计意图和施工要求。

（4）图纸之间相互对照综合识读，平面图与立面图、剖面图相对照，建筑设计总说明中的工程构造做法与建筑详图相对照，不断深入熟悉并掌握本工程的总体布局、外部造型、内部布置、细部构造、内外装饰和施工要求。

4. 案例导入

我们引入商务办公楼建施图的图纸目录，进行图纸目录的识读，步骤如下：

（1）查看项目名称、工程名称、图纸数量。

我们首先了解到项目名称为"科技产业园区"，工程名称为"商务办公楼"，商务办公楼共有 20 张建施图，其中包括"建总施-01 建筑总平面图"和"建施-00 地下一层平面图"。图幅有 A2 和 A1 两种。

在继续识读目录前，我们先简要介绍下项目情况，科技产业园区内共有商务办公楼、

3D-商务
办公楼外景

研发楼、综合楼、实验楼、门卫五个单体建筑，园区内地下室相互连通，本教材选用的案例是商务办公楼。

当有多个单体建筑时，各专业的总平面图通常单独编号，图别命名为建总施、水总施、电总施等，本教材因教学需要识读建筑总平面图，因此特地将"建总施-01 建筑总平面图"放入商务办公楼的图纸目录内，在此说明。

当多个单体建筑的地下室相互连通时，地下室通常单独作为一个工程项目编制施工图。本教材因教学需要识读地下一层平面图，因此特地将"地下一层平面图"放入商务办公楼的图纸目录内，图号编为"建施-00"，在此说明。

（2）查看图纸内容。

接着，我们继续识读建施图的图纸目录，除上述两张图纸外，商务办公楼还有18张建筑施工图，"建施-01"到"建施-04"为建筑设计总说明、材料做法表、节能设计专篇，"建施-05"到"建施-08"为一、二、三层建筑平面图和屋顶平面图，"建施-09""建施-10"为建筑立面图，"建施-11"为建筑剖面图，"建施-12"到"建施-18"为楼梯详图、卫生间详图、门窗详图、坡道详图和节点详图。

我们将对商务办公楼的建筑施工图逐一进行识读讲解。

1.1　建筑总平面图

◆ **概念导入**

1. 建筑基地和道路红线

建筑基地，是指根据用地性质和使用权属确定的建筑工程项目的使用场地。

道路红线，是指规划的城市道路（含居住区级道路）用地的边界线。

建筑基地应与道路红线相邻接，否则应设基地道路与道路红线所划定的城市道路相连接，连接宽度应满足基地对外交通、疏散、消防以及组织不同功能出入口等要求。

建筑物及附属设施不得突出道路红线建造。因为道路红线以内的地下、地面的空间均为城市公共空间，一旦允许突出，影响人流、车流交通安全、城市空间景观及城市地下管网敷设等。

对临街（道路）的建筑，在不妨碍城市人流、车流交通安全条件下，经当地规划部门批准，可允许部分建筑突出物突出道路红线。

2. 用地红线和建筑控制线

用地红线，是指各类建筑工程项目用地的使用权属范围的边界线。

建筑控制线，是指建筑物、构筑物的基底位置不得超出的界线，也称建筑红线、建筑后退线。

用地红线是建筑工程项目用地的使用权属范围的边界线，建筑物及附属设施不得突出用地红线建造，防止侵犯邻地的权益。

经当地规划部门批准，可允许部分建筑突出物和附属设施突出用地红线和建筑控制线。

3. 建筑密度、容积率和绿地率

建筑密度，是指建筑物的基底面积总和占用地面积的比例（％）。

容积率，通常是指地上部分建筑总面积与用地面积的比值。地面架空层是否计入按当地区规划部门规定。

绿地率，是指各类绿地总面积占用地面积的比例（％）。

建筑密度、容积率和绿地率是控制用地和环境质量的三项重要指标。

1.1.1　形成与作用

1. 建筑总平面图的形成

建筑总平面图是指在新建房屋所在的建筑场地上空俯视，将场地周边和场地内的地貌和地物向水平投影面进行正投影得到的图样。

地貌是指地表的起伏形态，地物是指房屋、道路、河流、绿化等。

2. 建筑总平面图的作用

建筑总平面图主要表示整个建筑基地的总体布局，具体表达新建建筑的位置、朝向以

3D-总平面图形成

及周围环境（原有建筑、交通道路、绿化、地形）的基本情况。

建筑总平面图是新建房屋定位、施工放线、布置施工现场的依据。

1.1.2 图示内容

建筑总平面图应按现行国家标准《房屋建筑制图统一标准》GB/T 50001—2017、《总图制图标准》GB/T 50103—2010 的要求绘制。

建筑总平面图表示的地区范围较大，绘制时常用 1：500、1：1000、1：2000 等小比例。在具体工程中，由于地形图比例常为 1：500，故建筑总平面图的常用绘图比例是 1：500。

建筑总平面图应按上北下南方向绘制，根据场地形状或布局，可向左或右偏转，但不宜超过 45°。建筑总平面图中表达的内容，按照内容主次关系、识读顺序详见表 1.2。

建筑总平面图的图示内容　　　　　　　　　表 1.2

序号	类别		主要内容
1	基地范围		道路红线、用地红线、建筑控制线等
2	基地的四邻环境		四邻原有及规划的城市道路和建筑物、用地性质或建筑性质、层数等
3	基地内的环境		出入口、道路、广场、停车场、绿化等平面布局
4	基地内的建筑平面布局		(1)原有建筑物、拆除建筑物等 (2)新建建筑物、计划扩建建筑物等
5	技术经济指标		(1)用地面积 (2)建筑总面积(地上和地下可分列) (3)建筑基底面积 (4)建筑密度 (5)容积率 (6)绿地率 (7)停车位等
6	标注	坐标	(1)基地范围线(道路红线、用地红线、建筑控制线)各角点的坐标 (2)建筑物各角点的坐标 (3)其他控制坐标
		尺寸	(1)建筑物总尺寸 (2)相邻建筑物之间的距离 (3)道路尺寸 (4)广场、停车场等场地的尺寸 (5)其他定位尺寸
		标高	(1)基地出入口处城市道路的绝对标高 (2)新建建筑物首层室内地面的绝对标高 (3)室外地面的绝对标高 (4)主要道路的绝对标高 (5)广场、停车场等场地的绝对标高
		文字	(1)图名、图示尺寸单位、比例 (2)新建建筑物的名称、层数、总高度 (3)尺寸单位、高程系统等说明
		符号	(1)指北针或风玫瑰 (2)补充图例

1.1.3 案例导入

我们引入科技产业园区的"建总施-01建筑总平面图",进行建筑总平面图的识读,步骤如下:

(1)首先查看图名、比例、指北针或风玫瑰图、图例及有关文字说明,明确基本绘制情况。

科技产业园区的建筑总平面图出图比例为1:500,按照上北下南绘制。总图左侧有图例列表和设计说明。

我们先大致浏览图例列表,了解基本情况,大部分图例与现行国家标准一致,比如新建建筑用粗实线绘制,地下建筑用粗虚线绘制,用地红线用粗双点长画线绘制,建筑红线用中双点长画线绘制,也有个别图例在标准中没有规定,本项目给出了自己的图例要求,比如机动车停车位、绿化等,我们必须结合图例列表进行本项目的总平面图识读。

查看设计说明,掌握本项目总图绘制和标注的基本原则,例如图中所注建筑高度均指室外地面至女儿墙顶或檐口的高度。

(2)查看本项目所在的基地范围和四邻环境。

我们先查看基地用地红线和建筑红线的范围,本项目建筑红线南侧和西侧退进用地红线内3m,北侧和东侧退进用地红线内5m。

科技产业园区南侧为彩虹大道,北侧紧邻智慧园区地块,西侧为高教一路,东侧紧邻创意园区地块,北侧和东侧相邻的园区地块尚未开工建设,因此未见建筑物。

(3)查看基地内的环境,了解主入口、道路、广场、停车场、绿化等平面布局。

科技产业园区有两个出入口,主入口在南侧彩虹大道,次入口在基地西北角,位于高新一路。

从南面主入口进入正对园区主干道,沿主干道向北前行,西侧依次设有广场、地下车库出入口。基地四周布置环通的园区道路,路边至用地红线范围内,东西南北均设置有地面停车位。用地红线内场地四周及广场、建筑周边均布置绿化。

(4)查看基地内的建筑平面布局,了解用地范围内建筑物(原有、拆除、新建、拟建)等布置情况。

科技产业园区主入口东侧设有门卫,主干道西侧为商务办公楼、研发楼、实验楼,主干道东侧为综合楼,五个单体均为新建建筑。园区内设有大地下室,除门卫外,其余建筑均位于大地下室上部。

商务办公楼地下一层,地上部分三层,局部二层,平面布局接近L形,但南侧平面形式不规则。研发楼、实验楼、综合楼等建筑平面布局此处不再赘述。

(5)查看技术经济指标,明确用地情况。

图纸左上角的主要技术经济指标表给出了本项目总用地面积、总建筑面积、地上和地下的建筑面积、各单体建筑面积、建筑占地面积、停车位数量等,还有容积率、建筑密度、绿地率三项评价指标,并给出了相应规划要求。

(6)细看坐标、标高、尺寸等,掌握场地范围线、新建建筑、基地内外道路等的控制坐标、定位尺寸、绝对标高等。

科技产业园区的用地红线标注了 5 个角点的定位坐标。

各建筑单体角点均标注定位坐标、外包尺寸和底层地面绝对标高，如商务办公楼标注了 9 个角点的坐标和 3 个外包尺寸，底层地面绝对标高 5.250。

园区内道路宽度均为 6m，道路绝对标高 5.100，南侧彩虹大道和西侧高新一路的道路绝对标高均为 4.800。

从以上内容我们也可以知道，科技产业园区场地标高比城市道路高 0.3m，商务办公楼的室内外高差为 150mm。

1.1.4　识读技巧

掌握建筑总平面图的基本识读方法以后，还需要反复练习，结合实际灵活应用，才能融会贯通，提升建筑总平面图的识读技巧。

识读建筑总平面图时，需要特别关注以下要点：

（1）建筑总平面图的用地红线、道路红线范围必须严格执行。

住房和城乡建设部颁布的工程建设标准强制性条文规定，除市政公共设施等个别情况外，建筑物及其附属的设施不应突出道路红线或用地红线建造，例如地下支护桩、地下室底板、地上的阳台、室外楼梯等，施工时一定要注意不得违反。

注：工程建设标准强制性条文，系指直接涉及工程质量、安全、卫生及环境保护等方面的工程建设标准，必须强制执行。国务院颁布的《建设工程质量管理条例》对违反工程建设强制性标准的各主体单位规定了处罚措施。近年来每年质量大检查和建筑市场专项治理中都把强制性条文作为重要依据，对保证和提高工程质量起到了根本性的作用。

（2）建筑总平面图中的内容，要与建筑设计总说明、建筑平面图等其他施工图复核，确保一致。

建筑总平面图的图示内容，部分内容在其他施工图中也要表达，比如 ±0.000 相当于绝对标高的数值，建筑设计总说明、结构设计总说明、桩位说明中也要求表达，数值必须完全一致。由于设计过程中的变更、各专业设计人员的协调等问题，可能会造成数值不一致，需要我们复核正确后才能施工。

需要复核的内容还有建筑密度、建筑层数、建筑高度等。

（3）建筑总平面图中的定位坐标和尺寸，施工时必须反复校核。

万丈高楼平地起，施工的第一步就是按照建筑总平面图的定位坐标和尺寸进行定位放线，一旦由于人为错误造成施工定位出错，等到高楼拔地而起后才发现定位出现偏差，此时已无法从头再来。

★ 强制性条文

《民用建筑设计统一标准》GB 50352—2019

4.3.1　除骑楼、建筑连接体、地铁相关设施及连接城市的管线、管沟、管廊等市政公共设施以外，建筑物及其附属的下列设施不应突出道路红线或用地红线建造：

1　地下设施，应包括支护桩、地下连续墙、地下室底板及其基础、化粪池、各类水池、处理池、沉淀池等构筑物及其他附属设施等；

　　2　地上设施，应包括门廊、连廊、阳台、室外楼梯、凸窗、空调机位、雨篷、挑檐、装饰构架、固定遮阳板、台阶、坡道、花池、围墙、平台、散水明沟、地下室进风及排风口、地下室出入口、集水井、采光井、烟囱等。

能力测试题

一、单选题

1. 本项目建筑密度为（　　　）。

A. 12.0％　　　　　　B. 21.8％　　　　　　C. 72.5％　　　　　　D. 74.1％

2. 总平面图中的坐标为（　　　）。

A. 测量坐标　　　　　B. 建筑坐标　　　　　C. 施工坐标　　　　　D. 设计坐标

3. 总平面图中"$H=9.90m$"指的是（　　　）高度。

A. 室内一层地面至屋面　　　　　　　　　B. 室内一层地面至女儿墙顶

C. 室外设计地坪至屋面　　　　　　　　　D. 室外设计地坪至女儿墙顶

4. 本项目北面建筑红线退让用地红线的距离为（　　　）m。

A. 2.5　　　　　　　　B. 3　　　　　　　　C. 5　　　　　　　　D. 6

5. 总平面图中所注距离"8.17"表示的为（　　　）。

A. 建筑外窗距离　　　　　　　　　　　　B. 建筑外墙皮距离

C. 建筑外墙轴线距离　　　　　　　　　　D. 道路边线距离

二、多选题

1. 关于总平面图说法正确的有（　　　）。

A. 本项目绿地面积为 2161.1m^2

B. 共 3 个新建建筑

C. 共设置地面机动车停车位 36 个

D. 未设置垃圾回收点

E. 非机动车停车位于综合楼架空层

2. 关于总平面图说法不正确的有（　　　）。

A. 总图中消防车道净宽应大于等于 4m

B. 基地共有三个对外出入口

C. 本项目建筑均为多层公共建筑

D. 图中所注坐标、标高、尺寸均以米为单位

E. 地下车库出入口朝向为朝西

三、填空题

1. 本工程容积率为计容面积与（　　　）的比值。

2. 本工程西南角城市道路交叉点设计标高为（　　　）。

3. 本工程总平面图的比例为（　　　），是常用比例。

4. 用地红线的线型为（　　　）。

5. 本工程东面与（　　　）地块贴邻。

1.2 建筑设计总说明

◆ 概念导入

1. 耐火等级

耐火等级是衡量建筑物耐火程度的分级标度，民用建筑的耐火等级分为一级、二级、三级、四级，一级最高，耐火能力最强，四级最低，耐火能力最弱。

耐火等级由建筑相应构件的燃烧性能和耐火极限决定，建筑构件指墙体、梁、柱、楼板、楼梯等。表1.3中节选了部分构件不同耐火等级的燃烧性能和耐火极限要求。

不同耐火等级建筑相应构件的燃烧性能和耐火极限（h）　　　表1.3

构件名称	耐火等级			
	一级	二级	三级	四级
柱	不燃性3.00	不燃性2.50	不燃性2.00	难燃性0.50
梁	不燃性2.00	不燃性1.50	不燃性1.00	难燃性0.50
楼板	不燃性1.50	不燃性1.00	不燃性0.50	可燃性

2. 燃烧性能等级

建筑材料及制品的燃烧性能等级分为不燃（A级）、难燃（B1级）、可燃（B2级）、易燃（B3级）。

3. 防水等级

屋面工程的防水等级分为Ⅰ级和Ⅱ级，Ⅰ级采用两道防水设防，Ⅱ级采用一道防水设防。倒置式屋面工程（保温层设置在防水层之上）的防水等级应为Ⅰ级。

地下工程的防水等级分为一级、二级、三级、四级，一级要求最高，四级要求最低。

4. 屋面工程构造

屋面工程，系指由防水、保温、隔热等构造层所组成房屋顶部的设计和施工。屋面工程基本构造层的作用及常用材料见表1.4。

根据屋面的不同类型和用途，构造层有所不同，表1.5列出了平屋面的常用构造做法，表1.6列出了坡屋面的常用构造做法。

当屋面有隔汽要求时，还应在保温层与结构层之间设隔汽层。

屋面工程构造层　　　　表1.4

构造层	作用	常用材料	
保护层	对防水层、保温层起防护作用	上人屋面	块体材料、细石混凝土等
		不上人屋面	浅色涂料、铝箔、矿物粒料、水泥砂浆等

续表

构造层	作用	常用材料	
隔离层	找平和隔离作用 注:隔离柔性防水层和刚性保护层,防止上部刚性保护层膨胀变形时损坏防水层	保护层采用块体材料、水泥砂浆时	塑料膜、土工布、卷材
		保护层采用细石混凝土时	低强度等级砂浆
防水层	阻止水向建筑物内部渗透	防水卷材、防水涂膜等	
找平层	坚实而平整 注:卷材、涂膜的基层宜设找平层,防止防水层局部破坏	水泥砂浆、细石混凝土	
保温层	减少屋面热交换作用	无机保温材料(着重推广)	膨胀珍珠岩、泡沫玻璃、泡沫混凝土、矿物纤维(玻璃棉、岩棉、矿棉)等
		有机保温材料	泡沫塑料制品,如聚苯乙烯泡沫塑料、硬质聚氨酯泡沫塑料等
找坡层	快速排水和不积水作用	结构找坡(坡度≥3%)	结构板
		材料找坡(坡度宜2%)	质量轻、吸水率低的材料,如泡沫混凝土等
隔汽层	弱防水层,却具有较好的蒸汽渗透阻作用 注:隔绝室内湿气通过结构层进入保温层,常年湿度很大的房间如温水游泳池等应设	气密性、水密性好的防水卷材或涂料	

平屋面的构造做法（自上而下）　　　　　　　　表1.5

屋面类型	非倒置式屋面	倒置式屋面
卷材、涂膜屋面	保护层	保护层
	隔离层	保温层
	防水层	防水层
	找平层	—
	保温层	—
	找平层	找平层
	找坡层	找坡层
	结构层	结构层

坡屋面的构造做法（自上而下）　　　　　　　　表1.6

屋面类型	块瓦屋面	沥青瓦屋面
瓦屋面	块瓦	沥青瓦
	挂瓦条	—
	顺水条	—
	持钉层	持钉层
	防水层或防水垫层	防水层或防水垫层
	保温层	保温层
	结构层	结构层

1.2.1 形成与作用

1. 建筑设计总说明的形成

建筑设计总说明：用文字的形式来表达图样中无法表达清楚且带有全局性的建筑设计内容。

建筑设计总说明主要包括设计依据、工程概况、建筑材料、建筑装饰装修构造做法等，以及建筑防火、建筑节能、无障碍和人防等专项设计说明。

2. 建筑设计总说明的作用

建筑设计总说明反映建筑设计专业的总体施工要求，对施工过程具有控制和指导作用，同时也为施工人员了解建筑设计意图提供依据。

1.2.2 图示内容

建筑设计总说明中表达的内容以文字为主，按照内容主次关系、识读顺序详见表1.7。

建筑设计总说明图示内容 表1.7

序号	类别		主要内容
1	设计依据		设计依据性文件批文、建筑专业设计规范和标准(包括名称、编号、年号和版本号)
2	工程概况		(1)工程名称、建设地点、建设单位 (2)建筑面积、建筑层数和建筑高度 (3)设计标高 (4)设计使用年限、建筑防火分类和耐火等级、人防工程类别和防护等级、地下室防水等级等 (5)结构类型、抗震设防烈度等 (6)反映建筑规模的指标,如住宅的套型和套数、医院的床位数、车库的停车泊位数等
3	材料说明及通用技术措施	墙体	(1)墙体材料及通用做法 (2)墙身防潮层材料及做法
		楼地面	(1)有水楼地面降标高要求 (2)有水楼地面翻边要求 (3)有水楼地面排水要求 (4)楼面开孔洞做法等要求
		屋面	(1)屋面防水等级要求 (2)屋面找坡要求 (3)屋面高低跨、开孔洞等节点通用做法
		门窗幕墙	(1)门窗性能:抗风压、保温、隔热、气密性、水密性等 (2)窗框材质和颜色、玻璃品种和规格、五金件等 (3)门窗立樘位置、安装要求等 (4)幕墙设计要求和通用做法

续表

序号	类别		主要内容
3	材料说明及通用技术措施	油漆涂料	(1)预埋件防腐除锈通用做法 (2)外露铁件通用做法 (3)木门油漆通用做法等
		其他	(1)安全防护设计要求 (2)隔声减振减噪、防污染等通用做法
4	专项说明	建筑防火设计专项说明	防火分区、安全疏散、疏散人数、防火构造、消防救援窗设置等要求
		建筑节能设计	(1)节能设计依据 (2)建筑分类、气候分区、建筑体形系数、窗墙面积比 (3)围护结构(屋面、外墙、外窗、架空或外挑楼板、居住建筑的分户墙和户间楼板等)构造做法和节能技术措施 (4)围护结构的热工性能
		无障碍设计	无障碍出入口、无障碍卫生间、无障碍电梯等各种无障碍设施要求
		绿建设计	(1)绿建设计依据 (2)绿建设计的项目特点与定位 (3)绿建设计选项的建筑技术措施
		人防设计	人防类别、防护等级、设置部位、防护单元数量、人防面积、功能要求等
		其他	装配式等专项设计说明
5	门窗表		门窗类型、编号、洞口尺寸、数量、采用标准图集及编号等
6	室内外装修	楼地面	不同部位楼地面的装修构造做法
		屋面	不同部位屋面、檐沟的装修构造做法
		墙面	不同部位墙体内、外墙面的装修构造做法
		踢脚	不同部位踢脚的装修构造做法
		顶棚	不同部位顶棚的装修构造做法
		其他	散水、台阶、雨篷等其他装修构造做法

1.2.3 案例导入

我们引入商务办公楼的建筑设计总说明，总共有4张施工图："建施-01建筑设计总说明（一）""建施-02建筑设计总说明（二） 工程做法表（一）""建施-03工程做法表（二）""建施-04节能设计专篇 公共建筑节能设计表"，进行建筑设计总说明的识读。

建筑设计总说明以文字为主，且涉及内容很广，识读时要把握重点，基本步骤如下：

（1）查看设计依据、工程概况。

我们先看"建施-01建筑设计总说明（一）"的第一列内容，共由四部分组成。

"一、设计依据"，明确本工程符合规划要求，对于建筑设计采用的规范、标准、规定大致了解即可。

重点查看"二、工程概况"，掌握商务办公楼地上建筑面积1029.17m²、地下建筑面积6215.35m²，地上3层（局部2层）、层高均为4.20m，地下一层、层高5.40m，高度

13.70m，结构体系为框架剪力墙结构，耐火等级地上二级、地下一级，屋面防水等级Ⅰ级，地下室防水等级Ⅰ级等内容。

"三、设计总则"，我们查看一下基本要求，例如图中所注总图及标高以米为单位，其余尺寸以毫米为单位。

"四、建筑物位置及设计标高"，我们明确图纸除注明外所注地面、楼面、楼梯平台均为建筑完成面标高。屋面标高为结构板面标高，门顶及窗洞口标高为结构留洞口标高；以及本工程所注±0.000标高，相当于绝对标高5.250m（黄海高程），室内外高差为0.15m，这部分内容需要与建筑总平面图复核一致。

（2）查看材料说明及通用技术措施。

从"建施-01建筑设计总说明（一）"的第2列开始，到"建施-02建筑设计总说明（二）"的第1列中部，总包括10个部分："五、墙体工程""六、楼地面工程""七、屋面工程""八、门窗工程""九、幕墙工程""十、内外装修工程""十一、油漆涂料工程""十二、无障碍设计""十三、安全防护""十四、地下室和室内防水工程"。

我们逐一阅读，例如"除注明者外，±0.000以上内、外墙采用240mm或120mm厚砂加气混凝土砌块"。墙体材料采购和施工时必须严格执行，且应结合结构设计总说明中的要求，不得随意更换。例如"所有砖墙体与屋面、阳台、露台相邻时，均做300mm高素混凝土翻高（若有详图以详图为准），标号同该层楼板"，这是一条通用技术措施，具体部位需要施工时自行判断。

内容较多，此处不再一一举例，但是这里的内容很重要，每部分都需要认真识读，掌握本工程的材料要求和通用技术措施。

（3）查看建筑防火设计、建筑节能设计等各类专项说明。

我们查看建施02的"十五、防火设计说明""十六、其他"，以及建施04的节能设计专篇。阅读防火设计说明，明确地下室为2个防火分区，地上建筑为1个防火分区，注意疏散楼梯、封闭楼梯的要求，防火门的设置、防火墙的构造要求等。阅读节能设计专篇，浏览公共建筑节能设计表，了解围护部位，重点关注外窗和节能主要构造节点的做法，例如外窗采用隔热金属型材窗框和较低透光Low-E+12空气+6透明中空玻璃。

（4）查看门窗表。

本工程的门窗表和门窗详图内容较多，设计人员将此部分内容放在建筑详图里，图纸编号为建施14，我们到"1.6建筑详图"中再进行识读。

（5）查看室内外装修做法。

本工程的室内外装修做法表达在工程做法表中，地上建筑分为外墙、内墙、顶棚、楼地面、屋面、坡道六大类，地下室分为外墙、内墙、顶棚、地面、种植顶板五大类。每大类又根据不同情况列出了一种或多种构造做法，例如地上建筑外墙分为真石漆外墙和面砖外墙两种做法，具体部位详见立面图，再如地上建筑屋面有四种做法，分别为屋面1不上人瓦屋面、屋面2檐沟、屋面3上人植草屋面、屋面4不上人平屋面。每一种构造，我们都必须掌握具体做法和使用部位。

工程做法表内容繁多，施工时务必认真核对，按照设计要求严格执行。

1.2.4 识读技巧

建筑设计总说明的内容相当多,我们掌握建筑设计总说明的基本识读方法以后,还需要反复练习,结合实际灵活应用,才能轻松把握关键内容,提升建筑设计总说明的识读质量和效率。

识读建筑设计总说明时,需要特别关注以下要点:

(1)熟悉建筑设计总说明的内容分类和表达顺序。

不同项目的建筑设计总说明,表达内容和方式都不尽相同,简单的只有 1 张 A2 图纸,复杂的有 3 张或者更多 A1 图纸。

我们必须熟悉建筑设计总说明的内容分类和表达顺序,明确自己需要从图中读取的内容,知道在什么类别里能找到相应的信息,确保自己思路清晰,才能将建筑设计总说明众多的内容化繁为简,排除"干扰项",直接抓重点、找要点。

(2)注意区分通用技术措施的适用范围。

通常每个设计院都有自己标准格式的建筑设计总说明,作为全院的通用图,因此建筑设计总说明中的技术措施涵盖内容较为全面,具体到每个工程时由设计人员自行选用。我们识读建筑设计总说明时,需要区别对待,有的措施设计人员未选用,或者适用于本工程的其他单体,不能混淆。

(3)仔细识读适用本工程的定制要求。

建筑设计总说明中的要求分为两大类:通用要求和定制要求。

通用要求指适用于任何工程的内容。比如关于消防救援窗口,要求"玻璃应易于破碎,并应设置可在室外易于识别的明显标志";比如关于防火墙,要求"应直接设置在建筑的基础或框架、梁等承重结构上,框架、梁等承重结构的耐火极限不应低于防火墙的耐火极限"。通用要求是现行规范标准等规定的必须执行的内容,我们多做几个工程就能熟悉掌握做法。

定制要求是指针对本工程的具体做法。比如墙体材料,本工程要求"±0.000 以上内、外墙采用 240mm 或 120mm 厚砂加气混凝土砌块";比如面砖外墙,从基层"5mm 厚聚合物抗裂砂浆(压入耐碱玻纤网格布)"到面层"外墙面砖错缝搭接,专用粘结砂浆粘结,1∶1 水泥砂浆勾缝"的各道构造做法。定制要求是设计师根据本工程情况而专门设计的内容,施工必须认真阅读遵照执行,不能想当然地自行调整。

★ 强制性条文

《建筑设计防火规范》GB 50016—2014(2018 年版)

6.1.1 防火墙应直接设置在建筑的基础或框架、梁等承重结构上,框架、梁等承重结构的耐火极限不应低于防火墙的耐火极限。

防火墙应从楼地面基层隔断至梁、楼板或屋面板的底面基层。

6.1.5 防火墙上不应开设门、窗、洞口,确需开设时,应设置不可开启或火灾时能自动关闭的甲级防火门、窗。

可燃气体和甲、乙、丙类液体的管道严禁穿过防火墙。防火墙内不应设置排气道。

《屋面工程技术规范》GB 50345—2012

3.0.5 屋面防水工程应根据建筑物的类别、重要程度、使用功能要求确定防水等级，并应按相应等级进行防水设防；对防水有特殊要求的建筑屋面，应进行专项防水设计。屋面防水等级和设防要求应符合表3.0.5的规定。

表3.0.5 屋面防水等级和设防要求

防水等级	建筑类别	设防要求
Ⅰ级	重要建筑和高层建筑	两道防水设防
Ⅱ级	一般建筑	一道防水设防

4.5.1 卷材、涂膜屋面防水等级和防水做法应符合表4.5.1的规定。

表4.5.1 卷材、涂膜屋面防水等级和防水做法

防水等级	防水做法
Ⅰ级	卷材防水层和卷材防水层、卷材防水层和涂膜防水层、复合防水层
Ⅱ级	卷材防水层、涂膜防水层、复合防水层

注：在Ⅰ级屋面防水做法中，防水层仅作单层卷材时，应符合有关单层防水卷材屋面技术的规定。

4.8.1 瓦屋面防水等级和防水做法应符合表4.8.1的规定。

表4.8.1 瓦屋面防水等级和防水做法

防水等级	防水做法
Ⅰ	瓦＋防水层
Ⅱ	瓦＋防水垫层

注：防水层厚度应符合本规范第4.5.5条或第4.5.6条Ⅱ级防水的规定。

能力测试题

一、单选题

1. 本工程有吊顶的房间，其粉刷层或装饰层应做到吊顶标高以上（   ）mm处。

A. 50   B. 100   C. 150   D. 200

2. 本工程屋面檐沟做法中"聚酯无纺布"的主要作用为（   ）。

A. 保温   B. 隔离   C. 防水   D. 找平

3. 窗台板面抹灰坡度不小于（   ）。

A. 3%   B. 4%   C. 5%   D. 6%

4. 本工程室外地坪标高相当于黄海高程（   ）m。

A. ±0.000   B. －0.150   C. 5.250   D. 5.100

5. 以下不属于内墙做法中腻子的主要作用是（   ）。

A. 矫正施工偏差   B. 增加保温效果

C. 填充施工面孔隙   D. 增加粘结度

6. 卫生间内墙砂浆墙面做法中，满铺纤维网格布的作用为（   ）。

A. 找平   B. 防水   C. 保温   D. 防裂

7. 本工程上人屋面的保温材料为（   ）。

A. 挤塑板　　　　　　　　　　　　B. 玻纤保温棉

C. 无机保温砂浆　　　　　　　　　D. 细石混凝土

8. 本工程墙体保温系统采用的是（　　　）。

A. 外墙外保温系统　　　　　　　　B. 外墙内保温系统

C. 外墙内外保温系统　　　　　　　D. 复合墙体保温系统

9. 本项目架空楼板处采用的保温材料为（　　　）。

A. 保温砂浆　　　　　　　　　　　B. 岩棉板

C. 挤塑聚苯板　　　　　　　　　　D. 泡沫玻璃保温板

10. 本工程建筑物的外窗、外门气密性应不低于（　　　）级。

A. 3　　　　　　　B. 4　　　　　　　C. 5　　　　　　　D. 6

11. 架空楼板保温做法中，"现浇钢筋混凝土楼板底预留钢筋头"的主要作用是（　　　）。

A. 固定保温层　　　　　　　　　　B. 防止粉刷层开裂

C. 增加楼板强度　　　　　　　　　D. 便于吊顶制作

12. 本工程外窗玻璃采用"6 较低透光 Low-E＋12＋6 透明"，其中 12 表示的是（　　　）。

A. 窗玻璃厚度 12mm　　　　　　　B. 窗框型材厚度 12cm

C. 间距 12mm 的中空玻璃　　　　　D. 窗框内外型材间距 12cm

二、多选题

1. 关于本工程以下说法错误的有（　　　）。

A. 外墙均为真石漆饰面

B. 一层坡道面层为水泥砂浆深碾磋面层

C. 展厅楼面为地砖面层

D. 内墙阳角需做 PVC 护角

E. 楼梯间踢脚材料做法未明确

2. 关于本工程以下说法正确的有（　　　）。

A. 玻璃幕墙窗槛墙采用不燃材料填充

B. 玻璃栏板的需采用钢化夹胶玻璃

C. 门窗尺寸均为洞口尺寸，不是实际尺寸

D. 消防救援窗应采用易碎玻璃

E. 外窗可开启面积不小于窗面积的 30%

三、填空题

1. 本工程结构体系为（　　　），抗震设防烈度为（　　　）度。

2. 按照本工程要求，低于 800mm 的窗台均采用防护栏杆，防护高度不小于（　　　）mm。

3. 本工程三层平面中最远疏散距离为（　　　）m。

4. 本工程采用涂料墙面的部位是（　　　）墙面。

5. 本工程种植顶板做法中，防水层的保护层材料为（　　　）。

6. 本工程所处气候区域为（　　　）地区。

7. 本工程外墙内侧采用厚度为（　　　）mm 的无机保温砂浆Ⅱ型。

8. 本工程的体形系数是指建筑物与室外空气直接接触的外表面积与其所包围的建筑（　　　）的比值，外表面积不包括地面和不供暖楼梯间内墙的面积。

9. 本工程Ⓐ～Ⓕ立面设计窗墙比为（　　　）。

10. 架空楼板的保温材料燃烧性能为（　　　）级。

1.3　建筑平面图

◆ 概念导入

1. 建筑层数

建筑层数应按建筑的自然层数计算，下列空间可不计入建筑层数：

（1）室内顶板面高出室外设计地面的高度不大于 1.5m 的地下或半地下室；

（2）设置在建筑底部且室内高度不大于 2.2m 的自行车库、储藏室、敞开空间；

（3）建筑屋顶上突出的局部设备用房、出屋面的楼梯间等。

2. 建筑标高和结构标高

在施工图中我们可以看到标高有建筑标高和结构标高之分，建筑标高是指地面、楼面等完成面层装饰后的上皮表面相对标高，结构标高是指梁、板等结构构件的上皮表面（不包括装饰面层厚度）的相对标高，二者之间正好相差装饰面层的厚度。

通常建筑施工图中标注建筑标高，结构施工图中标注结构标高，但是在建筑施工图中对于屋顶的标高标注一般采用结构标高。

3. 开间和进深

中国古建筑以木材、砖瓦为主要建筑材料，四根木头圆柱围成的空间称为"间"。建筑的迎面间数称为"开间"，或称"面阔"，其纵深则叫"进深"。

《民用建筑设计术语标准》GB/T 50504—2009 规定，"开间"是建筑物纵向两个相邻的墙或柱中心线之间的距离，"进深"是建筑物横向两个相邻的墙或柱中心线之间的距离。

1.3.1　形成与作用

1. 建筑平面图的形成

建筑平面图：用一水平面在门窗洞口处将建筑物剖切后，对剖切面以下部分所做的水平投影图。建筑平面图通常以层次来命名，如一层平面图、二层平面图、三层平面图等。

屋顶平面图是建筑物顶部按俯视方向在水平投影面上所得到的正投影图。

2. 建筑平面图的作用

建筑平面图是建筑物的水平剖面图，主要用来表示房屋的平面布置情况，应包括被剖切到的断面、可见的建筑构造及必要的尺寸、标高等。

在施工过程中，建筑平面图是进行放线、砌墙、安装门窗等工作的依据。

1.3.2　图示内容

建筑平面图应按现行国家标准《房屋建筑制图统一标准》GB/T 50001—2017、《建筑制图标准》GB/T 50104—2010 的要求绘制。

建筑平面图绘制比例最常用的是1∶100，根据平面尺寸和图纸大小等具体情况也常采用1∶150、1∶200、1∶50等。

建筑平面图的方向宜与总平面图方向一致。平面图的长边宜与横式幅面图纸的长边一致。

建筑平面图中表达的内容，按照内容主次关系、识读顺序详见表1.8，屋顶平面图与楼层平面图有所区别，表达的内容详见表1.9。

建筑平面图的图示内容 表1.8

序号	类别		主要内容
1	轴网		定位轴线和轴线编号
2	主要建筑构件		(1)承重柱 (2)外墙、内墙 (3)门窗(含消防救援窗)、幕墙 (4)楼梯、电梯等垂直交通构件
3	建筑构造部件		台阶、坡道、散水、阳台、雨篷、中庭、天窗等
4	建筑设备及固定家具		卫生器具、雨水管、水池、橱柜、隔断等
5	预留孔洞及管井		墙体和楼地面的预留孔洞、通气管道、管线竖井等
6	标注	尺寸	(1)外墙三道尺寸:轴线总尺寸(或外包总尺寸)、轴线间尺寸、外墙细部(如门窗)定位尺寸 (2)其他必要的定位尺寸
		标高	室外地面标高、室内各层楼地面标高
		文字	图名、比例、房间名、门窗编号等
		符号	(1)指北针或风玫瑰(仅一层平面图) (2)剖切符号(仅一层平面图) (3)详图索引符号 (4)引出等其他

屋顶平面图的图示内容 表1.9

序号	类别		主要内容
1	轴网		定位轴线和轴线编号
2	排水构造		(1)屋脊(屋面分水线) (2)屋面排水坡向 (3)檐沟、檐沟排水坡向 (4)雨水口
3	建筑构造部件		女儿墙、屋面变形缝等
4	预留孔洞及管井		屋面上人孔等预留孔洞、出屋面管道井
5	其他构配件		突出屋面的楼梯间、电梯间、水箱及其他构筑物
6	标注	尺寸	(1)外墙两道尺寸:轴线总尺寸(或外包总尺寸)、轴线间尺寸 (2)其他定位尺寸
		标高	屋面标高
		文字	图名、比例、屋面排水坡度、檐沟排水坡度等
		符号	(1)详图索引符号 (2)引出等其他

1.3.3　案例导入

商务办公楼地上三层、地下一层，我们引入商务办公楼的建筑平面图，共有5张："建施-05 一层平面图""建施-06 二层平面图""建施-07 三层平面图""建施-08 屋顶层平面图"，和科创产业园区地下室的"建施-00 地下一层平面图"。

我们先识读地上部位的平面图，再识读地下室平面图，基本步骤如下。

1. 一层平面图

根据图纸目录，我们知道建施-05是一层平面图，翻看图纸标题栏的文字，找到一层平面图。

（1）查看图名、比例和指北针，确定建筑物朝向。

查看图纸下方的图名和比例，明确是一层平面图，绘制比例1∶100。图中右上角绘制了指北针，明确建筑物的方向，上北下南左西右东。

（2）查看轴网间距，掌握总尺寸、开间、进深等。

本工程水平方向总尺寸28920mm（只含一侧外包尺寸），垂直方向总尺寸24340mm。平面形式不甚规则，我们分为南北两个区块分别查看。

先看南区轴网，从①轴到⑤轴，轴线间距分别为2600mm、3100mm、6300mm、5400mm，从Ⓑ轴到Ⓔ轴，轴线间距分别为6400mm、6000mm、4500mm。南区为3进深，沿进深方向开间数逐渐缩小，从3开间、2开间到1开间。

再看北区轴网，从③轴到⑧轴，轴线间距分别为6300mm、6000mm、6000mm、4800mm，从Ⓔ轴到Ⓕ轴，轴线间距为6600mm。北区为4开间1进深。

（3）查看房间平面布局，明确房间功能、交通疏散等情况。

南区从下而上，第1、第2进深均为展厅，第3进深为门厅，北区均为接待、洽谈室。出入口有3处，主入口位于南区门厅③轴处，次入口位于南区Ⓒ轴处、北区Ⓔ轴处。

楼梯有两处，1#楼梯位于北区最西端，开间3300mm，2#楼梯位于南区中间，开间3000mm。1#楼梯左侧梯段向下通往地下室，右侧梯段向上通往二层，2#楼梯仅向上通往二层。

卫生间有两处，"卫一"紧邻1#楼梯，"卫二"就在2#楼梯间内。"卫一"和"卫二"均有详图，详见建施13。

一层平面标高±0.000，卫生间门口有高差线，根据建筑设计总说明中的要求，卫生间地面较同层地面低50mm，无障碍卫生间低15mm，斜面过渡。

（4）查看墙体及门窗布置情况，进一步熟悉平面布局。

本工程有3处钢筋混凝土剪力墙，分别位于北区的③轴、⑧轴处，及南区的Ⓓ轴处。南区部分外墙采用外包厚度150mm的幕墙，其余外墙厚度240mm，内墙厚度240mm或120mm，幕墙由厂家二次深化设计。

1#楼梯间设置防火墙和防火门，与地下室分隔。

门窗规格较多，除普通门窗外，南区Ⓑ轴边设置的C2496为竖向通窗，高度9400mm，北区Ⓕ轴处设有2处消防救援窗口。需要注意到北区的④轴、⑦轴处共有3个框架柱为避开窗户退进设置。

（5）查看建筑构造部件及标注，熟悉台阶、坡道、散水、管道井定位等。

3 处出入口室内外高差 150mm，均采用平坡，坡度 1∶20，符合无障碍出入口要求。本工程外墙四周设置 600mm 宽散水。

南区和北区各设有雨水管 4 根，具体位置详图。

（6）查看剖切符号、详图索引符号，以备建筑剖面图和建筑详图的识读。

剖切符号有 1 处，位于③轴~④轴内，剖切位置在门厅处有转折，剖视方向为向右看。

详图索引符号有 2 处，南区的Ⓑ轴墙身 A，索引出的详图为建施 17 中的 1 号节点，北区的③轴墙身，索引出的详图为建施 18 中的 19 号节点。

2. 二层平面图

打开"建施 06 二层平面图"，按照识读一层平面图的步骤继续进行识读。

二层平面图的识读，需要结合一层平面图，重点关注以下内容：

（1）轴网间距，查看是否与一层一致。

本工程二层平面图与一层相同。

（2）房间平面布局，查看变化情况，与一层是否有关联。

本工程二层房间功能与一层不同，房间具体布局此处不再展开表述。卫生间仅北区设置，南区领导办公室有外挑露台。

二层楼面标高 4.200，卫生间标高要求同一层，露台标高未明确，可结合详图识读。

（3）查看墙体及门窗布置情况，进一步熟悉平面布局。

南区除④轴外，其余外墙均外包设置，且墙中至轴线较远，间距 600mm。相比一层平面图布置，可知立面上会出现外挑效果。

北区东西两侧设置飘窗，消防救援窗口位置同一层。

（4）查看建筑构造部件及标注，熟悉雨篷、预留管井等情况。

3 处出入口上方均设置轻钢雨篷，由厂家二次深化设计。

南区有 2 处楼板空调预留孔，尺寸为 150mm×150mm，位于④轴交Ⓒ轴、Ⓔ轴附近。

（5）查看详图索引符号，以备建筑详图的识读。

二层共有 9 处详图索引，南区露台、北区飘窗均有详图索引。

3. 三层平面图（局部屋顶平面）

打开"建施 07 三层平面图"，按照识读一层、二层平面图的步骤继续进行识读。

三层平面图的识读，同样需要结合一层、二层平面图，重点关注以下内容：

（1）轴网间距，查看是否一致。

本工程三层平面南区仅剩③轴~④轴一个开间，同时南面退进Ⓑ轴半个进深，其余为上人屋面（植草）。屋顶平面图的识读与楼层平面图不同，我们放到最后识读。

（2）房间平面布局，查看变化情况。

本工程三层房间具体布局变化，此处不再赘述。卫生间与二层平面相同，两个楼梯间均通至三层结束。

三层楼面标高 8.400，卫生间标高要求同前所述。

（3）查看墙体及门窗布置情况，进一步熟悉平面布局。

南区③轴处设置 BLM1834，通往上人屋面（植草），最南端外墙设置飘窗。

北区消防救援窗口位置同一层，外墙窗设置与二层同。

（4）查看建筑构造部件，查看详图索引符号等，以备建筑详图的识读。

楼板空调预留同二层平面图，雨水管设置同一层。

三层详图索引不计屋面部分，共有 6 处。

三层平面中有局部屋面，我们结合南区的上人屋面（植草），进行屋顶平面图的识读，基本步骤如下：

（1）查看轴网间距、屋面轮廓、屋面标高，查看与二层的对应关系。

与二层平面图相结合，明确局部屋顶平面对应的二层室内空间，二层露台Ⓐ轴以外上空无屋面板或雨篷。

局部屋顶结构面标高 8.000，完成面标高 8.450，结构面标高是指屋顶现浇板面标高，完成面标高是指屋顶构造完成后的建筑完成面标高。我们知道二层楼面标高 4.200、三层楼面标高 8.400，因此局部屋面处层高 3.8m，局部屋顶完成面高于三层楼面 50mm。

局部屋顶平面标注为"上人屋面（植草）"，建筑设计总说明识读时，我们已经在工程构造做法表中初步了解过种植屋面"屋面 3"的构造做法，可以再次翻看加深了解。

（2）查看屋面排水构造，明确屋脊、屋面排水坡度坡向、檐沟位置及排水坡度坡向、雨水口位置及数量。

屋面有两处屋脊线，屋面排水坡度 2%，采用内檐沟，檐沟宽度 500mm，排水坡度 1%，共设置 3 处雨水口，与一层、二层位置相同。

三层室内通往上人屋面（植草）的门 BLM1834 外侧设有 1 处雨水管及水簸箕。

（3）查看建筑构造部件，掌握女儿墙、屋面变形缝等情况。

屋面女儿墙沿外墙一圈设置，共有 7 处索引详图，女儿墙与檐沟间距 600mm，具体构造需要见建施 17、建施 18，可以同时结合建筑立面图综合识读。

（4）查看屋面预留孔洞及管井。

本工程局部屋顶无预留孔洞及管井。

（5）查看其他构配件，明确突出屋面的楼梯间、电梯间、水箱及其他构筑物设置情况。

本工程此处为三层平面的局部屋面，三层平面的具体内容前面已讲述，不再重复。

4. 屋顶层平面图

打开"建施-08 屋顶层平面图"，我们按照前面的基本步骤进行识读：

（1）查看轴网间距、屋面轮廓、屋面标高，查看与三层对应关系。

本工程南区屋顶为①轴以南为双坡屋面，①轴以北为不上人平屋面，北区屋顶为双坡屋面。

南区和北区的双坡屋面最低点标高一致，均为 12.600，最高点标高不同，北区高于南区 55mm。另外需要注意的是，南区和北区的坡屋面均有两重，从最低点 12.600 开始的坡屋面到中间区域垂直抬高，再做了一个宽度 2400mm 的小坡屋面。如果只看屋顶平面图，不能很好地理解，可以结合立面图、剖面图、节点详图进行综合识读理解。

不上人平屋面的结构标高为 12.600。

在建筑设计总说明识读时，我们在工程构造做法表中初步了解过不上人瓦屋面"屋面 1"和不上人平屋面"屋面 4"的构造做法，可以再次翻看加深了解。

3D-屋顶平面图形成

（2）查看屋面排水构造，明确屋脊、屋面排水坡度坡向、檐沟位置及排水坡度坡向、雨水口位置及数量。

双坡屋面排水坡向两侧内檐沟，檐沟宽度400mm，南区2处雨水口，北区4处雨水口，南区3轴处的雨水口排水至三层局部屋面（植草）处，其余雨水口与楼层位置相同，一直通向地面。

不上人平屋面排水坡向北区坡屋面檐沟，屋面排水坡度2‰。

（3）查看建筑构造部件，掌握女儿墙、屋面变形缝等情况。

本工程屋顶平坡结合，且双重坡屋面，构造较为复杂，共有8处索引详图，具体构造详见建施17，同时需要结合建筑立面图等综合识读。

（4）查看屋面预留孔洞及管井。

不上人平屋面有1处楼板空调预留孔和1处上人孔，上人孔尺寸800mm×600mm，主要是屋面检修用。

（5）查看其他构配件，明确突出屋面的楼梯间、电梯间、水箱及其他构筑物设置情况。

不上人平屋面处预留空调室外机位置。

5. 地下一层平面图

我们熟悉了商务办公楼的地上部分建筑平面图，最后来看地下一层平面图，科创产业园区的地下室是大底盘地下室，相互连通，地下室上部有商务办公楼、研发楼、实验楼、综合楼四个单体建筑。打开"建施-00 地下一层平面图"，识读的基本步骤如下：

（1）查看轴网间距，并结合一层平面图，查看地下室与地上建筑的对应关系。

地下室水平方向总尺寸94200mm，垂直方向总尺寸69600mm。平面基本规则，西北角呈阶梯状，逐步退进。

地下室的轴线编号前面加了"D-"，以便与地上建筑轴线编号区分。地下室轴网开间方向8400mm居多，其余详见图示，自行查看熟悉。

我们可以找到商务办公楼位于地下室的西南角，商务办公楼的①轴即地下室的(D-1)轴，⑧轴即地下室的(D-C)轴。

（2）查看房间平面布局，明确房间功能、交通疏散等情况。

地下室以(D-1)轴为界，分为2个防火分区，每个防火分区各设2处安全出入口。2个防火分区之间采用防火墙和防火卷帘隔离。地下室最北面(D-R)轴在(D-8)轴～(D-9)轴处与二期地下室相连。

地下室西侧区域为设备用房，东侧区域为机动车库。设备用房从南到北，依次有消防水池、水泵房、排烟机房、工具间、配电间。机动车停车泊位共有127个。

(D-8)轴～(D-9)轴之间设有坡道，我们可以看到坡度15%的坡道段和坡度7.5%的缓坡结束段。坡道入口在Ⓐ轴～Ⓑ轴之间，(D-10)轴右侧，由于(D-1)轴以南的坡道在地下室平面图中已经不可见，因此用虚线示意地面以上部分轮廓。

地下室配电间结构面标高－6.400，建筑面标高－5.400；消防水池结构面标高－6.400；车库及其他区域基本为结构面标高－5.500，建筑面标高－5.400。

（3）查看墙体及门窗布置情况，进一步熟悉平面布局。

地下室外墙为混凝土挡土墙，内墙无窗，除工具间外，其他门均为防火门、防火卷帘。

（4）查看建筑构造部件、预留孔洞等，熟悉排水沟、集水井、预留管井等情况。

地下室设有排水沟、集水井，地面排水坡度0.5％，排水沟底部结构面标高−5.800，集水井尺寸1500mm×1500mm，底部结构面标高−6.400，具体定位详图中标注，坡道缓坡结束处也设有排水沟。

地下室有3处排烟机房，机房内设有排风竖井通往地面。

（5）查看详图索引符号，以备建筑详图的识读。

消防水池处吸水槽有详图索引，详图在建施16中，钢梯详图集。

1.3.4　识读技巧

建筑平面图的图示内容最多，识读工作量也最大。我们掌握基本识读方法以后，还需要反复练习，才能在识读建筑平面图时条理清晰、分清主次、抓住重点，快速掌握建筑平面图的主要信息。

识读建筑平面图时，需要特别关注以下要点：

（1）防火设计的内容。

防火设计包含防火分区、防火墙、防火门窗、防火卷帘、消防救援窗口、疏散楼梯、消防电梯等。

防火分区的作用在于发生火灾时，将火势控制在一定的范围内。根据我国目前的经济水平以及灭火救援能力和建筑防火实际情况，规定了防火分区的最大允许建筑面积。

设计中将建筑物的平面和空间以防火墙和防火门、窗等以及楼板分成若干防火区域，以便控制火灾蔓延。施工时务必注意防火墙、防火门窗、防火卷帘的设置。

消防救援窗口，是供消防救援人员进入的窗口，净高和净宽均应≥1.0m，每个防火分区不应少于2个，设置位置应与消防车登高操作场地相对应。窗口的玻璃应易于破碎，并应设置可在室外易于识别的明显标志。

（2）疏散楼梯间的分类及相关要求。

楼梯间是人员竖向疏散的安全通道，也是消防员进入建筑进行灭火救援的主要路径。楼梯间按平面形式分为敞开楼梯间、封闭楼梯间和防烟楼梯间三种。

敞开楼梯间，指直接与楼层、开敞走廊等相连的楼梯间，一般用于多层、消防要求不高的建筑物。

封闭楼梯间，指在楼梯间入口处设置门，以防止火灾的烟和热气进入的楼梯间，楼梯间是一个独立空间。

防烟楼梯间，指在楼梯间入口处设置防烟前室，通向前室和楼梯间的门均为防火门，以防止火灾的烟和热气进入的楼梯间，一般用作高层建筑内的疏散楼梯。前室不仅具有防烟性能，而且也对疏散人群起到缓冲作用，同时可供灭火救援人员进行进攻前整装和准备工作，因此防烟楼梯间防火可靠性最高。

（3）电梯的分类及相关要求。

电梯是高层建筑进行垂直交通最有效的工具，但是不应作为安全疏散出口。电梯按照使用性质分为客梯、货梯、消防电梯、担架电梯、观光电梯等。

消防电梯是在建筑物发生火灾时供消防人员进行灭火与救援使用且具有一定功能的电梯。其设置应满足《建筑设计防火规范》GB 50016—2014（2018 年版）的要求，例如电梯从首层至顶层的运行时间不宜大于 60s；消防电梯的井底应设置排水设施等；担架电梯设置应满足《无障碍设计规范》GB 50763—2012 的要求，例如候梯厅深度不宜小于 1.50m；轿厢内应设置无障碍设施等。

（4）无障碍设计的内容。

无障碍设计包含无障碍出入口、无障碍通道、无障碍门、无障碍卫生间等。

无障碍出入口包括以下三类：平坡出入口，坡度不应大于 1∶20；同时设置台阶和轮椅坡道的出入口；同时设置台阶和升降平台的出入口。

无障碍室内走道应≥1.2m，门槛高度及门内外地面高差应≤15mm，并以斜面过渡。

无障碍厕位尺寸不应小于 1.8m×1.0m，门宜向外开启，如向内开启，需在开启后厕位内留有直径≥1.5m 的轮椅回转空间。

无障碍设计内容涉及要求较多，施工时注意细节，确保有需求的人能够安全地、方便地使用各种设施。

（5）建筑平面图各层之间的对应关系。

建筑物各层平面之间存在相互联系，上一层平面都是建立在下一层的基础上，识读平面图时注意抓住共同点，找到存在差异之处，便于快速识读，掌握全部平面图的内容。

（6）建筑平面图中的内容，要与建筑设计总说明、建筑立面图、建筑详图等其他施工图相结合综合识读，才能真正掌握设计要求。

建筑平面图的图示内容，有的仅看平面图只能了解部分信息，无法掌握全部要求，比如门窗，平面图中我们可以知道与轴线的定位尺寸、门窗编号，但是门窗的外形样式、窗台标高等，必须通过建筑立面图、门窗详图等才能找到相关信息。再比如阳台、雨篷、女儿墙、装饰构件等，只有通过立面图、详图等综合识读，才能明确具体形式、尺寸、构造做法等。

建筑平面图的识读，不能仅仅只识读平面图，我们初步识读建筑平面图后，必须结合建筑施工图的其他图纸，再次识读，逐步加深认识，由浅入深，从片面到全面，才是真正掌握建筑平面图表达的内容。

★ 强制性条文

《建筑设计防火规范》GB 50016—2014（2018 年版）

6.2.9 建筑内的电梯井等竖井应符合下列规定：

1 电梯井应独立设置，井内严禁敷设可燃气体和甲、乙、丙类液体管道，不应敷设与电梯无关的电缆、电线等。电梯井的井壁除设置电梯门、安全逃生门和通气孔洞外，不应设置其他开口。

2 电缆井、管道井、排烟道、排气道、垃圾道等竖向井道，应分别独立设置。井壁的耐火极限不应低于 1.00h，井壁上的检查门应采用丙级防火门。

3 建筑内的电缆井、管道井应在每层楼板处采用不低于楼板耐火极限的不燃材料或防火封堵材料封堵。

建筑内的电缆井、管道井与房间、走道等相连通的孔隙应采用防火封堵材料封堵。

6.4.2　封闭楼梯间除应符合本规范第6.4.1条的规定外，尚应符合下列规定：

1　不能自然通风或自然通风不能满足要求时，应设置机械加压送风系统或采用防烟楼梯间。

2　除楼梯间的出入口和外窗外，楼梯间的墙上不应开设其他门、窗、洞口。

3　高层建筑、人员密集的公共建筑、人员密集的多层丙类厂房、甲、乙类厂房，其封闭楼梯间的门应采用乙级防火门，并应向疏散方向开启；其他建筑，可采用双向弹簧门。

4　楼梯间的首层可将走道和门厅等包括在楼梯间内形成扩大的封闭楼梯间，但应采用乙级防火门等与其他走道和房间分隔。

6.4.3　防烟楼梯间除应符合本规范第6.4.1条的规定外，尚应符合下列规定：

4　疏散走道通向前室以及前室通向楼梯间的门应采用乙级防火门。

5　除住宅建筑的楼梯间前室外，防烟楼梯间和前室内的墙上不应开设除疏散门和送风口外的其他门、窗、洞口。

6.4.4　除通向避难层错位的疏散楼梯外，建筑内的疏散楼梯间在各层的平面位置不应改变。

除住宅建筑套内的自用楼梯外，地下或半地下建筑（室）的疏散楼梯间，应符合下列规定：

1　室内地面与室外出入口地坪高差大于10m或3层及以上的地下、半地下建筑（室），其疏散楼梯应采用防烟楼梯间；其他地下或半地下建筑（室），其疏散楼梯应采用封闭楼梯间。

2　应在首层采用耐火极限不低于2.00h的防火隔墙与其他部位分隔并应直通室外，确需在隔墙上开门时，应采用乙级防火门。

3　建筑的地下或半地下部分与地上部分不应共用楼梯间，确需共用楼梯间时，应在首层采用耐火极限不低于2.00h的防火隔墙和乙级防火门将地下或半地下部分与地上部分的连通部位完全分隔，并应设置明显的标志。

6.4.5　室外疏散楼梯应符合下列规定：

1　栏杆扶手的高度不应小于1.10m，楼梯的净宽度不应小于0.90m。

2　倾斜角度不应大于45°。

3　梯段和平台均应采用不燃材料制作。平台的耐火极限不应低于1.00h，梯段的耐火极限不应低于0.25h。

4　通向室外楼梯的门应采用乙级防火门，并应向外开启。

5　除疏散门外，楼梯周围2m内的墙面上不应设置门、窗、洞口。疏散门不应正对梯段。

《无障碍设计规范》GB 50763—2012

8.1.4　建筑内设有电梯时，至少应设置1部无障碍电梯。

《住宅设计规范》GB 50096—2011

5.4.4 卫生间不应直接布置在下层住户的卧室、起居室（厅）、厨房和餐厅的上层。

6.2.5 楼梯间及前室的门应向疏散方向开启。

6.6.2 住宅入口及入口平台的无障碍设计应符合下列规定：

    1 建筑入口设台阶时，应同时设置轮椅坡道和扶手；

    2 坡道的坡度应符合表6.6.2的规定；

表6.6.2 坡道的坡度

坡度	1：20	1：16	1：12	1：10	1：8
最大高度(m)	1.50	1.00	0.75	0.60	0.35

    3 供轮椅通行的门净宽不应小于0.8m；

    4 供轮椅通行的推拉门和平开门，在门把手一侧的墙面，应留有不小于0.5m的墙面宽度；

    5 供轮椅通行的门扇，应安装视线观察玻璃、横执把手和关门拉手，在门扇的下方应安装高0.35m的护门板；

    6 门槛高度及门内外地面高差不应大于0.015m，并应以斜坡过渡。

6.6.4 供轮椅通行的走道和通道净宽不应小于1.20m。

能力测试题 🔍

一、单选题

1. 本工程露台完成面与同层楼面完成面高差（　　）mm。

  A. 50　　　　　B. 100　　　　　C. 150　　　　　D. 无高差

2. 本工程底层西侧出入口坡道的水平投影长度为（　　）m。

  A. 2.000　　　B. 2.500　　　C. 3.000　　　D. 3.300

3. 关于三层平面中卫生间说法错误的是（　　）。

  A. 四周墙体下部设置300mm高混凝土翻边

  B. C1677窗洞宽1600mm

  C. 地面坡度不小于1‰坡向地漏

  D. 卫生间楼面比同层楼面低50mm

4. 本工程共有消防救援口（　　）个。

  A. 2　　　　　B. 4　　　　　C. 6　　　　　D. 8

5. 关于本工程屋面排水设计说法不正确的是（　　）。

  A. 平屋面采用建筑找坡　　　　B. 均采用内檐沟内排水

  C. 不上人瓦屋面防水等级为I级　　D. 檐沟内坡度为1‰

二、多选题

1. 关于本工程无障碍设计说法正确的有（　　）。

  A. 底层出入口均为无障碍出入口

  B. 未设置无障碍厕位

C. 1♯楼梯可作为无障碍楼梯

D. 玻璃门应有醒目的提示标志

E. 底层出入口门扇内外应留有直径不小于 1.500m 的轮椅回转空间

2. 关于本工程地下室说法正确的有（　　）。

A. 配电房门均设置了挡水门槛

B. 顶棚刷防霉涂料

C. 共有两个防火分区

D. 设置了三部疏散楼梯

E. 吸水槽排水坡度为 1%

三、填空题

1. 地下室防火分区 2 共有（　　）个安全出口。

2. 卫二的门洞高度为（　　）mm。

3. 上人屋面（植草）的排水坡度为（　　）%。

4. 屋面空调室外机预留位置处结构楼面标高为（　　）。

5. 二层平面图共有（　　）个轻钢雨篷。

1.4 建筑立面图

◆ 概念导入

1. 消防建筑高度

按照《建筑设计防火规范》GB 50016—2014（2018 年版），消防建筑高度的计算应符合下列规定：

（1）建筑屋面为坡屋面时，建筑高度应为建筑室外设计地面至其檐口与屋脊的平均高度。

（2）建筑屋面为平屋面（包括有女儿墙的平屋面）时，建筑高度应为建筑室外设计地面至其屋面面层的高度。

（3）同一座建筑有多种形式的屋面时，建筑高度应按上述方法分别计算后，取其中最大值。

（4）局部突出屋顶的楼梯间、电梯机房、水箱间等辅助用房占屋顶平面面积不超过1/4 者，可不计入建筑高度。

（5）对于住宅建筑，设置在底部且室内高度不大于 2.2m 的自行车库、储藏室、敞开空间，室内外高差或建筑的地下或半地下室的顶板面高出室外设计地面的高度不大于1.5m 的部分，可不计入建筑高度。

2. 规划建筑高度

按照《民用建筑设计统一标准》GB 50352—2019，规划建筑高度的计算应符合下列规定：

（1）位于机场航线控制范围内、自然保护区等控制区内建筑，建筑高度应以绝对海拔高度控制建筑物室外地面至建筑物和构筑物最高点的高度。

（2）非控制区内建筑，平屋顶建筑高度应按建筑物主入口场地室外设计地面至建筑女儿墙顶点的高度计算，无女儿墙的建筑物应计算至其屋面檐口；坡屋顶建筑高度应按建筑物室外地面至屋檐和屋脊的平均高度计算；当同一座建筑物有多种屋面形式时，建筑高度应按上述方法分别计算后取其中最大值；下列突出物不计入建筑高度内：

1）局部突出屋面的楼梯间、电梯机房、水箱间等辅助用房占屋顶平面面积不超过 1/4 者；

2）突出屋面的通风道、烟囱、装饰构件、花架、通信设施等；

3）空调冷却塔等设备。

1.4.1 形成与作用

1. 建筑立面图的形成

建筑立面图：在与建筑物主要外墙面平行的投影面上所作的正投影图。

建筑立面图的命名方式有三种：

（1）用房屋的朝向命名，例如南立面图、北立面图、东立面图等；

（2）根据主要出入口命名，例如正立面图、背立面图、侧立面图；

（3）用立面图上首尾轴线命名，例如①～⑩轴立面图、⑩～①立面图等。

平面形状曲折复杂的建筑物，必要时可绘制展开立面图，图名后加注"展开"两字。

2. 建筑立面图的作用

建筑立面图主要用于表示建筑物的体形和外貌，表示可见建筑构件、构造部件的形状及相互关系、立面装饰要求等。

在施工过程中，建筑立面图是作为明确门窗、阳台、雨篷、檐沟等的形状及位置，外立面装饰要求等的依据。

建筑平面图决定建筑物的内部使用功能，建筑立面图则决定一座建筑物是否美观，设计师在立面造型和装修上进行艺术处理，满足人们对美的追求。

1.4.2 图示内容

建筑立面图应按现行国家标准《房屋建筑制图统一标准》GB/T 50001—2017、《建筑制图标准》GB/T 50104—2010 的要求绘制。

建筑立面图绘制比例最常用的是 1：100，根据平面尺寸和图纸大小等具体情况也常采用 1：150、1：200、1：50 等。同一个建筑物的立面图绘制比例通常与平面图相同。

建筑立面图中表达的内容，按照内容主次关系、识读顺序详见表 1.10。

建筑立面图的图示内容 表 1.10

序号	类别		主要内容
1	定位轴线		两端轴线和轴线编号
2	立面外轮廓及建筑构件		(1)地坪线 (2)立面外轮廓线 (3)门窗、幕墙 (4)室外楼梯
3	建筑构造部件		(1)阳台、雨篷、室外空调机搁板 (2)檐沟、屋顶栏杆 (3)勒脚、台阶、坡道等
4	建筑装饰		装饰构件、线脚和粉刷分格线等
5	标注	尺寸	(1)水平方向:两端轴线间尺寸 (2)高度方向:建筑总高、层高 (3)其他必要的定位尺寸,如外墙留洞尺寸
		标高	(1)室外地面标高 (2)各层楼地面、屋面标高(楼层位置可绘辅助线) (3)关键控制标高,如女儿墙顶标高等
		文字	(1)图名、比例 (2)立面各部位装饰用料、色彩 (3)平面图上表达不清的窗编号等
		符号	(1)剖面图中无法表达的构造节点详图索引 (2)消防救援窗 (3)引出等其他

1.4.3 案例导入

3D-建筑
南立面图

我们引入商务办公楼的立面图，总共有 2 张施工图 4 个立面："建施-09 ①~⑧轴立面图、⑧~①轴立面图""建施-10 Ⓕ~Ⓐ轴立面图、Ⓐ~Ⓕ轴立面图"。

我们逐个立面识读，下面以"①~⑧轴立面图"为例讲解建筑立面图识读的基本步骤。

（1）查看图名、比例，明确立面图的观察方位。

我们查看①~⑧轴立面图，标注的轴线左侧是①轴，右侧是⑧轴，可以知道观察方位，①~⑧轴立面图就是商务办公楼的南立面。立面图中还标注了⑤轴，这是因为本工程平面不规则，分为南北两个区块，立面相对复杂，所以添加了南区的端部轴线⑤轴，方便立面图的识读。

绘制比例标注为 1:100，通常情况立面图与平面图绘制比例相同。

（2）查看地坪线、立面外轮廓线，了解外形，明确建筑高度。

从地坪线开始向上看，南立面轮廓不仅高低错落、起伏有致，而且层次丰富。①~⑧轴立面图，根据远近关系，从前到后分为三个层次，第一层次是南区的两层南立面，也就是①~⑤轴段，第二层次是南区三层咖啡、茶吧的南立面，第三层次是北区的三层南立面，③~④段与南区相连，仅屋面部分可见，④~⑥轴段一层和二层被南区遮挡，只能看到三层以上的外貌，⑥~⑧轴段可以看到全貌。

商务办公楼既有平屋面，又有坡屋面，建筑高度应分别计算后取最大值。对于本工程，规划建筑高度和消防建筑高度计算方式一致，建筑高度应为建筑室外设计地面（标高 -0.150）至其檐口（标高 12.600）与屋脊（标高 14.495）的平均高度，即 0.150+12.600+0.5×(14.495-12.600)=13.700，建筑高度为 13.700m。

立面图中檐口标高如果不明确，可以结合建筑剖面图或建筑详图综合识读后确定。

（3）结合建筑平面图，查看外墙门窗、幕墙等建筑构件，掌握门窗高度方向定位。

结合建筑平面图，先看第一层次，即①~⑤轴段，一层从左至右：幕墙 MQ5、Ⓐ轴墙体及中间凹进去的竖向通窗 C2496、Ⓑ轴的幕墙 MQ2；二层左右两侧外墙均向外挑出，我们在平面图识读中也曾经提到，二层从左至右：窗 C3335、窗 C1212、竖向通窗 C2496、推拉门 TLM1536。窗台和窗顶标高图中均有标注，例如第一层次的竖向通窗 C2496，窗台标高 0.100，窗顶标高 9.750。

其他以此类推识读。

需要注意的是第一层次的竖向通窗 C2496 处，立面图上看到标高 9.500 以上的窗户，是第二层次咖啡、茶吧间南墙的飘窗 TC2110，不是通窗 C2496，通窗到标高 9.750 处结束。大家也可以结合后面的建筑详图识读，能更好地理解此处图示内容。

（4）查看阳台、雨篷、檐沟、屋顶栏杆、勒脚、台阶、坡道等建筑构造部件，进一步深入熟悉建筑物。

结合建筑平面图，我们依次可以看到第一层次二层的外挑露台、第三层次一层 MLC3029 处的平坡出入口和雨篷、第二层次和第三层次的两重坡屋顶。

（5）识读立面图中装饰图例和文字说明，掌握装饰材料、色彩等做法。

立面图中外墙面层有面砖和真石漆两种材质，面砖为砖红色，真石漆分为米色和深灰色两种。坡屋顶采用深灰色混凝土瓦，窗框采用深灰色，玻璃采用浅灰色。

图中采用不同的填充图例表达不同的材料做法，我们可以看到砖红色外墙面砖、米色真石漆、深灰色真石漆、深灰色混凝土瓦均有填充图例。

立面图仅表达装饰面层的色彩和材质，我们还要结合建筑设计总说明的工程材料做法表，才能真正掌握外墙装饰构造的具体做法。

按照上述步骤，继续识读⑧～①轴立面图、Ⓐ～Ⓕ轴立面图、Ⓕ～Ⓐ轴立面图，商务办公楼的立面设计层次丰富，也给识读带来一定难度，需要大家结合建筑平面图，一层层细心识读。

1.4.4　识读技巧

建筑立面图表达建筑的外貌，图示内容直观，识读难度不高，关键是提升识读速度，快速掌握立面图表达的信息。

3D-建筑北立面图	3D-建筑西立面图	3D-建筑东立面图

识读建筑立面图时，需要特别关注以下要点：

(1) 建筑高度的计算要求。

建筑高度的计算根据日照、消防、旧城保护、航空净空限制等不同要求，略有差异。

出发点不同，采用不同的建筑高度。前面我们介绍了消防建筑高度和规划建筑高度，二者都是从室外地面起算，但是顶点不一样，比如非控制区的平屋面建筑，计算日照间距时，我们就要按照规划建筑高度计算，算到女儿墙顶，而按照消防要求计算建筑高度只算到屋面。

(2) 建筑立面图中的门窗标高。

建筑物中的门窗必须具备平面定位和标高定位，才能确定安装位置。外墙门窗的标高定位，通常只在建筑立面图中表达，因此必须重点关注立面图中表达的门窗标高信息。

(3) 建筑立面图的内容，要与建筑设计总说明、建筑平面图、建筑详图等其他施工图相结合综合识读，才能真正掌握设计要求。

建筑立面图中表达的内容，只看立面图我们是无法施工的。比如门窗，立面图中我们仅知道标高，而门窗编号、尺寸、平面定位等信息，我们必须从建筑平面图、门窗表、门窗详图中获取。比如外墙做法，立面图中表达了面层材质色彩、区域范围，但是具体的构造做法还是要从建筑设计总说明的工程做法表中获取。再比如檐沟、雨篷、装饰构件等，立面图中表达外形样式、标高，但是具体尺寸、构造做法必须从建筑平面图、建筑设计总说明的工程做法表、建筑详图中获取。

因此建筑立面图的识读，不能仅仅只识读立面图，我们初步识读建筑立面图后，必须结合建筑施工图的其他图纸，再次识读，逐步加深认识，由浅入深，从片面到全面，才能真正掌握建筑立面图表达的内容。

★ 强制性条文

《城市居住区规划设计标准》GB 50180—2018

4.0.2　居住街坊用地与建筑控制指标应符合表 4.0.2 的规定。

表4.0.2 居住街坊用地与建筑控制指标（节选）

住宅建筑平均层数类别	住宅建筑高度控制最大值(m)
低层(1层~3层)	18
多层Ⅰ类(4层~6层)	27
多层Ⅱ类(7层~9层)	36
高层Ⅰ类(10层~18层)	54
高层Ⅱ类(19层~26层)	80

注：近年来我国高层高密度的居住区层出不穷，百米高的住宅建筑也日渐增多，对城市风貌影响极大；同时，给城市消防、城市交通、市政设施、应急疏散、配套设施等都带来了巨大的压力和挑战。根据《中共中央国务院关于进一步加强城市规划建设管理工作的若干意见》，对住宅建筑层数和控制高度最大值进行了控制。

能力测试题

一、单选题

1. 本工程Ⓐ轴墙体外立面真石漆颜色为（　　）。

A. 深灰色　　　　　　B. 白色　　　　　　C. 砖红色　　　　　　D. 米色

2. 二层平面图中③号轴线处窗 TC2161 的顶标高为（　　）。

A. 4.400　　　　　　B. 8.400　　　　　　C. 10.900　　　　　　D. 10.500

3. 关于外立面装饰说法错误的是（　　）。

A. 屋顶为深灰色混凝土瓦　　　　　　B. 铝格栅的间距为 250mm

C. 外墙面砖齐缝搭接　　　　　　　　D. 采用明框玻璃幕墙

4. 三层平面图中，咖啡、茶吧处 TC2110 的窗台标高为（　　）。

A. 0.900　　　　　　B. 1.100　　　　　　C. 8.400　　　　　　D. 9.500

5. ①~⑧轴立面图中，虚线框内门扇的洞口宽度为（　　）mm。

A. 1200　　　　　　B. 1500　　　　　　C. 1800　　　　　　D. 2000

二、多选题

1. 建筑立面图应包括投影方向可见的建筑外轮廓线和（　　）等。

A. 墙面线脚

B. 建筑构配件

C. 外墙面材料做法

D. 室内顶棚轮廓线

E. 必要的尺寸和标高

2. 关于本项目立面图说法正确的为（　　）。

A. 消防救援窗洞口下缘距离本层楼地面高度均为 900mm

B. Ⓕ~Ⓐ轴立面图 10.900 标高处线条外装饰材料为浅灰色真石漆

C. 屋脊最高处标高为 14.495

D. ①~⑧轴立面图设置有高窗

E. Ⓐ～Ⓕ轴立面图灰色铝格栅内侧为玻璃幕墙

三、填空题

1. 本工程三层的层高为（　　　）m。

2. ⑧～①轴立面图中共设置了（　　　）个消防救援窗口。

3. 一层平面图中，1#楼梯西面窗户的顶标高为（　　　）。

4. 本工程室内外高差为（　　　）mm。

5. 外窗玻璃的颜色为（　　　）。

1.5 建筑剖面图

◆ **概念导入**

1. 层高

层高，是指建筑物各楼层之间以楼、地面面层（完成面）计算的垂直距离。

对于平屋面，屋顶层的层高是指该层横面面层（完成面）至平屋面的结构面层（上表面）的高度；对于坡屋面，屋顶层的层高是指该层楼面面层（完成面）至坡屋面的结构面层（上表面）与外墙外皮延长线的交点计算的垂直距离。

2. 室内净高

室内净高，是指从楼、地面面层（完成面）至吊顶或楼盖、屋盖底面之间的有效使用空间的垂直距离。

当楼盖、屋盖的下悬构件或管道底面影响有效使用空间时，应按楼地面完成面至下悬构件下缘或管道底面之间的垂直距离计算。

建筑用房的室内净高应符合现行建筑设计标准，地下室、局部夹层、走道等有人员正常活动的最低处净高不应小于 2.0m。

1.5.1　形成与作用

1. 建筑剖面图的形成

建筑剖面图：用垂直于外墙水平方向轴线的铅垂剖切面，将建筑物剖开，移去观察者与剖切面之间的部分，对剩余部分所作的正投影图。

建筑剖面图的剖切部位，应在平面图上选择能反映建筑物全貌、构造特征以及有代表性的部位剖切。

一般建筑物的剖面图通常只有一个，当建筑物规模较大或平面形状复杂时，可根据实际需要增加剖面图的数量。

2. 建筑剖面图的作用

建筑剖面图主要表示房屋的内部结构、分层情况、各层高度、楼地面和屋面以及各构配件在垂直方向上的相互关系等内容。

在施工中，建筑剖面图可作为进行分层、砌筑墙体、安装门窗、铺设楼板、屋面板等工作的依据。

1.5.2　图示内容

建筑剖面图应按现行国家标准《房屋建筑制图统一标准》GB/T 50001—2017、《建筑制图标准》GB/T 50104—2010 的要求绘制。

建筑剖面图绘制比例最常用的是 1：100，根据平面尺寸和图纸大小等具体情况也常采用 1：150、1：200、1：50 等。同一个建筑物的剖面图绘制比例通常与平面图相同。

建筑剖面图中表达的内容，按照内容主次关系、识读顺序详见表 1.11。

建筑剖面图的图示内容　　　　　　　　　　　　　　　　　　　表 1.11

序号	类别		主要内容
1	定位轴线		剖切到的轴线和轴线编号
2	建筑构件		(1)楼板、屋面板 (2)外墙、内墙 (3)门窗、幕墙 (4)梁(如过梁)、承重柱 (5)楼梯、电梯等垂直交通构件
3	建筑构造部件		(1)室内外地坪 (2)阳台、雨篷、室外空调机搁板 (3)檐沟、屋顶栏杆 (4)勒脚、台阶、坡道等
4	建筑装饰		装饰构件、线脚等
5	标注	尺寸	(1)水平方向二道尺寸：轴线间尺寸、轴线总尺寸 (2)高度方向三道尺寸：建筑总高；层高；门窗高度、窗间墙高度、室内外高差、女儿墙高度等分尺寸 (3)其他内部定位尺寸
		标高	(1)室外地面标高 (2)各层楼地面、屋面标高 (3)关键控制标高，如女儿墙顶标高等
		文字	(1)图名、比例 (2)房间名等其他
		符号	(1)节点详图索引 (2)引出等其他

1.5.3　案例导入

我们引入商务办公楼的剖面图："建施-11 1-1 剖面图"，以此为例讲解建筑剖面图识读的基本步骤。

（1）查看图名、比例，并与底层平面图对照，确定剖面图的剖切位置及剖视方向。

我们查看 1-1 剖面图，绘制比例与平面图、立面图保持一致，均为 1：100。再去翻看建施-05 一层平面图，我们在一层平面图识读中已经讲过，查看剖切符号，以备建筑剖面图的识读。一层平面图中的剖切符号有 1 处，位于③轴～④轴内，剖切位置在门厅处有转折，剖视方向为向右看。

（2）粗看剖面图，明确本工程的层数、层高。

剖面图通常选择在有代表性的部位剖切，粗看 1-1 剖面图，我们可以知道商务办公楼地下一层，地上三层。地下一层层高 5.4m，底板局部有高差，下沉 1.0m。地上部分，一

3D-建筑1-1剖面

层、二层层高均为 4.2m，二层局部屋面处屋面板下沉。三层既有平屋面，又有坡屋面，平屋面处层高为 4.2m，坡屋面处层高也是 4.2m。

（3）结合建筑平面图，逐层细看剖面图，明确定位轴线、墙体门窗等建筑构件。

1-1 剖面图的轴线自左而右为Ⓕ轴、Ⓔ轴、Ⓓ轴、Ⓒ轴、Ⓑ轴。地下部分未完全绘制，在Ⓕ轴、Ⓔ轴外截断，地上部分Ⓕ轴、Ⓑ轴为外墙。

首先结合地下一层平面图一起识读，我们找到商务办公楼区域，地下一层平面图的轴线编号与地上部分不同，但是标注了对应关系。Ⓕ轴即地下一层的Ⓓ-Ⓚ轴，Ⓑ轴即地下一层的Ⓓ-Ⓒ轴。剖切位置绘制在一层平面图中，我们对照一层平面图找到地下一层平面图的剖切位置，位于④轴左侧，中间有转折，地下一层剖切到的房间是专用通道、水泵房、消防水池。

地下一层专用通道和水泵房地面建筑标高为－5.400，消防水池底板结构标高为－6.400。Ⓕ轴和Ⓑ轴外侧为单层地下室，顶板上方有 1500mm 覆土。

地下室剖切到的墙体：Ⓕ轴和Ⓑ轴处为排烟机房和专用通道之间的隔墙，以及地下室顶板上方的钢筋混凝土墙，Ⓔ轴处为专用通道和水泵房之间的隔墙，Ⓓ轴处为消防水池的钢筋混凝土侧墙。

接着结合一层平面图识读，一层剖切到的房间是卫一、门厅、2#楼梯、卫二、展厅。门厅和展厅楼面建筑标高±0.000，卫一、卫二楼面建筑标高－0.050。

一层剖切到的墙体门窗：Ⓕ轴处为外墙，外墙设窗 C3729，离地 100mm，窗顶为墙体和二层梁；接着剖切到卫一和门厅的 120 隔墙，门厅和 2#楼梯间的剪力墙，2#楼梯间和卫二的 120 隔墙，卫二和展厅的隔墙；Ⓑ轴外侧为通窗 C2496，离地 100mm。

然后再结合二层、三层平面图逐层识读剖面图，先看剖切到的建筑构件，再看投影可见的建筑构件，此处不再赘述。

最后结合屋顶平面图，我们可以看到剖切到了北区的坡屋面、南区的平面图和坡屋面。南区坡屋面是沿着纵向剖切，剖切位置位于标高 14.440 处，该标高不是屋脊位置。

（4）结合建筑平面图，逐层细看剖面图，查看细部尺寸，明确室内外地坪、阳台、雨篷、檐沟、屋顶栏杆、台阶、坡道等建筑构造部件和建筑装饰。

室内外高差为 150mm；二层Ⓑ轴外侧投影可见露台侧面；三层右侧外墙飘窗 TC2110 窗顶设有装饰线脚，局部屋面处建筑标高 8.450，屋顶栏板距标高 8.400 为 1350mm。

1.5.4　识读技巧

我们前面识读的建筑立面图，表达的是建筑物的外貌，而建筑剖面图则表达了建筑物的内貌，想要熟悉建筑物内部情况，识读建筑剖面图最为直观便捷。掌握基本识读方法以后，还需要反复练习，才能在识读建筑剖面图时条理清晰、分清主次、抓住重点，快速掌握建筑剖面图的主要信息。

识读建筑剖面图时，需要特别关注以下要点：

（1）建筑剖面图的识读顺序。

概述中我们讲到建筑施工图的识读顺序第 2 步，按照图纸目录的编号，从建筑总平面图开始，到建筑设计总说明、建筑平面图、建筑立面图、建筑剖面图、建筑详图，按顺序进行翻阅，先粗看一遍，大致了解图纸内容，对本工程的建筑施工内容有一个初步的了解。

粗看建筑剖面图的重点就是了解建筑物内貌，掌握层数层高信息。虽然我们可以从建筑设计总说明、建筑平面图中得到层数层高的信息，但是都没有建筑剖面图直观，一眼看去就能有个清晰的初步认识。

等到接下来细看建筑剖面图的时候，我们再按照案例导入中的基本步骤进行识读，逐步深化，掌握细节内容。

（2）局部剖面图的表达内容。

建筑剖面图选择的剖视位置是具有代表性的部位，遇到建筑平面图、建筑立面图均表达不清的部位，可绘制局部剖面图。局部剖面图通常表达建筑空间局部不同处的内容，且只有在局部剖面图中才能读取到相关信息。

（3）建筑剖面图的内容，要与建筑平面图、建筑立面图、建筑详图等其他施工图相结合综合识读，才能读懂。

与建筑平面图、建筑立面图相比，建筑剖面图的内容是最少的，通常单体建筑就绘制一个剖面图。但是，建筑剖面图表达的内容涉及建筑物全部楼层、外墙门窗及内部，信息量分布广且散，因此必须在熟悉建筑平面图、立面图的基础上，再识读建筑剖面图，才能对照读懂剖面图表达的部位、表达的内容。

★ 强制性条文

《住宅设计规范》GB 50096—2011

5.5.2　卧室、起居室（厅）的室内净高不应低于2.40m，局部净高不应低于2.10m，且局部净高的室内面积不应大于室内使用面积的1/3。

5.5.3　利用坡屋顶内空间作卧室、起居室（厅）时，至少有1/2的使用面积的室内净高不应低于2.10m。

能力测试题 🔍

一、单选题

1. 本工程剖面图填黑的部分表示（　　）构件。

A. 混凝土　　　　　B. 钢筋混凝土　　　　　C. 钢材　　　　　D. 加气块

2. ⑧轴右侧在标高4.200处投影线绘制的建筑构件功能是（　　）。

A. 雨篷　　　　　B. 阳台　　　　　C. 露台　　　　　D. 设备平台

3. 本工程1-1剖面图属于剖面图类型中的（　　）。

A. 转折剖面图　　　B. 展开剖面图　　　C. 重合剖面图　　D. 局部剖面图

4. 本工程主楼投影范围外地下室顶板覆土厚度设计值为（　　）mm。

A. 150　　　　　　B. 250　　　　　　C. 1500　　　　　D. 1650

5. 地下室①轴右侧标高 H（结构板面）应为（　　）。

A. −6.500　　　　B. −7.000　　　　C. −7.200　　　　D. −7.400

二、多选题

1. 关于地下室专用通道处投影可见门说法正确的为（　　）。

A. 双扇内平开门

B. 门宽度 2100mm

C. 甲级防火门

D. 设置有挡水门槛

E. 为安全出口疏散门

2. 关于标高 14.495 处屋面说法正确的为（　　）。

A. 坡屋面

B. 为自由落水

C. 采用深灰色混凝土瓦

D. 非保温屋面

E. 防水等级二级

三、填空题

1. 水泵房的层高为（　　）m。

2. 地下室顶板结构板面设计标高为（　　）。

3. 上人屋面处完成面标高应为（　　）。

4. 开敞办公室Ⓒ轴处门洞口高度为（　　）mm。

5. 二层的卫生间地面标高比同层楼面低（　　）mm。

6. 车库地面与消防水池的地面高差为（　　）mm。

7. 展厅可见投影窗的洞口顶标高为（　　）。

8. 咖啡、茶吧处被剖切到的窗户洞口宽度为（　　）mm。

1.6 建筑详图

◆ **概念导入**

1. 梯段净宽和楼梯平台宽度

当一侧有扶手时,梯段净宽应为墙体装饰面至扶手中心线的水平距离;当双侧有扶手时,梯段净宽应为两侧扶手中心线之间的水平距离;当有凸出物时,梯段净宽应从凸出物表面算起。

梯段净宽除应符合现行国家标准相关规定外,供日常主要交通用的楼梯的梯段净宽应根据建筑物使用特征,按每股人流宽度为 0.55m＋(0~0.15)m 的人流股数确定,并不应少于两股人流。(0~0.15)m 为人流在行进中人体的摆幅,公共建筑人流众多的场所应取上限值。

楼梯平台宽度,系指墙面装饰面至扶手中心之间的水平距离。当楼梯平台有凸出物或其他障碍物影响通行宽度时,楼梯平台宽度应从凸出部分或其他障碍物外缘算起。当框架梁底距楼梯平台地面高度小于 2.00m 时,如设置与框架梁内侧面齐平的平台栏杆(板)等,楼梯平台的净宽应从栏杆(板)内侧算起。

当梯段改变方向时,扶手转向端处的平台最小宽度不应小于梯段净宽,并不得小于 1.2m。当有搬运大型物件需要时,应适量加宽。直跑楼梯的中间平台宽度不应小于 0.9m。

2. 临空高度、栏杆防护高度、临空外窗的窗台高度

临空高度,是指相邻开敞空间有高差时,上下楼地面之间的垂直距离。

栏杆防护高度,是指阳台、外廊、屋顶等临空处栏杆距离底面(楼地面或屋面)的防护高度,底面有可踏部位(底面宽度≥0.22m 且高度≤0.45m)时,应从可踏部位的顶面起算:

(1) 当临空高度<24.0m 时,栏杆防护高度应≥1.05m;

(2) 当临空高度≥24.0m 时,栏杆防护高度应≥1.1m;

(3) 上人屋面和交通、商业、旅馆、医院、学校等建筑临开敞中庭的栏杆防护高度应≥1.2m。

临空外窗的窗台高度,系指临空外窗窗台距离楼地面的净高:

(1) 公共建筑临空外窗的窗台高度应≥0.8m,否则应设置防护设施,防护高度应≥0.8m;

(2) 居住建筑临空外窗的窗台高度应≥0.9m,否则应设置防护设施,防护高度应≥0.9m;当凸窗窗台高度>0.45m 时,防护高度从窗台面起算应≥0.6m。

1.6.1 形成与作用

1. 建筑详图的形成

建筑详图:建筑详图有两类,一类是对建筑物的主要部位或房间用较大的比例(一般

为 1：20 至 1：50）绘制的详细图样，比如楼梯详图、卫生间详图；另一类是对建筑物的细部或建筑构、配件用较大的比例（一般为 1：20、1：10、1：5 等）将其形状、大小、材料和做法详细地表示出来的图样，也称节点详图，比如檐沟节点详图、雨篷节点详图。

2. 建筑详图的作用

建筑详图主要表示建筑物主要部位造型、局部房间布局、建筑物细部或构配件的详细构造、所用材料、细部尺寸、有关施工要求等。

在施工过程中，建筑详图是楼梯、卫生间、墙身、阳台、雨篷等施工的重要依据。

1.6.2 图示内容

建筑详图应按现行国家标准《房屋建筑制图统一标准》GB/T 50001—2017、《建筑制图标准》GB/T 50104—2010 的要求绘制。

建筑详图绘制比例，主要部位造型、局部房间详图最常用的是 1：50、1：20，建筑物细部或构配件的节点详图最常用的是 1：20，也可采用 1：10、1：5。

比例大于 1：50 的平面图、剖面图，应画出抹灰层、保温隔热层等与楼地面、屋面的面层线，并宜画出材料图例；比例等于 1：50 的平面图、剖面图，剖面图宜画出楼地面、屋面的面层线，宜绘出保温隔热层，抹灰层的面层线应根据需要确定。

建筑详图根据不同部位，表达内容不尽相同，比如楼梯间，楼梯间的建筑详图包括楼梯平面图、楼梯剖面图、楼梯节点详图，楼梯平面图和剖面图绘制比例通常采用 1：50，下面我们以楼梯间为例，分别介绍楼梯平面图、楼梯剖面图表达内容，详见表 1.12 和表 1.13。

建筑详图——楼梯平面图的图示内容　　　　表 1.12

序号	类别		主要内容
1	定位轴线		楼梯间轴线和轴线编号
2	主要建筑构件		(1)楼梯间墙体、承重柱 (2)楼梯间门窗、幕墙 (3)楼梯梯段踏步
3	建筑构造部件		(1)楼梯井 (2)楼梯栏杆 (3)与楼梯间相连的台阶、坡道、散水、阳台、雨篷等
4	标注	开间方向尺寸	(1)楼梯间轴线间尺寸 (2)梯井尺寸，梯段宽度定位尺寸
		进深方向尺寸	(1)楼梯间轴线间尺寸 (2)楼梯平台尺寸(中间平台和楼层平台)、梯段长度尺寸(踏步宽度×水平踏步数=梯段长度尺寸)
		标高	(1)室外地面标高 (2)室内各层楼地面标高、屋面标高 (3)楼梯中间平台标高
		文字	(1)梯段上下方向 (2)图名、比例等
		符号	(1)剖切符号(仅一层平面图) (2)折断符号(一层平面图、中间层平面图) (3)节点详图索引符号 (4)引出等其他

建筑详图——楼梯剖面图的图示内容　　　　表 1.13

序号	类别			主要内容
1	定位轴线			楼梯间轴线和轴线编号
2	主要建筑构件			(1)楼梯间墙体、承重柱 (2)楼梯间门窗、幕墙 (3)楼梯梯段板、踏步 (4)楼梯平台板(中间平台和楼层平台)、屋面板 (5)梁(梯段梁、平台梁、过梁等)
3	建筑构造部件			(1)楼梯间室内外地坪 (2)楼梯栏杆 (3)与楼梯间相连的台阶、坡道、散水、阳台、雨篷等
4	标注	水平方向尺寸		(1)楼梯间轴线间尺寸 (2)楼梯平台尺寸(中间平台和楼层平台)、梯段长度尺寸(踏步宽度×水平踏步数＝梯段长度尺寸)
		高度方向尺寸		(1)层高 (2)梯段高度尺寸(踏步高度×垂直踢面数＝梯段高度尺寸) (3)栏杆高度等其他细部尺寸
		标高		(1)室外地面标高 (2)室内各层楼地面标高、屋面标高 (3)楼梯中间平台标高
		文字		图名、比例等
		符号		(1)节点详图索引符号 (2)引出等其他

　　楼梯节点详图主要包括踏步节点详图、栏杆详图、栏杆连接节点详图，由于节点详图需要表达节点的详细构造层次、所用材料、细部尺寸、有关施工要求等，因此绘制比例通常采用 1:20，或者 1:10、1:5，下面我们以踏步节点详图为例，介绍踏步节点详图表达的内容，详见表 1.14。

建筑详图——踏步节点详图的图示内容　　　　表 1.14

序号	类别		主要内容
1	轴线		节点定位轴线和轴线编号
2	建筑构件和构造部件		(1)踏步构件轮廓 (2)踏步面层构造层次 (3)踏步踢面构造层次 (4)防滑构造层次
3	图例		构件和构造层次的材料图例
4	标注	尺寸	踏面宽度、踢面高度
		标高	必要的标高
		文字	(1)图名、比例 (2)各构造层次材料及施工要求的说明
		符号	引出等其他

1.6.3 案例导入

我们引入商务办公楼的建筑详图:"建施-12 1♯楼梯详图""建施-13 2♯楼梯详图、卫生间详图""建施-14 门窗表、门窗详图""建施-15 汽车坡道平面大样图""建施-16 汽车坡道2-2剖面图 坡道节点详图""建施-17 节点详图一""建施-18 节点详图二"。

我们逐张进行识读,下面以1♯楼梯为例讲解楼梯平面图、楼梯剖面图、楼梯节点详图识读的基本步骤。

(1)首先查看图名及楼梯编号,与建筑平面图对照,明确楼梯在平面图中的位置。

我们查看建施-12 1♯楼梯详图,再去翻看建施-05 一层平面图,明确1♯楼梯间位于北区最西端,开间3300mm。1♯楼梯左侧梯段向下通往地下室,右侧梯段向上通往二层。

(2)查看楼梯平面图,明确楼梯间的类别和出入口。

1♯楼梯平面图共有5张:1♯楼梯地下室平面图、1♯楼梯—2.700标高平面图、1♯楼梯一层平面图、1♯楼梯二层平面图、1♯楼梯三层平面图。

地下室到一层为封闭楼梯间,一层平面中梯井处和楼层处设有120mm防火隔墙。地下室层设置乙级防火门FM$_乙$1121,开启方向朝内,一层设置乙级防火门FM$_乙$1121,开启方向朝外。

一层到三层为敞开楼梯间。

(3)细看楼梯平面图,明确各梯段及楼梯平台(中间平台和楼层平台)的起始位置、梯段的踏面宽度、踏面数、梯段尺寸、梯井尺寸等。

先看1♯楼梯地下室平面图,第一跑梯段在楼梯间右侧起步,距Ⓔ轴尺寸为2380mm,起始标高为—5.400,踏面宽度300mm,共8个踏面。梯段宽度方向距墙边(非完成面)尺寸为1450mm,扶手宽度60mm。

再看1♯楼梯—2.700标高平面图,楼梯间左侧为第二跑梯段,距Ⓕ轴尺寸为1820mm,从标高—4.050到标高—2.700,踏面宽度300mm,共8个踏面。楼梯间右侧折断线以上为第一跑梯段,以下为第三跑梯段,距Ⓔ轴尺寸为2380mm,起始标高为—2.700。左右两侧梯段宽度方向距墙边(非完成面)尺寸均为1450mm,梯井宽度160mm,扶手宽度60mm。

按此步骤,我们逐层识读楼梯平面图,除此以外需要注意以下几点:

1)一层平面图中的剖切符号,确定楼梯剖面图的剖切位置及投影方向。

2)标高2.100、标高6.300、标高8.400平台处的水平栏杆。

(4)查看楼梯剖面图,明确楼梯层数、高度、每层梯段数,踢面高度、踢面数及定位尺寸、净高尺寸等。

查看a-a剖面图,首先明确楼梯层数3层,从地下室到一层楼面,高度5.4m,有4个梯段,一层楼面到二层楼面,高度4.2m,2个梯段,二层楼面到三层楼面也是高度4.2m,2个梯段。

再逐层看梯段的细部尺寸,例如第一跑梯段,从地下室到中间平台,标高—5.400到—4.050,踢面高度150mm,踢面数9个,踢面数也称为级数、步数。需要注意同一跑梯段的踏面数和踢面数不相等。结合平面图,我们再核对第一跑梯段的起始位置、踏面宽度、踏面数。

a-a 剖面图中，标高 2.100、标高 6.300、标高 8.400 平台处的水平栏杆高度 950mm，加上翻边高度 100mm，防护高度为 1050mm。

（5）结合楼梯平面图、楼梯剖面图，查看索引的踏步、栏杆等节点详图，明确构造做法。

查看楼梯平面图和剖面图中索引的踏步和楼梯栏杆节点详图，两个详图均在建施 17 中，踏步节点详图明确了石材凹槽防滑，楼梯栏杆节点详图明确了栏杆高度、栏杆和扶手的钢管规格、间距、栏杆与踏步之间的连接构造等。注意查看图名下方的文字说明内容。

商务办公楼的 2♯楼梯详图识读步骤同上所述，其他详图识读也基本相同，结合建筑平面图等图纸，先明确详图所在位置，再确定细部构造做法，例如墙身 A 的节点详图，首先在建施 5 中找到索引的墙身位于近Ⓑ轴处，再结合建筑平面图、立面图等，查看详图中的散水、窗台栏杆、屋面等细部构造做法，具体内容此处不再赘述。

1.6.4　识读技巧

建筑详图是建筑施工图中绘制比例最大的图纸，表达细部构造做法，涉及部位较多。我们掌握建筑详图的基本识读方法以后，还需要反复练习、积累经验，才能分清主次、抓住重点，准确快速识读建筑详图，掌握设计要求。

识读建筑详图时，需要特别关注以下要点：

（1）建筑详图表达的建筑物部位。

建筑详图表达的内容涉及楼梯、卫生间、屋面、墙身等多个部位的细部构造做法，识读详图时必须结合建筑平面图、立面图等其他施工图，先找到详图索引的出处，明确详图表达的建筑物部位，再识读建筑详图。

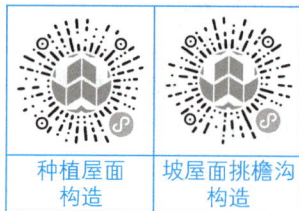

种植屋面　坡屋面挑檐沟
构造　　　构造

例如商务办公楼的汽车坡道，需要结合总平面图、建筑平面图一起识读，才能明确坡道的入口位置，以及有效利用坡道下方的净空作为储藏室和通道。

（2）建筑详图涉及人身安全、无障碍设施的工程建设标准。

建筑详图中的细部构造做法，不少是直接涉及人身安全、无障碍设施的工程建设标准，识读时需要特别关注，以免施工出错。比如上人屋面的栏杆高度不应小于 1.2m，栏杆高度应从所在楼地面或屋面至栏杆扶手顶面垂直高度计算，施工时需要关注楼地面或屋面是指建筑完成面，当楼地面、屋面找坡时，必须确保最高点处的栏杆防护高度不应小于1.2m。当底面有宽度大于或等于 0.22m，且高度小于或等于 0.45m 的可踏部位时，应从可踏部位顶面起算。比如无障碍卫生间的门槛高度及门内外地面高差不应大于 15mm，门槛处以斜面过渡等。

（3）建筑详图，要与建筑设计总说明、建筑平面图、建筑立面图等其他施工图相结合综合识读，才能掌握施工要求。

建筑详图不仅要与其他施工图综合识读确定详图所在部位，还需注意节点详图是为了表达其他施工图中无法表达清楚的细部构造，因此节点详图的构造要求可能只涉及局部构造要求，其他构造要求仍需结合建筑设计总说明、建筑平面图、建筑立面图等明确。

比如商务办公楼"建施-17 节点详图一"中编号 26 的节点详图，是表达Ⓔ轴的屋面节点，涉及坡屋面、平屋面、檐沟，节点详图中主要表达了坡屋面和平屋面端部的构造做法，而坡屋面、平屋面、檐沟的面层做法只是分别标注了"屋1""屋4""屋2"，具体做法需结合"建施03工程做法表（二）"明确。

因此，建筑详图的识读，必须结合建筑设计总说明、建筑平面图、建筑立面图等其他施工图综合识读，才能掌握施工要求。

★ 强制性条文

《民用建筑设计统一标准》GB 50352—2019

6.7.4　住宅、托儿所、幼儿园、中小学及其他少年儿童专用活动场所的栏杆必须采取防止攀爬的构造。当采用垂直杆件做栏杆时，其杆件净间距不应大于0.11m。

6.8.6　楼梯平台上部及下部过道处的净高不应小于2.0m，梯段净高不应小于2.2m。

注：梯段净高为自踏步前缘（包括每个梯段最低和最高一级踏步前缘线以外0.3m范围内）量至上方突出物下缘间的垂直高度。

6.8.9　托儿所、幼儿园、中小学校及其他少年儿童专用活动场所，当楼梯井净宽大于0.2m时，必须采取防止少年儿童坠落的措施。

楼梯净高构造

《住宅设计规范》GB 50096—2011

5.6.3　阳台栏板或栏杆净高，六层及六层以下不应低于1.05m；七层及七层以上不应低于1.10m。

5.8.1　窗外没有阳台或平台的外窗，窗台距楼面、地面的净高低于0.90m时，应设置防护设施。

6.1.2　公共出入口台阶高度超过0.70m并侧面临空时，应设置防护设施，防护设施净高不应低于1.05m。

6.3.1　楼梯梯段净宽不应小于1.10m，不超过六层的住宅，一边设有栏杆的梯段净宽不应小于1.00m。

6.3.2　楼梯踏步宽度不应小于0.26m，踏步高度不应大于0.175m。扶手高度不应小于0.90m。楼梯水平段栏杆长度大于0.50m时，其扶手高度不应小于1.05m。楼梯栏杆垂直杆件间净空不应大于0.11m。

6.3.5　楼梯井净宽大于0.11m时，必须采取防止儿童攀滑的措施。

楼梯水平段护栏构造

能力测试题 🔍

一、单选题

1. 本工程1♯楼梯a-a剖面中，6.300标高平台处的护栏防护高度为（　　）mm，满足规范不小于（　　）mm的要求。

A. 1050、800　　　　B. 1050、900　　　　C. 1150、900　　　　D. 1150、1050

2. 本工程楼梯梯段处扶手高度应自（　　）量起至扶手顶面的垂直高度。

A. 踏步面前缘线　　　　　　　　　　B. 踏步面中点处

C. 踏步面前缘以外 300mm 处　　　　　　　D. 踏步结构面

3. 地下一层平面图中，(D-L)轴交③轴处风井的百叶底标高（至结构面）为（　　）。

A. —0.150　　　　　B. 0.200　　　　　C. 0.350　　　　　D. 1.100

4. 屋顶平面图中，④号轴线处檐沟的宽度（结构面）为（　　）mm。

A. 300　　　　　　B. 400　　　　　　C. 475　　　　　　D. 600

5. 本工程散水面层与主体结构之间以（　　）嵌缝。

A. 细石混凝土　　　B. 粗砂　　　　　C. 沥青砂浆　　　　D. 密封膏

6. 请选择不属于种植屋面缓冲带作用的一项是（　　）。

A. 挡土　　　　　　B. 滤水　　　　　C. 排水　　　　　　D. 隔离

7. 1♯楼梯的梯段净宽（　　）。

A. 等于 1450mm　　B. 小于 1450mm　　C. 大于 1450mm　　D. 无法确定

8. 三层平面中屋面出入口门槛顶结构标高为（　　）。

A. 0.200　　　　　　B. 8.400　　　　　C. 8.600　　　　　D. 未明确

二、多选题

1. 关于本工程汽车坡道描述正确的有（　　）。

A. 缓坡坡度为 15%

B. 在坡道下口处和地下车库入口处设置了挡水沟

C. 坡道顶部钢结构雨篷需要厂家二次深化

D. 坡道照明灯间距为 150mm

E. 设置有防盗卷帘

2. 关于本工程 2♯楼梯说法不正确的有（　　）。

A. 扶手为 $\phi50$ 钢管

B. 踏步采用金属包边防滑条

C. 梯段扶手高度为 1000mm

D. 踏步高度为 175mm

E. b-b 剖面图中，虚线处净高尺寸应不小于 2000mm

三、填空题

1. 1♯楼梯二至三层共有（　　）步。

2. 坡屋面脊瓦为（　　）瓦。（注：填写材料）

3. 屋面防水层在沿女儿墙翻边的端部采用（　　）做密封处理。

4. 建施 18 中的 29 号详图为（　　）竖井。

5. 本工程单片玻璃面积大于 1.5m^2 时应使用（　　）玻璃。

▶▶ 项目2　结构施工图识读

专项能力	能力要素	
结构施工图 基本识读能力	平法制图规则 应用能力	基础平法制图规则应用
		柱平法制图规则应用
		剪力墙平法制图规则应用
		梁平法制图规则应用
		板平法制图规则应用
		楼梯平法制图规则应用
	标准构造详图 应用能力	选用基础标准构造详图
		选用柱标准构造详图
		选用剪力墙标准构造详图
		选用梁标准构造详图
		选用板标准构造详图
		选用楼梯及其他标准构造详图
结构施工图 综合识读能力	能应用平法制图规则和标准构造详图,对结构施工图进行综合识读,准确理解 结构专业的设计意图和施工要求	

概　　述

◆ **概念导入**

1. 平法制图规则

结构施工图采用平面整体表示方法时，为确保设计、施工质量，制定平面整体表示方法制图规则，简称平法制图规则。

平法制图规则，适用于现浇混凝土结构的基础、柱、剪力墙、梁、板、楼梯等构件的结构施工图设计。

2. 平法施工图

按照平法设计绘制的结构施工图，由各类结构构件的平法施工图和标准构造详图两大部分构成，两者必须相互结合。

平法施工图：把结构构件的尺寸和配筋等，按照平法制图规则，整体直接表达在各类构件的结构平面布置图上。

标准构造详图：按照各类结构构件的类型代号，列出相应的标准构造详图。

平法施工图中，按照平法制图规则，对各类结构构件进行编号，编号中含有类型代号和序号，类型代号的作用就是指明不同构件所选用的标准构造详图。

3. 层高表

平法施工图中，应当用表格或其他方式注明地下和地上各层的结构层楼面标高、结构层高及相应的结构层号。通常用表格形式表达，称为层高表。

结构层楼面标高：各层楼地面的建筑标高值扣除建筑构造层厚度后的标高。

结构层号：与建筑楼层号对应一致。

结构层楼面标高与结构层高在单项工程中必须统一，并应分别放在各类构件的平法施工图中。

1. 结构施工图的组成

结构施工图是指表示建筑物的结构类型，各类构件的布置、截面配筋、结构构造、施工要求的图样。

构件包括结构构件和非结构构件。

结构构件，是指基础、柱、剪力墙、梁、板、楼梯，相互组成承重骨架，承受建筑物主要荷载；非结构构件，是指填充墙、女儿墙、雨篷等其他构件。

结构施工图一般包括：结施图纸目录、结构设计总说明、基础施工图、柱施工图、剪力墙施工图、梁施工图、板施工图、结构详图。

设计内容如能用图形表达清楚的，一定要用图形表达；那些不适宜用图形表达的，则用文字表述。

2. 结构施工图的作用

结构施工图，是各类结构构件和非结构构件施工的依据，也是编制预决算和施工组织设计的依据。

3. 结构施工图识读概述

第一步识读建筑施工图以后，我们掌握了本工程的总体布局、外部造型、内部布置、细部构造、内外装饰和施工要求，在此基础上，我们再进行识读建筑工程施工图的第二步，即结构施工图的识读。

识读结构施工图，通常按照以下顺序，由浅入深逐步熟悉图纸表述的内容：

（1）识读结构施工图（以下简称结施图）的图纸目录，看编号及图名，掌握本工程结施图的图纸数量、图纸组成。

（2）按照图纸目录的编号，从结构设计总说明开始，到基础施工图、柱施工图、剪力墙施工图、梁施工图、板施工图、结构详图，按顺序进行翻阅，先粗看一遍，大致了解图纸内容，对本工程的建筑施工内容有一个初步的了解。

（3）仔细阅读每张图纸，熟悉图纸中表述的设计意图和施工要求。

（4）图纸之间相互对照综合识读，结构设计总说明中的要求与各类构件施工图、基础与柱施工图、基础与剪力墙施工图、柱与梁施工图、梁与板施工图等相对照，不断深入熟悉并掌握本工程各类结构构件和非结构构件的布置、截面配筋、结构构造和施工要求。

4. 案例导入

我们引入商务办公楼结施图的图纸目录，进行图纸目录的识读，步骤如下：

（1）首先查看项目名称、工程名称、图纸数量。

结施图的图纸目录有 2 张，项目名称为"科技产业园区"，工程名称为"商务办公楼"，确认与建施图一致，商务办公楼共有 31 张结施图，图幅有 A2 和 A1 两种。

（2）查看图纸内容。

接着，我们继续识读结施图的图纸目录：

"结施-01"到"结施-05"为结构设计总说明，共 5 张图；

"结施-06"到"结施-17"为基础和地下室的施工图，包括桩位图、承台图、地下室底板和顶板的梁板施工图、地下室墙柱施工图、地下室坡道详图等，共 12 张图；

"结施-18"到"结施-21"为地上部分的墙柱施工图，共 4 张图；

"结施-22"到"结施-27"为地上部分的梁、板施工图，共 6 张图；

"结施-28"到"结施-31"为楼梯详图、节点详图，共 4 张图。

我们将对商务办公楼的结构施工图逐一进行识读讲解。

BIM-商务
办公楼

2.1 结构设计总说明

◆ 概念导入

1. 混凝土保护层厚度

混凝土保护层厚度是指结构构件最外层钢筋（含分布筋、构造筋、箍筋）的外边缘至混凝土构件表面的距离。

设计使用年限为 50 年的混凝土结构，最外层钢筋的保护层厚度应符合表 2.1 的规定，设计使用年限为 100 年的混凝土结构，不应小于表 2.1 中数值的 1.4 倍。

环境类别对应的条件见表 2.2。

混凝土保护层的最小厚度（mm）   表 2.1

环境类别	板、墙、壳	梁、柱、杆
一	15	20
二 a	20	25
二 b	25	35
三 a	30	40
三 b	40	50

注：1. 混凝土强度等级不大于 C25 时，表中保护层厚度数值应增加 5mm；

　　2. 钢筋混凝土基础应设置混凝土垫层，基础中钢筋的混凝土保护层厚度应从垫层顶面算起，且不应小于 40mm。

构件中受力钢筋的保护层厚度不应小于钢筋的公称直径。

当梁、柱、墙中纵向受力钢筋的保护层厚度大于 50mm 时，宜对保护层采取有效的构造措施。当在保护层内配置防裂、防剥落的钢筋网片时，网片的保护层厚度不应小于 25mm。

当有充分依据并采取国家规范规定的有效措施时，可适当减小混凝土保护层的厚度。

混凝土结构的环境类别   表 2.2

环境类别	条件
一	室内干燥环境； 无侵蚀性静水浸没环境
二 a	室内潮湿环境； 非严寒和非寒冷地区的露天环境； 非严寒和非寒冷地区与无侵蚀性的水或土壤直接接触的环境； 严寒和寒冷地区的冰冻线以下与无侵蚀性的水或土壤直接接触的环境
二 b	干湿交替环境； 水位频繁变动环境； 严寒和寒冷地区的露天环境； 严寒和寒冷地区的冰冻线以上与无侵蚀性的水或土壤直接接触的环境

环境类别	条件
三 a	严寒和寒冷地区冬季水位变动区环境； 受除冰盐影响环境； 海风环境
三 b	盐渍土环境； 受除冰盐作用环境； 海岸环境

2. 抗震设防类别

建筑工程分为以下四个抗震设防类别：

（1）特殊设防类：指使用上有特殊设施，涉及国家公共安全的重大建筑工程和地震时可能发生严重次生灾害等特别重大灾害后果，需要进行特殊设防的建筑。简称甲类。

（2）重点设防类：指地震时使用功能不能中断或需尽快恢复的生命线相关建筑，以及地震时可能导致大量人员伤亡等重大灾害后果，需要提高设防标准的建筑。简称乙类。

（3）标准设防类：指大量的除（1）、（2）、（4）款以外按标准要求进行设防的建筑。简称丙类。

（4）适度设防类：指使用上人员稀少且震损不致产生次生灾害，允许在一定条件下适度降低要求的建筑。简称丁类。

以我们常见的实际工程为例，教育建筑中教工宿舍和教师办公楼，通常为丙类；教育建筑中中小学的教学用房、学生宿舍和食堂不应低于乙类；居住建筑，不应低于丙类；高层建筑，当结构单元内经常使用人数超过 8000 人时，宜划为乙类。丙类应按本地区抗震设防烈度确定其抗震措施和地震作用，乙类应按高于本地区抗震设防烈度一度的要求加强抗震措施。

3. 抗震等级

根据结构类型、设防烈度、房屋高度等，将房屋建筑划分为不同抗震等级进行抗震设计，对应各自等级的抗震要求。

房屋高度指室外地面到主要屋面板板顶的高度（不包括局部突出屋顶部分）。

现浇钢筋混凝土房屋（丙类建筑）的抗震等级见表 2.3。

现浇钢筋混凝土房屋的抗震等级　　　　　　　　表 2.3

结构类型		设防烈度						
		6		7		8		9
框架结构	高度(m)	≤24	>24	≤24	>24	≤24	>24	≤24
	框架	四	三	三	二	二	一	一
	大跨度框架	三		二		一		一
框架-剪力墙结构	高度(m)	≤60	>60	≤24	25~60	>60	≤24	25~60	>60	≤24	25~50
	框架	四	三	四	三	二	三	二	一	二	一
	剪力墙	三		三	二		二	一		一
剪力墙结构	高度(m)	≤80	>80	≤24	25~80	>80	≤24	25~80	>80	≤24	25~60
	剪力墙	四	三	四	三	二	三	二	一	二	一

续表

结构类型			设 防 烈 度							
			6		7			8		9
部分框支剪力墙结构	剪力墙	高度(m)	≤80	>80	≤24	25～80	>80	≤24	25～80	
		一般部位	四	三	四	三	二	三	二	—	—
		加强部位	三	二	三	二	一	二	一		
	框支层框架		二		二		一	一		
框架-核心筒	框架		三		二			一		—
	核心筒		二		二			一		—
筒中筒	内筒		三		二			一		—
	外筒		三		二			一		—
板柱-剪力墙结构	高度(m)		≤35	>35	≤35	>35		≤35	>35	
	框架、板柱的柱		三	二	二	二		一	二	
	剪力墙		二	二	二	一		二	一	

注：1. 应按照规定调整设防标准后所对应的烈度确定抗震等级；

　　2. 接近或等于高度分界时，应允许结合房屋不规则程度及场地、地基条件确定抗震等级；

　　3. 大跨度框架指跨度不小于 18m 的框架；

　　4. 高度不大于 60m 的框架-核心筒结构按框架-剪力墙结构要求设计时，应按表中框架-剪力墙结构的规定确定其抗震等级。

4. 锚固长度

受力钢筋依靠其表面与混凝土的粘结作用或端部构造的挤压作用而达到设计承受应力所需的长度，称为锚固长度。

（1）当计算中充分利用钢筋的抗拉强度时，受拉钢筋的基本锚固长度 l_{ab} 取决于钢筋强度、混凝土抗拉强度、钢筋直径 d、钢筋外形等因素，可按表 2.4 选用。

受拉钢筋的基本锚固长度 l_{ab}　　　　　　　　　　　　表 2.4

钢筋种类	混凝土强度等级								
	C20	C25	C30	C35	C40	C45	C50	C55	≥C60
HPB300	39d	34d	30d	28d	25d	24d	23d	22d	21d
HRB400 HRBF400	—	40d	35d	32d	29d	28d	27d	26d	25d
HRB500 HRBF500	—	48d	43d	39d	36d	34d	32d	31d	30d

（2）受拉钢筋的锚固长度 $l_a = \zeta_a l_{ab}$，且不应小于 200mm。

ζ_a 是锚固长度修正系数，与锚固条件相关，当锚固条件符合表 2.5 情况时，按规定取用，多于一项时，可按连乘计算，但不应小于 0.6。

实际工程中锚固条件通常都不属于表 2.5 所列的范围，此时 ζ_a 为 1.0，受拉钢筋的锚固长度 l_a 就等于基本锚固长度 l_{ab}，此处不再列 l_a 的选用表。

（3）混凝土结构中的纵向受压钢筋，当计算中充分利用其抗压强度时，锚固长度不应小于相应受拉锚固长度的 70%，且不应采用末端弯钩和一侧贴焊锚筋的锚固措施。

受拉钢筋锚固长度修正系数 ζ_a 表 2.5

锚固条件		ζ_a	
带肋钢筋的公称直径大于 25mm		1.10	—
环氧树脂涂层带肋钢筋		1.25	
施工过程中易受扰动的钢筋		1.10	
锚固区保护层厚度	$3d$	0.80	注:中间时按内插值。
	$5d$	0.70	d 为锚固钢筋直径。

5. 抗震锚固长度

（1）为保证抗震设计时钢筋与混凝土间的粘结锚固性能，规定受拉钢筋的抗震基本锚固长度 $l_{abE}=\zeta_{aE}l_{ab}$，可按表 2.6 选用。

ζ_{aE} 是抗震锚固长度修正系数，一、二抗震等级取 1.15，三级抗震等级取 1.05，四级抗震等级取 1.00。

受拉钢筋的抗震基本锚固长度 l_{abE} 表 2.6

钢筋种类		混凝土强度等级								
		C20	C25	C30	C35	C40	C45	C50	C55	≥C60
HPB300	一、二级	$45d$	$39d$	$35d$	$32d$	$29d$	$28d$	$26d$	$25d$	$24d$
	三级	$41d$	$36d$	$32d$	$29d$	$26d$	$25d$	$24d$	$23d$	$22d$
HRB400 HRBF400	一、二级	—	$46d$	$40d$	$37d$	$33d$	$32d$	$31d$	$30d$	$29d$
	三级	—	$42d$	$37d$	$34d$	$30d$	$29d$	$28d$	$27d$	$26d$
HRB500 HRBF500	一、二级	—	$55d$	$49d$	$45d$	$41d$	$39d$	$37d$	$36d$	$35d$
	三级	—	$50d$	$45d$	$41d$	$38d$	$36d$	$34d$	$33d$	$32d$

注:1. 四级抗震时，$l_{abE}=l_{ab}$。

2. 当锚固钢筋的保护层厚度≤$5d$ 时，锚固长度范围内应配置箍筋等横向钢筋，其直径不应小于 $d/4$（d 为锚固钢筋的最大直径）；其间距，对梁、柱、斜撑等构件不应大于 $5d$，对板、墙等平面构件不应大于 $10d$，且均不应大于 100mm（d 为锚固钢筋的最小直径）。

（2）受拉钢筋的抗震锚固长度 $l_{aE}=\zeta_a l_{abE}$，ζ_a 是锚固长度修正系数，按表 2.5 取值。同前所述，此处不再列 l_{aE} 的选用表。

6. 钢筋连接

钢筋连接可采用绑扎搭接、焊接或机械连接。连接接头宜设置在受力较小处，在同一个根受力钢筋上宜少设接头，在结构的重要构件和关键传力部位，纵向受力钢筋不宜设置连接接头。

（1）绑扎搭接接头

绑扎搭接的工作原理是通过钢筋与混凝土之间的粘结力来传递内力。为保证受力筋的传力性能，纵向受拉钢筋绑扎搭接接头应有一定的搭接长度。

纵向受拉钢筋搭接长度 $l_l=\zeta_l l_a$，纵向受拉钢筋的抗震搭接长度 $l_{lE}=\zeta_l l_{aE}$。

ζ_l 是纵向受拉钢筋搭接长度修正系数，按表 2.7 确定。当纵筋钢筋搭接接头面积百分率为表的中间值时，修正系数可按内插取值。

纵向受拉钢筋搭接长度修正系数 ζ_l　　　　　　表 2.7

纵筋搭接钢筋接头面积百分率(%)	≤25	50	100
ζ_l	1.2	1.4	1.6

绑扎搭接需要注意以下几点：

1）纵向搭接钢筋接头面积百分率，为同一连接区段内有搭接接头的纵向受力钢筋与全部纵向受力钢筋截面面积的比值。绑扎搭接的同一连接区段长度为 1.3 倍搭接长度。

2）纵向搭接钢筋接头面积百分率：梁、板及墙类构件，不宜大于 25%；柱类构件，不宜大于 50%。当工程中确有必要增大受拉钢筋搭接接头面积百分率时，梁类构件，不宜大于 50%；板、墙、柱及预制构件的拼接处，可根据实际情况放宽。

3）当受拉钢筋直径大于 25mm 及受压钢筋直径大于 28mm 时，不宜采用绑扎搭接。

4）轴心受拉及小偏心受拉构件中纵向受力钢筋不得采用绑扎搭接。

（2）焊接连接接头

纵向受力钢筋的焊接接头应相互错开。钢筋焊接接头连接区段的长度为 $35d$ 且不小于 500mm（d 为连接钢筋的较小直径）。

位于同一连接区段内的纵向受拉钢筋接头面积百分率不宜大于 50%。受压钢筋接头面积百分率不受限制。

（3）机械连接接头

纵向受力钢筋的机械连接接头宜相互错开。钢筋机械接头连接区段的长度为 $35d$（d 为连接钢筋的较小直径）。

位于同一连接区段内的纵向受拉钢筋接头面积百分率不宜大于 50%；但对板、墙、柱及预制构件的拼接处，可根据实际情况放宽。纵向受压钢筋的接头百分率可不受限制。

2.1.1　形成与作用

1. 结构设计总说明的形成

结构设计总说明：以文字为主，表达图样中无法表达清楚且带有全局性的结构设计内容。

结构设计总说明主要包括工程概况、设计依据、主要荷载取值、主要结构材料、基础及地下室工程、结构构造要求、其他施工要求。

2. 结构设计总说明的作用

结构设计总说明反映结构设计专业的总体施工要求，对施工过程具有控制和指导作用，同时也为施工人员了解设计意图提供依据。

2.1.2　图示内容

结构设计总说明中表达的内容，以文字为主，结构构造详图为辅。

结构构造详图应按现行国家标准《房屋建筑制图统一标准》GB/T 50001—2017、《建筑制图标准》GB/T 50104—2010、《建筑结构制图标准》GB/T 50105—2010 的要求绘制。绘制比例常采用 1：20、1：25、1：30、1：40 或 1：50。

结构设计总说明中表达内容，按照内容主次关系、识读顺序详见表2.8。

结构设计总说明图示内容   表 2.8

序号	类别	主要内容
1	工程概况	(1)工程名称、建设地点、建设单位 (2)结构层数、房屋高度 (3)建筑分类：设计使用年限、建筑结构安全等级、地基基础设计等级、建筑抗震设防类别、结构类型及抗震等级、人防工程类别和防护等级、建筑防火分类和耐火等级、混凝土构件的环境类别等 (4)设计标高、地下室抗浮水位标高
2	设计依据	(1)自然条件：基本风压、地面粗糙度、基本雪压等 (2)抗震设防烈度、设计基本地震加速度、设计地震分组等 (3)结构设计采用的主要规范、标准、法规、图集等 (4)结构计算模型：嵌固部位和底部加强区范围等 (5)工程地质勘察报告 (6)结构设计计算程序等
3	主要荷载取值	(1)楼屋面活荷载 (2)墙体荷载 (3)栏杆荷载 (4)风荷载、雪荷载 (5)其他荷载
4	主要结构材料	(1)混凝土强度等级、抗渗等级、耐久性要求、预搅拌混凝土要求 (2)钢筋的种类及性能要求 (3)砌体中块材和砂浆的种类及等级、砌体结构施工质量控制等级、预搅拌砂浆要求 (4)钢材、焊条、预埋件、螺栓要求 (5)装配式结构连接材料的种类及要求
5	基础及地下室工程	(1)基础形式、基础持力层、检测要求 (2)采用桩基时明确桩型、桩径、桩长、桩端持力层及进入深度、设计单桩承载力特征值(抗压、抗拔)、试桩及检测要求等 (3)不良地基的处理措施及技术要求 (4)地下室抗浮措施、降水要求 (5)基坑回填要求 (6)大体积混凝土的施工要求
6	结构构造要求	(1)混凝土构件的环境类别及其最外层钢筋的保护层厚度 (2)钢筋锚固长度、连接方式及要求 (3)各类结构构件(梁、柱、剪力墙、板等)的构造要求 (4)非结构构件(填充墙等)的构造要求 (5)装配式连接节点构造要求
7	其他施工要求	(1)预埋件、预留孔洞等统一要求 (2)后浇带、施工缝、起拱、拆模等施工要求 (3)预制构件、装配式等施工要求 (4)涉及危险性较大的工程重点部位和环节 (5)其他要求

2.1.3 案例导入

我们引入商务办公楼的结构设计总说明，总共有 5 张施工图：从"结施-01 结构设计总说明（一）"到"结施-05 结构设计总说明（五）"，进行结构设计总说明的识读。

本工程结构设计总说明图纸数量较多，我们先看内容的标题，总共包含 9 类："一、工程概况""二、设计依据""三、设计采用的均布活荷载标准值""四、结构材料""五、混凝土保护层、钢筋锚固与连接""六、基础及地下室工程""七、现浇钢筋混凝土框架、剪力墙、楼板的构造要求""八、砌体填充墙""九、其他说明"。

结构设计总说明以文字为主，详图为辅，涉及内容很广，识读时要把握重点，基本步骤如下：

（1）首先查看工程概况和设计依据。

我们先看"结施-01 结构设计总说明（一）"的第一列内容："一、工程概况""二、设计依据"，重点掌握以下三方面内容：

1）本工程地上三层，设有一层非人防地下室，房屋总高度 13.70m。

2）抗震设防类别为丙类，抗震设防烈度为 7 度（设计基本地震加速度为 0.10g），场地类别为Ⅲ类，本工程采用框架-剪力墙结构体系，框架抗震等级为四级、剪力墙抗震等级为三级。

3）结构安全等级二级，设计使用年限 50 年。本工程的 ±0.000 相当于国家高程 5.250m。

我们还了解到本工程的基本风压、基本雪压、地质勘察报告、基础设计等级、结构设计规范、设计软件等。

需要注意，每个工程的结构设计都是按照建施图中注明的功能进行设计，因此必须按此使用，未经技术鉴定或设计许可，不得改变结构的用途和使用环境。

我们也发现，抗浮水位和嵌固部位等在此处未明确。设计人员经常在地下室图纸中明确抗浮水位，层高表中明确嵌固部位，我们将在后面的图纸识读中注意查看。

（2）查看主要荷载。

我们查看第二列内容："三、设计采用的均布活荷载标准值"，了解楼屋面活荷载、雨篷栏杆荷载等，注意施工期间也不得超过设计活荷载。

（3）查看主要结构材料。

我们查看"四、结构材料"，重点掌握混凝土、钢筋、砌体中块体和砂浆等。

混凝土：上部结构梁、板、柱（剪力墙）采用 C30；地下室采用 C35，抗渗等级为 P6，内掺防裂剂（掺 8%SY-T）；基础垫层为 C15 混凝土等。

钢筋：采用 HPB300、HRB400，分别对应焊条 E43、E50 型。

砌体：填充墙均采用砂加气混凝土砌块、Mb5.0 专用砂浆砌筑，内外填充墙的砌块强度等级均为 A5.0，但干密度级别外墙为 B07，内墙为 B05。埋置于土中墙体采用 MU20 混凝土实心砖，M10 水泥砂浆。

混凝土为商品混凝土，砂浆采用预拌砂浆。

其次掌握预埋件锚板、锚筋、吊钩等材料要求，注意锚筋和吊钩不得采用冷加工钢筋。

（4）查看基础及地下室工程要求。

本工程总说明中的"五、混凝土主筋保护层、钢筋锚固与连接"和"七、现浇钢筋混凝土框架、剪力墙、楼板的构造要求""八、砌体填充墙"都属于结构构造要求，我们下

BIM-商务办公楼结构

一步再一起识读，先查看"六、基础及地下室工程"。

本工程主楼采用预制预应力混凝土管桩，钢筋混凝土独立承台。关于桩长、持力层、承载力等在总说明中未见，设计人员通常会在基础施工图中的桩基说明详细表述，我们后续注意查看。

基坑开挖回填的施工要求较多，我们仔细查看，注意把握重点，比如除注明外一般应在地下室顶板覆土完成、上部结构主体结顶时，方可完全停止降水。

本工程的基础施工要求中除了明确垫层做法、防水混凝土施工养护要求等，还给出了地下室底板和墙板的拉结筋构造、地下室外墙板施工缝构造、穿墙管防水构造的详图。

（5）查看结构构造要求。

结构构造要求的内容较多，我们按照顺序分布识读。

先看"五、混凝土主筋保护层、钢筋锚固与连接"，掌握保护层厚度的要求，钢筋锚固与连接的要求，此处内容基本为通用标准，适用于每个工程，我们熟悉以后就要抓住本工程的特别要求，比如"1（3）处于二类环境中的悬臂板表面应加10～15mm防水水泥砂浆保护或采取其他措施"，"1（4）"条中明确了钢筋网片的规格Φ6@150。

再看"七、现浇钢筋混凝土框架、剪力墙、楼板的构造要求"，我们按照构件类别逐一识读。很多内容同样为通用标准，属于国家现行规范和图集的常规要求，在此表述是对重点构造要求的强调，此处不再赘述。还有一些内容是对规范和图集未明确部分进行补充，比如剪力墙洞口加筋，规范和图集中加强筋规格均未明确，我们就按照本说明的图7.10执行。

接着看"八、砌体填充墙"，掌握本工程填充墙的相关构造要求。

构造要求涉及范围广、内容多，我们需要反复识读，理解原理，掌握做法，才能正确应用。

初次识读者需要注意，当规范和图集的要求与结构设计总说明中的内容矛盾时，我们需要判断，从严执行。

（6）查看其他施工要求。

查看"九、其他说明"，掌握沉降观测要求、后浇带拆模要求、卫生间等翻边做法。

2.1.4 识读技巧

掌握结构设计总说明的基本识读方法以后，还需要反复练习，结合工程实际灵活应用，才能融会贯通，提升结构设计总说明的识读技巧。

识读结构设计总说明与建筑设计总说明存在相同之处，都需要熟悉总说明的内容分类和表达顺序，注意区分通用技术措施的适用范围，仔细识读适用本工程的定制要求。

此外，结构设计总说明中的内容，我们需要特别关注以下要点，必须深刻理解才能正确应用：

（1）纵向受力钢筋的材料

设计规范规定：抗震等级为一、二、三级的框架结构和斜撑构件（含梯段），其纵向受力钢筋采用普通钢筋时，钢筋的抗拉强度实测值与屈服强度实测值的比值不应小于1.25；钢筋的屈服强度实测值与屈服强度标准值的比值不应大于1.3，且钢筋在最大拉力下的总伸长率实测值不应小于 9%。这是为了保证构件塑性铰处有足够的转动能力与耗能能力，和实现强柱弱梁、强剪弱弯所规定的内力调整，属于强制性条文，必须严格执行。

实际工程中，我们可以选择产品标准中带"E"编号的钢筋，均符合上述抗震性能指标。市场上带"E"的钢筋价格比不带"E"的略高。

需要注意，剪力墙和筒体构件的钢筋、楼（屋）面板中的钢筋、基础中的钢筋、抗震等级为四级的框架结构纵向受力钢筋以及框架结构中的箍筋均无须采用带"E"编号的钢筋。

（2）抗震等级

当建筑物体型较为复杂时，同一工程结构可能存在不同抗震等级。

1）对于高层建筑，当地下室顶板作为上部结构的嵌固端时，地下一层相关范围的抗震等级应按上部结构采用，地下一层以下抗震构造措施的抗震等级可逐层降低一级，但不应低于四级；地下室中超出上部主楼范围且无上部结构的部分，其抗震等级可根据具体情况采用三级或四级。详见图 2.1。

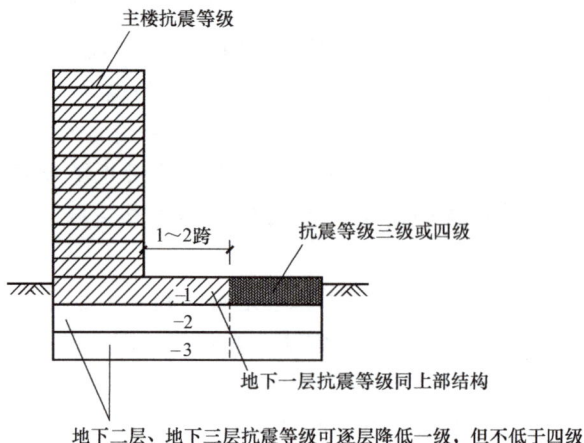

主楼抗震等级

1～2跨

抗震等级三级或四级

−1
−2
−3

地下一层抗震等级同上部结构

地下二层、地下三层抗震等级可逐层降低一级，但不低于四级

图 2.1　地下室抗震等级的确定

2）与主楼连为整体的裙房的抗震等级，除应按裙房本身确定外，相关范围不应低于主楼的抗震等级；主楼结构在裙房顶板上、下各一层应适当加强抗震构造措施。详见图 2.2。

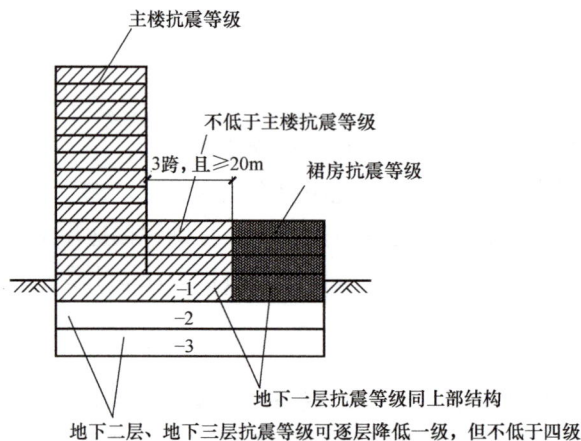

主楼抗震等级

不低于主楼抗震等级

3跨，且≥20m

裙房抗震等级

−1
−2
−3

地下一层抗震等级同上部结构

地下二层、地下三层抗震等级可逐层降低一级，但不低于四级

图 2.2　地下室、裙房抗震等级的确定

3）裙房与主楼分离时，应按裙房本身定抗震等级。详见图2.3。

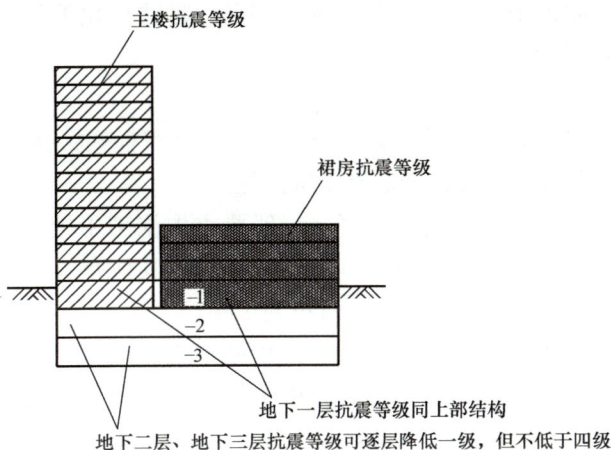

图 2.3 主楼、地下室、裙房抗震等级的确定

4	12.270	3.60
3	8.670	3.60
2	4.470	4.20
1	−0.030	4.50
−1	−4.530	4.50
−2	−9.030	4.50
层号	标高(m)	层高(m)

结构层楼面标高
结构层高

上部结构嵌固部位: −0.030

图 2.4 某建筑层高表

例如某建筑上部结构及地下一层框架抗震等级为三级，地下二层框架抗震等级为四级，层高表如图2.4所示，我们应正确判断：标高−9.030～−4.530的框架柱抗震等级为四级，标高−4.530层框架梁抗震等级为四级。

此外，我们还需要注意剪力墙构件的抗震等级。

对于剪力墙墙身的抗震等级，一般不会搞错，但是对于剪力墙墙柱（边缘构件、非边缘暗柱、扶壁柱）、墙梁的抗震等级，经常会与框架柱、框架梁抗震等级混淆。剪力墙构件包括墙身、墙柱、墙梁，因此剪力墙墙柱、墙梁（含 LLk）的抗震等级均应采用剪力墙的抗震等级，而不是采用框架的抗震等级。

（3）连接区段长度的确定

连接区段长度计算时应特别注意钢筋直径的取值。

如图 2.5 所示，连接接头 A 为直径Φ20 钢筋与Φ18 钢筋连接，计算 l_{l1} 时直径取 18；连接接头 B 为直径Φ22 钢筋与Φ20 钢筋连接，计算 l_{l2} 时直径取 20；计算连接区段长度 $1.3l_l$ 时，l_l 取 l_{l1} 与 l_{l2} 中的较大值。考虑抗震时上述的 l_l 修改为 l_{lE}。

（4）连接接头面积百分率

1）凡接头中点位于该连接区段长度内的接头均属于同一连接接头。

2）梁、板构件按一侧纵向受拉钢筋面积计算。

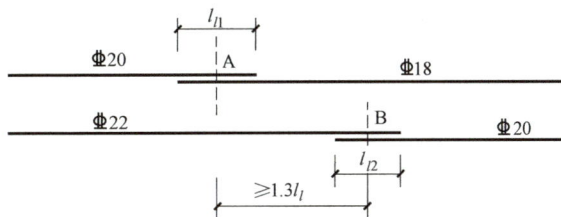

图 2.5 钢筋的搭接连接

3）柱和剪力墙构件按照全截面钢筋面积计算。

4）直径不同的钢筋连接时，该接头钢筋面积按照两者的较小直径计算。

（5）钢筋锚固长度

1）钢筋锚固长度计算时，应采用钢筋锚固区的混凝土强度等级确定钢筋的锚固长度。如框架梁混凝土强度等级为C30，框架柱混凝土强度等级为C40，框架梁纵筋在框架柱内的锚固长度应按混凝土强度等级 C40 计算。

2）基础梁板钢筋、上部楼（屋）面板中的钢筋、非框架梁钢筋、悬臂梁钢筋当充分利用其强度时的锚固长度均按 l_a（l_{ab}）选用。

（6）施工顺序

1）底部框架-抗震墙砖房中砖抗震墙的施工，应先砌砖抗震墙、后浇筑框架梁柱。

2）带构造柱填充墙施工时，应先砌墙后浇筑钢筋混凝土构造柱。

3）当有与主楼连为整体的裙房时，为减少不均匀沉降，一般要求先施工主楼，在主楼与裙房的适当部位设置后浇带，待主楼主体结顶后再施工裙房，或采取其他有效措施。

4）裙房与主楼分离时，先施工主楼，待主楼主体结顶后再施工裙房。

5）当相邻建筑桩基持力层不同时，要求先施工持力层标高较低的桩。当既有挤土桩（如预制混凝土管桩）又有非挤土桩（如成孔灌注桩）时，先施工挤土桩（预制混凝土管桩），后施工非挤土桩（成孔灌注桩）。

6）当相邻建筑基础标高不同（且距离较近）时，要求先施工标高较低的单体。

7）地下室桩基一般先施工工程桩，后施工围护桩。围护桩一般先施工水泥搅拌桩后施工混凝土支护桩。

（7）其他

在施工中，当需要以强度等级较高的钢筋替代原设计中的纵向受力钢筋时，应按照钢筋受拉承载力相等的原则换算，以免造成薄弱部位的转移，以及构件在有影响的部位发生混凝土的脆性破坏。此外还应符合最小配筋率、钢筋间距等抗震构造要求；并应满足正常使用极限状态的变形和裂缝宽度限值。

能力测试题

一、单选题

1. 本工程（指案例所指工程，下同）楼梯栏杆水平荷载取值为（　　）。

A. $1.0kN/m^2$　　　　　B. $1.0kN/m$　　　　　C. $1.0kN$　　　　　D. 未标明

2. 本工程抗震设防烈度为（　　）。

A. 6 度（$0.05g$）　　B. 7 度（$0.10g$）　　C. 7 度（$0.15g$）　　D. 8 度（$0.20g$）

3. 本工程设计使用年限为（　　）年。

A. 5　　　　　　　　B. 25　　　　　　　　C. 50　　　　　　　　D. 100

4. 本工程后浇带采用（　　）微膨胀混凝土。

A. C25　　　　　　　B. C30　　　　　　　C. C35　　　　　　　D. C40

二、多选题

1. 本工程下列说法正确的是（　　）。

A. 建筑结构安全等级为二级

B. 建筑抗震设防类别为丙类

C. 框架抗震等级为四级

D. 使用方可自行改变结构的用途

E. 填充墙中设有钢筋混凝土构造柱时，应先砌墙后浇构造柱

2. 本工程（　　），其纵向受力钢筋采用非抗震钢筋。

A. 框架梁　　　　　　　　　　　　B. 框架柱

C. 剪力墙墙身　　　　　　　　　　D. 剪力墙边缘构件

E. 剪力墙梁

3. 关于下列做法符合本工程要求的是（　　）。

A. 地下室外墙迎水面保护层 50mm

B. 地下室外墙背水面保护层 25mm

C. 桩基承台保护层厚度 50mm

D. 桩基筏板保护层厚度 40mm

E. 受力钢筋的混凝土保护层不应小于受力钢筋的公称直径

4. 关于本工程下列说法正确的是（　　）。

A. 板上部钢筋的锚固长度应$\geqslant l_a$，并伸过梁的中心线

B. 板底部钢筋的锚固长度应$\geqslant 10d$ 且不小于 150mm

C. 水电等设备管井，板内钢筋不截断，待管道安装完成后再浇筑混凝土

D. 对跨度$\geqslant 4m$，或悬挑大于等于 2m 的梁应起拱

E. 剪力墙在屋面标高位置若无边框梁，设 2Φ20 通长钢筋

5. 本工程填充墙构造柱的设置位置，除有关图纸已注明者外，还应在（　　）设置构造柱。

A. 墙体转角处　　　　　　　　　　B. 不同厚度墙体交接处

C. 较大洞口两侧（洞口宽度$\geqslant 2100$）　　D. 悬臂墙的端部

E. 门洞两侧

三、填空题

1. 本工程当梁、柱、混凝土墙中的受力钢筋的保护层厚度大于 50mm 时，应在保护层内设置（　　）钢筋网片或采取其他有效的防裂构造措施。

2. 本工程当受拉钢筋直径$d>$（　　）mm 及受压钢筋的直径$d>$（　　）mm 时，应采用机械连接，不应采用绑扎搭接。

3. 本工程地下室采用机械挖土时，应按地基基础设计规范有关要求分层进行，坑底应保留（　　）mm 土层用人工开挖。

4. 本工程防水混凝土终凝后应立即进行养护，养护时间不得少于（　　）天。

5. 梁内箍筋采用封闭形式，并做成 135°弯钩，弯钩端头直段长度不应小于（　　）倍箍筋直径和（　　）mm 的较大值。

6. 本工程（　　　　　　　　）的梁底部支撑须待混凝土强度达到 100%设计强度后方可拆除。

7. 双向板的底部钢筋，短跨钢筋置（　　）排，长跨钢筋置（　　）排。

8. 本工程当楼板内的设备预埋管上方无板筋时，应沿预埋管走向设置板面（　　）附加钢筋网带。

9. 本工程 240 墙墙高大于（　　）m 或 120 墙墙高大于（　　）m 时均在门窗顶标高处或墙体半高处设水平系梁。

10. 本工程沉降观测自（　　）开始，每施工一层观测一次，结顶后每月观测一次，竣工验收后第一年观测次数不少于（　　）次，第二年不少于（　　）次，以后每年不少于 1 次，直至建筑物沉降稳定。

2.2　基础施工图

◆ **概念导入**

基础平法施工图，是在基础平面布置图上采用平面注写方式或截面注写方式表达基础构件的截面尺寸、定位及配筋。

基础平面布置图应将基础所支承的墙柱一起绘制；图中应标注独立基础的定位尺寸。编号相同且定位尺寸相同的基础，可仅选择一个进行标注。

基础类型分为现浇钢筋混凝土独立基础、条形基础、筏形基础、桩基础等。

1. 独立基础平法制图规则

独立基础平法施工图，有平面注写和截面注写两种表达方式，我们介绍目前常用的平面注写方式。

(1) 独立基础类型

独立基础的编号由类型代号和序号组成，见表 2.9。类型代号的主要作用是指明所选用的标准构造详图。

独立基础编号　　　　　　　　　　　　　　　表 2.9

类型	基础底板截面形状	代号	序号
普通独立基础	阶形	DJ_J	××
	坡形	DJ_P	××
杯口独立基础	阶形	BJ_J	××
	坡形	BJ_P	××

(2) 独立基础的平面注写方式

独立基础的平面注写方式，分为集中标注和原位标注。

1）集中标注

独立基础的集中标注，是在基础平面图上集中引注：**基础编号、截面竖向尺寸、基础底板配筋**三项必注内容，以及**基础底面标高**（与基础底面基准标高不同时）和**必要的文字注解**两项选注内容。

① 基础编号由基础类型代号和序号组成。例如 DJ_J1、DJ_P1 等。

② 截面竖向尺寸自下而上用"/"分隔依次注写各段尺寸，阶形基础注写为 $h_1/h_2/\cdots\cdots$，坡形基础注写为 h_1/h_2（该处 h_2 为坡高）。当为单阶基础时，其竖向尺寸仅为一个，即为基础总高度。

③ 基础底板配筋。

独立基础底板的底部配筋用 B 代表，X 向（图纸从左向右）配筋以 X 打头、Y 向（图纸从下至上）配筋以 Y 打头注写。例如 B：$X\Phi12@100$　$Y\Phi12@150$。当两向配筋相同时，则以 X&Y 打头注写。

独立基础通常为单柱独立基础，也可为双柱、四柱等多柱独立基础。多柱独立基础当柱距较小时，可仅配置基础底部钢筋；当柱距较大时，尚须在两柱间设置基础顶部钢筋或基础梁。当设置基础顶部配筋时，用 T 代表，注写为：双柱间纵向受力钢筋/分布钢筋，纵向受力钢筋分布在两柱中心线的两侧。例如 T：Φ14@125/Φ8@200，表示该独立基础的顶部配置纵向受力筋Φ14@125，分布在两个柱子中心线的两侧，分布筋为Φ8@200。当纵向受力钢筋在基础底板顶面非满布时，应注明其总根数。例如 12Φ16@150/Φ10@200。

④ 基础底面标高（选注内容）。

当独立基础的底面标高与基础底面基准标高不同时，应将底面标高直接注写在"（　　）"内。

⑤ 必要的文字注解（选注内容）。

独立基础设计有特殊要求时，注写必要的文字注解。

2）原位标注

基础平面布置图中原位注写基础与轴线间的关系、阶形基础的各阶宽等定位尺寸。

对于相同编号的独立基础，定位尺寸相同可选择一个进行原位标注。

2. 条形基础平法制图规则

条形基础有梁板式条形基础和板式条形基础。梁板式条形基础，平法施工图分解为基础梁和基础底板分别表达；板式条形基础适用于砌体结构和钢筋混凝土剪力墙结构，平法施工图仅表达基础底板。

条形基础平法施工图，有平面注写和截面注写两种表达方式，本书介绍目前常用的平面注写方式。

基础平面布置图应将基础所支承的柱、墙一起绘制；当条形基础梁中心或基础板中心与定位轴线不重合时，应标注其定位尺寸。编号相同且定位尺寸相同的基础，可仅选择一个进行标注。

（1）条形基础类型

平法图中，条形基础分为**基础梁**和条形**基础底板**两类构件，根据底板截面形状，又分为阶形和坡形。代号符合表 2.10 的规定。

条形基础类型代号　　　　　　　　　　　　表 2.10

类型		代号
基础梁		JL
条形基础底板	阶形	TJB_J
	坡形	TJB_P

（2）基础梁的平面注写方式

基础梁的平面注写方式，分为集中标注和原位标注，施工时原位标注优先。

1）集中标注

基础梁集中标注（可从梁的任意一跨引出）的内容有六项，其中前四项为必注值，规定如下：

① 基础梁编号。

基础梁编号由基础类型代号、序号、跨数及有无外伸代号几项组成，应符合表 2.11

的规定。

条形基础梁编号

表 2.11

类型	梁代号	序号	跨数及有无外伸
基础梁	JL	×	(××)、(××A)、(××B)

注：(××) 无外伸，(××A) 为一端有外伸，(××B) 为两端有外伸，外伸端不计入跨数。

② 截面尺寸。

当为等截面梁时注写 $b×h$，表示基础梁的截面宽度与高度。

③ 基础梁箍筋。

基础梁箍筋：当箍筋间距仅一种时，注写钢筋级别、直径、间距与肢数，例如Φ10@200 (4)；当箍筋间距采用两种时，按照从基础梁两端向跨中的顺序注写，用"/"分隔，"/"前必须加注基础梁一端箍筋设置的道数，例如9Φ12@100/Φ12@200 (4)。

④ 基础梁底部贯通纵筋或架立筋。

以 B 打头，注写梁底部贯通筋（不应少于梁底部受力钢筋总截面面积的 1/3）。当跨中根数少于箍筋肢数时，需要在跨中增设梁底部架立筋以固定箍筋，采用"+"相联，架立筋注写在后面的括号内。例如：B：2Φ22＋(2Φ14)。

当基础梁顶部纵筋各跨或多数跨相同时，此项可加注梁顶部贯通筋，用"；"分隔，并以 T 打头注写梁顶部贯通筋。例如：B：4Φ25；T：5Φ20，表示基础梁底部贯通筋为 4Φ25，顶部贯通筋为 5Φ20。如个别跨不同时，则原位注写该跨梁顶部纵筋。

当梁底部或顶部贯通纵筋多于一排时，用"/"将各排纵筋自上而下分开。例如：B：7Φ25 3/4；T：7Φ20 4/3，表示基础梁底部贯通筋上一排为 3Φ25，下一排为 4Φ25，顶部贯通筋为上一排为 4Φ20，下一排为 3Φ20。

⑤ 基础梁侧面纵向钢筋（选注内容）。

当基础梁腹板高度 $h_w≥450$mm 时，需配置纵向构造钢筋，所注规格与根数应符合规范规定，两侧对称配置。注写时以大写字母 G 打头，接续注写梁两侧的总配筋值。当需要配置抗扭纵向钢筋时，以 N 打头注写两侧总配筋值，并按照受拉钢筋锚固和连接要求。

⑥ 基础梁底面标高（选注内容）。

当基础梁底面标高与基础底面基准标高不同时，应将底面标高直接注写在括号内。

2）原位标注

基础梁原位标注的内容规定如下：

① 基础梁支座底部纵筋。

基础梁支座处原位标注基础梁底部的所有纵筋，包括已集中注写的底部贯通纵筋。

当纵筋多于一排时，用"/"将各排纵筋自上而下分开。

当同排纵筋有两种直径时，用"+"将两种直径的纵筋相联，注写时角部纵筋写在前面。

当支座两边的纵筋不同时，须在支座两边分别标注；相同时，可仅在支座的一边标注。

当支座处底部的所有纵筋与集中标注中注写过的底部贯通筋相同时，可不再重复做原位标注。

② 基础梁顶部纵筋。

基础梁跨中位置原位注写该跨基础梁的顶部纵筋。

当基础梁顶部纵筋多数跨相同，集中标注处已经注写时，则不需在原位重复标注。

③ 对集中标注的修正内容。

当集中标注的内容不适用某跨或外伸部分时，原位标注该内容数值，包括基础梁截面尺寸、箍筋、底部贯通筋或架立筋、侧面纵筋构造钢筋、基础梁底面标高五项内容中的某一项或多项。施工时按照原位标注数值取用。

④ 附加箍筋或吊筋。

当两向基础梁十字交叉，但交叉位置无柱时，将附加箍筋或吊筋直接画在平面图十字交叉梁中的刚度较大的基础主梁上，用线引注总配筋值（附加箍筋的肢数注写在括号内）。当多数附加箍筋和吊筋相同时，可在基础梁平法图中用文字统一说明，少数不同时原位引注。

当基础梁外伸段采用变截面，根部和端部高度不同时，在该部位原位注写 $b \times h_1/h_2$ 表示，其中 h_1 为根部截面高度，h_2 为尽端截面高度。

（3）基础底板的平面注写方式

条形基础底板的平面注写方式，分为集中标注和原位标注。

1）集中标注

条形基础底板集中标注的内容有五项，其中前三项为必注。

① 条形基础底板编号。

条形基础底板编号由条形基础底板类型代号、序号、跨数及有无外伸代号几项组成，应符合表 2.12 的规定。

条形基础底板编号　　　　　表 2.12

类型		代号	序号	跨数及有无外伸
条形基础底板	阶形	TJB_J	××	(××)、(××A)、(××B)
	坡形	TJB_P	××	

实际工程中，条形基础通常采用坡形截面或单阶形截面。

② 截面竖向尺寸。

截面竖向尺寸自下而上用"/"分隔依次注写各段尺寸。坡形基础注写为 h_1/h_2，单阶形基础注写为 h_1。

③ 基础底板配筋。

以 B 打头，注写条形基础底板的底部横向受力钢筋，用"/"分隔注写纵向构造配筋。例如：B：Φ12@150/ϕ8@200，表示条形基础底板底部配置横向受力钢筋Φ12@150，纵向构造钢筋为ϕ8@200。

当双梁（或双墙）条形基础时，尚需在两根梁（或两道墙）之间的底板顶部配置钢筋。注写时以 T 打头，注写顶部横向受力钢筋，用"/"分隔注写纵向构造配筋。例如：B：Φ12@150/ϕ8@200　T：Φ14@180/ϕ8@200，表示除底部配筋外，条形基础底板的顶部需配置横向受力钢筋Φ14@180，纵向构造钢筋ϕ8@200。

④ 基础底面标高（选注内容）。

当条形基础的底面标高与基础底面基准标高不同时，应将底面标高直接注写在括号内。

⑤ 必要的文字注解。

条形基础设计有特殊要求时，注写必要的文字注解。

2）原位标注

① 底板定位尺寸。

基础平面布置图中原位注写条形基础底板的定位尺寸。当基础底板采用对称于基础梁的坡形截面或单阶形截面时，可仅标注基础底板总宽度。当存在双梁或双墙共用同一条形基础底板且两侧基础宽度不同时，应同时标注两侧非对称的不同台阶宽度。

对于相同编号的条形基础，定位尺寸相同可选择一个进行原位标注。

② 对集中标注的修正内容。

当集中标注的内容不适用某跨或外伸部分时，原位标注该内容数值，包括基础底板截面竖向尺寸、底板配筋、底板底面标高等内容。施工时按照原位标注数值取用。

3. 梁板式筏形基础平法制图规则

筏形基础分为梁板式筏形基础和平板式筏形基础。下面先介绍梁板式筏形基础。

梁板式筏形基础平法施工图，采用平面注写方式进行表达。

(1) 梁板式筏形基础构件类型

梁板式筏形基础由基础主梁（即柱下梁），基础次梁，基础平板等构成。基础梁编号按表 2.13 规定注写。

梁板式筏形基础构件编号　　　　　　　　　　　　　　　表 2.13

构件类型	代号	序号	跨数及有无外伸
基础主梁（柱下）	JL	××	(××)、(××A)、(××B)
基础次梁	JCL	××	(××)、(××A)、(××B)
梁板筏基础平板	LPB	××	

LPB 的跨数及是否外伸分别在 X、Y 两向的贯通纵筋之后表达，图面从左至右为 X 向，从下至上为 Y 向。

(2) 基础主梁与基础次梁的平面注写方式

基础主梁 JL 与基础次梁 JCL 的平面注写方式，分为集中标注与原位标注。

基础梁集中标注的内容有四项，其中基础梁编号、截面尺寸、配筋三项为必注项，基础梁底面标高高差（相对于筏形基础平板底面标高）一项为选注项。

基础梁原位标注的内容有基础梁支座底部和顶部纵筋、附加箍筋或吊筋和对集中标注的修正内容。

梁板式筏形基础中基础梁与条形基础中基础梁的注写规则基本相同，本文不再赘述。

(3) 基础平板的平面注写方式

梁板式筏形基础平板的平面注写，分为集中标注与原位标注。板厚相同、基础平板底部与顶部贯通纵筋配置相同的区域为同一板区。

1）集中标注

集中标注是在所表达的板区双向均为第一跨（X 与 Y 双向首跨）的板上引出（图面从

左向右为 X 向，从下至上为 Y 向）。

① 基础平板编号。基础平板的编号按表 2.13 规定注写。

② 基础平板截面尺寸。基础平板板厚用 $h=\times\times\times$ 表示。

③ 基础平板纵筋。

先注写 X 向底部（B 打头）贯通纵筋与顶部（T 打头）贯通纵筋及其跨数与外伸情况，如 X：B Φ22@150；TΦ20@150；（5B）。

然后注写 Y 向底部（B 打头）贯通纵筋与顶部（T 打头）贯通纵筋及其跨数与外伸情况，如 Y：B Φ20@200；TΦ18@200；（7A）。

上述贯通纵筋的跨数及外伸情况注写在括号中，注写的表达形式与梁相同。但是，基础平板的跨数以构成柱网的主轴线为准；两主轴线之间无论有几道辅助轴线，均可按一跨考虑。

2）原位标注

①原位注写位置及内容。

板底部原位标注的附加非贯通纵筋，应在配置相同跨的第一跨表达（当在基础梁悬挑部位单独配置时则在原位表达）。在配置相同跨的第一跨（或基础梁外伸部位），垂直于基础梁绘制一段中粗虚线（当该筋通长设置在外伸部位或短跨板下部时，应画至对边或贯通短跨），在虚线上注写编号（如①、②等）、配筋值、横向布置的跨数及是否布置到外伸部位（表达方式同梁）。

板底部附加非贯通筋自支座中线向两边跨内的延伸长度值注写在线段的下方位置，两侧对称伸出时，可仅在一侧标注。底部附加非贯通筋相同者，可仅注写一处，其他只注编号。

②对集中标注的修正内容。

当集中标注的某些内容不适用于梁板式筏形基础平板某板区的某一板跨时，应在该板跨内注明，施工时应按注明内容取用。

4. 平板式筏形基础平法制图规则

平板式筏形基础平法施工图，系在基础平面图上采用平面注写方式表达。其平面注写表达方式有两种，一是划分为柱下板带和跨中板带进行表达；二是按基础平板进行表达。当整片板式筏形基础配筋比较规律时，宜采用平板表达方式。本书仅介绍常见的基础平板表达方式，其编号按表 2.14 的规定注写。

平板式筏形基础构件编号 表 2.14

构件类型	代号	序号	跨数及有无外伸
平板式筏形基础平板	BPB	××	

基础平板表达方式，分为集中标注与原位标注。除了注写编号外，所有规定均与梁板式筏形基础中的基础平板注写规则相同，这里不再赘述。

5. 桩基础平法制图规则

本书以灌注桩为例介绍桩基础平法制图规则。

灌注桩基础平法施工图包括灌注桩平法施工图和桩基承台平法施工图。

(1) 灌注桩平法施工图的表示方法

灌注桩平法施工图系在灌注桩平面布置图上采用表注写方式或平面注写方式进行

表达。

（2）灌注桩列表注写方式

列表注写方式指在灌注桩平面布置图上，分别标注定位尺寸；在桩表中注写桩编号、桩尺寸、纵筋、螺旋箍筋、桩顶标高、单桩竖向承载力特征值。

1）桩编号

灌注桩的编号应符合表 2.15 的规定。

桩编号　　　　　　　　　　　　　　　　表 2.15

类型	代号	序号
灌注桩	GZH	××
扩底灌注桩	GZH_K	××

2）桩尺寸

桩尺寸应注写为桩径 $D×$桩长 L，当为扩底灌注桩时，还应在括号内注写扩底端尺寸 $D_0/h_b/h_c$ 或 $D_0/h_b/h_{c1}/h_{c2}$。其中 D_0 表示扩底端直径，h_b 表示扩底端锅底形矢高，h_c 表示扩底端高度。

3）桩纵筋

桩纵筋包括桩周均布的纵筋根数、钢筋强度级别、从桩顶起算的纵筋配置长度。

① 通长等截面配筋：注写全部纵筋如××⚎××。

② 部分长度配筋：如××⚎××/L_1，其中 L_1 表示从桩顶起算的入桩长度。

③ 通长变截面配筋：包括通长纵筋××⚎××；非通长纵筋××⚎××/L_1，其中 L_1 表示从桩顶起算的入桩长度。通长纵筋与非通长纵筋沿桩周间隔均匀布置。

例如：15⚎20，15⚎18/6000，表示桩通长纵筋为 15⚎20；桩非通长纵筋为 15⚎18，从桩顶起算的入桩长度为 6000mm。实际桩上段纵筋为 15⚎20＋15⚎18，通长纵筋与非通长纵筋间隔均匀布置于桩周。

4）桩箍筋

以大写字母 L 打头，注写桩螺旋箍筋，包括钢筋强度级别、直径与间距。

① 用"/"区分桩顶箍筋加密区与桩身箍筋非加密区长度范围内箍筋的间距。

② 当桩身位于液化土层范围内时，箍筋加密区长度应由设计者根据具体工程情况注明，或者箍筋全长加密。

例如：L⚎8@100/200，表示箍筋强度级别为 HRB400 级钢筋，直径为 8，加密区间距为 100mm，非加密区间距为 200mm，L 表示螺旋箍筋。

5）桩顶标高。

6）单桩竖向承载力特征值。

（3）灌注桩平面注写方式

平面注写方式的规则同列表注写方式，将表格中内容除单桩竖向承载力特征值以外集中标注在灌注桩上。

（4）桩基承台平法施工图的表示方法

桩基承台平法施工图，有平面注写方式和截面注写方式两种表达方式。

当绘制桩基承台平面布置图时，应将承台下的桩位和承台所支承的柱、墙一起绘制。

当桩基承台的柱中心线或墙中心线与建筑定位轴线不重合时，应标注其定位尺寸。

(5) 桩基承台编号

桩基承台分为独立承台和承台梁，分别按照表2.16和表2.17的规定编号。

(6) 独立承台的平面注写方式

独立承台的平面注写方式，分为集中标注和原位标注两部分内容。

1) 集中标注

集中标注系在承台平面上集中引注，它包括三个必注项和两个选注项。

① 注写独立承台的编号，见表2.16。

独立承台编号　　　　　　　　　　　　　　　表 2.16

类型	独立承台截面形状	代号	序号	说明
独立承台	阶形	CT_J	××	单阶截面即为平板式独立承台
	坡形	CT_P	××	

承台梁编号　　　　　　　　　　　　　　　表 2.17

类型	代号	序号	跨数及有无
承台梁	CTL	××	(××)、(××A)、(××B)

② 注写独立承台截面竖向尺寸。

独立承台为阶形截面时，当为多阶时各阶尺寸自下而上用"/"分隔顺写；单阶时，截面竖向尺寸仅为一个，且为独立承台总高度。

当独立承台为坡形截面时，截面竖向尺寸注写为h_1/h_2。

③ 注写独立承台配筋。

底部与顶部双向配筋应分别注写，顶部配筋仅用于双柱或四柱等独立承台。当独立承台顶部无配筋时则不注顶部。注写规则如下：

以 B 打头注写底部配筋，以 T 打头注写顶部配筋。

矩形承台 X 向配筋以 X 打头，Y 向配筋以 Y 打头；当两向配筋相同时，则以 X&Y 打头。

当为等边三桩承台时，以"△"打头，注写三角布置的各边受力钢筋（注明根数并在配筋值后注写"×3"），在"/"后注写分布钢筋，不设分布钢筋时可不注写，如：△××⊈××@×× ×3/φ××@××××；

当为等腰三桩承台时，以"△"打头注写等腰三角形底边的受力钢筋＋两对称斜边的受力钢筋（注明根数并在两对称配筋值后注写"×2"），在"/"后注写分布钢筋，不设分布钢筋时可不注写。

当为多边形（五边形或六边形）承台或异形独立承台，且采用 X 向和 Y 向正交配筋时，注写方式与矩形独立承台相同。

两桩承台可按承台梁进行标注。

④ 注写基础底面标高（选注内容）。

当独立承台的底面标高与桩基承台底面基准标高不同时，应将独立承台底面标高注写在括号内。

⑤ 注写必要的文字注解（选注内容）。

当独立承台的设计有特殊要求时，宜增加必要的文字注解。

2）原位标注

独立承台的原位标注，是在桩基承台平面布置图上标注独立承台的平面尺寸，相同编号的独立承台，可仅选择一个进行标注，其他仅注编号。尺寸包括承台边长、柱尺寸、台阶宽、桩中心距及边距等。

（7）承台梁的平面注写方式

1）承台梁的平面注写方式，分集中标注和原位标注两部分内容，原位标注优先。

2）承台梁的集中标注内容为：承台梁编号、截面尺寸、配筋三项为必注项内容，以及承台梁地面标高、必要的文字注解两项为选注项。承台梁编号按照表 2.17 规定编号，当箍筋采用两种间距时需要指明其中一种箍筋间距的布置范围，除此之外其余表达方式同基础梁集中标注，这里不再赘述。

3）承台梁的原位标注：表达方式同基础梁原位标注。

2.2.1　形成与作用

1. 基础施工图的形成

按照平法制图规则绘制的基础施工图包括基础说明、基础平法施工图、基础构造详图。

（1）基础说明

以文字为主，表达基础类型、持力层、基础构件材料、基础验槽、基础检测等施工要求。

当采用桩基础时，还应表达桩类型、桩身、桩长、桩端持力层、试桩、单桩承载力、桩端与承台连接等要求。

（2）基础平法施工图

基础平面图是在相对标高±0.000 处用一个假想水平剖切面将建筑物剖开，移去上部建筑物和覆盖土层后所作的水平投影图。

基础平法施工图，是在基础平面布置图上采用平面注写方式或截面注写方式表达基础构件截面尺寸、定位及配筋。

基础平面布置图，应将全部基础构件和其相关联的柱、墙一起绘制。

当采用桩基础时，还需绘制桩位平面图，标注桩中心的定位尺寸。

（3）基础构造详图

基础构造详图包含基础标准构造详图、电梯基坑、地下室坡道详图、集水井详图等。基础标准构造详图可直接选用平法图集。

未采用平法表示的基础构件绘制单独详图，表达截面尺寸、配筋等。例如桩基施工图，承台不采用平法表示，可以单独绘制承台详图。

2. 基础施工图的作用

基础说明是基础工程施工的纲领性文件，基础平法施工图是基础构件定位放线、施工的依据，基础详图是基础细部构造施工的重要依据。三者相互结合，才是完整的基础施工图。

2.2.2 图示内容

基础施工图应按现行国家标准《房屋建筑制图统一标准》GB/T 50001—2017、《建筑制图标准》GB/T 50104—2010、《建筑结构制图标准》GB/T 50105—2010 的要求绘制。

基础平法施工图还应按照现行平法图集的制图规则绘制。

基础平面布置图绘制比例最常用的是1∶100，根据平面尺寸和图纸大小等具体情况也常采用1∶150、1∶200、1∶50 等。基础详图的绘制比例常采用1∶20、1∶25、1∶30、1∶40 或1∶50。

基础平法施工图中表达内容，按照内容主次关系、识读顺序详见表2.18。

基础施工图的图示内容 表 2.18

序号	类别		主要内容
1	基础说明		(1)基础类型 (2)基底持力层、地基承载力特征值 (3)基础板、基础梁、垫层、基础墙体等的材料要求 (4)回填土的处理措施与要求 (5)抗浮水位、基坑降水措施 (6)验槽要求、基础检测要求等施工要求
2	桩基说明		(1)桩类型、桩身尺寸、桩长 (2)桩端持力层、桩端进入持力层深度 (3)单桩承载力(抗压、抗拔) (4)桩身配筋、桩端与承台连接 (可选用标准图集，也可绘制详图) (5)试桩要求 (6)桩基检测：承载力检测、桩身质量检测等
3	基础平法施工图	轴网	(1)定位轴线和轴线编号 (2)轴线总尺寸、轴线间尺寸
		上部竖向构件	基础承受的墙、柱轮廓
		基础构件	(1)基础板轮廓(独立基础、条形基础、筏形基础、承台) (2)基础梁轮廓
		地沟及预留孔洞	(1)地沟、地坑 (2)基础构件中的预留孔洞等
		标注	(1)基础构件的定位尺寸 (2)基础构件编号、截面尺寸、配筋、标高 (3)图名、比例
4	桩位平面图	轴网	(1)定位轴线和轴线编号 (2)轴线总尺寸、轴线间尺寸
		桩	桩身轮廓 注：为表述清晰，也可用虚线绘制出承台轮廓
		标注	(1)桩型 (2)中心定位尺寸 (3)桩顶标高 (4)图名、比例

续表

序号	类别	主要内容
5	基础构造详图	(1)基础构件标准构造详图:详见平法图集 (2)电梯基坑,地下室坡道,集水井、排水沟等详图

基础标准构造详图的内容,包括柱(墙)纵筋在基础中的锚固构造、独立基础构造、条形基础底板构造、基础梁构造、筏板基础构造、承台构造等,详见平法图集,根据具体要求选用。

2.2.3 案例导入

我们引入商务办公楼的基础施工图进行识读,本工程地上三层、地下一层,从"结施-06预制桩基础设计说明"到"结施-13汽车坡道2-2剖面图、侧壁详图"共计8张施工图。除了基础说明、桩位平面图、基础平面图、基础详图,还包含了地下室底板、地梁及地下室详图。

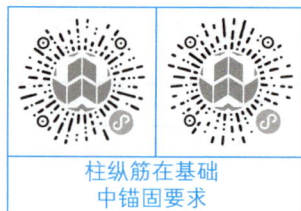

柱纵筋在基础
中锚固要求

带有地下室的建筑,当地下室底板是作为防水底板,而不是基础时,地下室部分结施图可以与上部结施图一起识读,也可以把地下室底板的结施图与基础施工图一并识读,这是因为此时地下室底板的作用是承受自下而上的浮力,构造要求与基础构件基本相同。

我们先识读基础说明,再识读桩位平面图、基础平面图、基础详图,最后识读地下室底板施工图,基本步骤如下:

BIM–商务
办公楼基础

(1)查看基础说明,明确基础类型、基础施工要求。

查看"结施-06预制桩基础设计说明",明确本工程采用先张法预应力混凝土管桩基础,桩身直径600mm,桩型为指定标准图集中的PC600AB100,编号中的"AB"代表桩身配筋型号,"100"为管桩壁厚100mm。

主楼下为承压桩,单桩竖向承载力特征值1500kN,桩长10m。车库下为抗拔桩,单桩抗拔承载力特征值270kN,桩长15m。

关于桩端持力层,本工程较为特殊,存在两种持力层,5-2粉质黏土层和5-3含粉质黏土角砾层,桩端进入持力层深度分别为$2d$(桩直径)和$1d$(桩直径)。我们可以结合地质勘探报告查看,也可以从工程桩参数一览表的备注中知道,这是因为本工程的5-2层局部较薄甚至缺失,此时需要采用5-3为持力层。

我们再逐条细看桩基施工要求,比如工程桩施工采用静压沉桩,桩长实行双控,以桩长控制为主,贯入度控制为辅。桩身配筋、承压桩的桩顶连接构造按照指定图集,抗拔桩的桩顶构造按照结施-06中的详图施工等。

同时,我们也明确了地下室抗浮设计水位为85国家高程4.200m。

(2)查看桩位平面图,熟悉桩平面布置,掌握桩定位、桩顶标高。

查看"结施-07地下室桩位平面布置图",先查看轴网,结合建筑施工图地下室的轴网,核对轴线位置、编号、轴线尺寸,确保一致。

从桩基设计说明中我们已知主楼和车库为两种桩型，桩位图中我们可以看到两种图例的桩位布局，检查桩的定位尺寸、桩顶标高。小部分桩在图上注明了桩顶标高，如⑩-Ⓐ轴交③轴处桩顶标高为−7.300。还有大部分桩没有注明，结合"结施-06 预制桩基础设计说明"第 6 点，可知未注明桩顶标高均为−6.450。

桩位平面图中用虚线绘制了承台轮廓，方便我们掌握桩与承台的关系。

（3）查看基础平面图，熟悉承台平面布置，掌握承台编号及定位。

查看"结施-08 地下室承台平面布置图"，先看轴网平面，并与建筑施工图核对地下室墙柱布局，确保一致。

粗看承台布局，我们可以发现地下室周边基本为单桩和两桩承台，中间以三桩承台为主，局部为四桩承台、五桩承台等。

细看承台编号，每个承台都应有编号，如 CT-1、CT-2、CT-3 等。有承台编号，我们才能找到对应的承台详图。

再与桩位图对照，核对承台下桩数和布置是否一致。如 CT-3，与桩位图对照，确认都是三桩，布置一致。

细看承台两个方向的定位。本工程中部分承台定位未标注，我们结合图名下方的第 4 点说明，承台定位尺寸未注明处，轴线居承台中。如大部分 CT-3 承台 X 方向的定位尺寸均未注明，该承台边长 X 方向的中线与轴线重合。

最后注意仔细阅读图中的文字说明，掌握本工程承台标高、基础垫层做法、基础构件混凝土为 C35 等要求。如未注明承台顶标高均以桩顶标高推算为准，从桩基说明中知道桩顶进入承台 50mm，承台底面标高就是桩顶标高减去 50mm。

通常情况，桩顶进入承台的高度，桩径＜800mm 时取 50mm，桩径≥800mm 时取 100mm。

（4）查看基础详图，掌握基础配筋及构造要求。

我们查看"结施-09 承台大样详图"，仔细查阅每个承台的详细尺寸及配筋构造，如 CT-2 的配筋，采用梁式配筋，配置Φ12@600 六肢箍，受力纵筋为承台底面 18Φ25，地下室底板的顶面纵筋放置在 CT-2 的顶面纵筋下侧。

我们还可以从详图中发现，本工程要求地下室底板的底筋遇到一到三桩承台时连续通过，遇到四桩以上承台时满足锚固长度即可。

通过以上识读，我们发现本工程的桩和承台均未按照平法制图规则表达，桩按照图集选用，承台在"结施-09 承台大样详图"中绘制。这种表达实际工程中比较常见，因为桩的标准图集应用广泛，无须设计人员自行设计，承台详图采用结构软件自动出图，设计便捷。

（5）查看地下室底板的板施工图，掌握地下室底板的板厚、标高、配筋及构造要求。

查看"结施-10 地下室底板平面布置图"，先看轴网，并与建施、结施图对照，核对柱网布局，熟悉平面功能和建筑标高要求。

在建施平面图识读中，我们已明确：地下室地面的结构面标高除配电间和消防水池为−6.400，其他为−5.500。本图中，我们看到除了配电间和消防水池区域采用斜线填充，并注明底板面标高为−6.400，其他按照图名下方的文字要求均为−5.500。

本工程底板厚度均为 600mm，配筋均为Φ16@150 双层双向，混凝土为 C35。

底板的配筋构造图中未明确的按照平法图集执行。

局部标注"坡道另详"的区域，在建筑详图识图时我们就知道，坡道下方的储藏室和通道处，同时设有地下室底板和坡道板。此次"坡道另详"指的是坡道板另见详图。

地下室底板还设有温度后浇带和沉降后浇带，定位及宽度表达完整，沉降后浇带位于商务办公楼外周，后浇带做法详见结构设计总说明。集水井共两种（JSJ1 和 JSJ2），尺寸齐全定位完整，集水井、排水沟与基础承台无相碰情况，具体做法详见结施-12。

（6）查看地下室底板的地梁施工图，掌握地梁的截面尺寸、标高、配筋及构造要求。

查看"结施-11 地下室地梁配筋图"，先看轴网，并与建施、结施图对照，核对柱网布局，熟悉平面功能和建筑标高要求。

地梁面与底板面标高平齐，因此地梁面标高除了配电间和消防水池区域为 -6.400，其他均为 -5.500。

地梁混凝土为 C35，与基础底板、承台、侧壁混凝土强度等级相同。

地梁的配筋构造图中未明确的按照平法图集执行。

（7）查看地下室底板的详图，掌握坡道、集水井、排水沟等的做法。

查看"结施-12 汽车坡道平面图、坑、地沟详图""结施-13 汽车坡道 2-2 剖面图、侧壁详图"，先看汽车坡道详图，结合建施图和地下室底板结施图，掌握坡道板的具体做法，汽车坡道的难点在于标高定位，需要仔细识读，牢牢把握控制点标高和坡度，注意两端的缓坡段坡度不同。坡道出入口处，必须结合顶板施工图，找到梁高复核坡道净高是否满足建筑设计要求，例如建施图中标注的梁下净高 ≥ 2.4m，注意这是扣除坡道面层厚度和顶面梁的粉刷厚度后的净高，结构必须核准。另外，注意掌握细节做法，如坡道两端排水沟，坡道侧壁的做法等。

集水井和排水沟结合地下室底板平面布置图，掌握具体做法。

2.2.4　识读技巧

掌握基础施工图的基本识读方法以后，还需要反复练习，结合工程实际灵活应用，才能融会贯通、提升基础施工图的识读技巧。

识读基础施工图时，需要特别关注以下要点：

（1）工程地质勘察报告

工程地质勘察报告虽然不属于基础施工图，但两者密不可分，识读基础施工图前必须先认真阅读勘察报告，了解拟建场地的标高、土层分布及各项指标、地下水位、持力层位置等。

每个工程都是选取部分勘探点作为代表进行地质分析，不可能揭示地基全部土层情况，因此基础施工时必须注意观察，当发现地质条件与勘察报告不符，或遇到异常情况时，需要及时联系设计部门进行处理，不能呆板"按图施工"。

（2）抗震构造要求

基础构件与上部结构不同，没有抗震构造要求，因此基础构件的钢筋锚固、基础梁箍筋加密等构造无须按照抗震要求。

实际工程中，不少设计人员标注基础梁箍筋"Φ10@100/200"是错误的，这是上部框架梁箍筋的标注方式，框架梁根据不同的抗震等级规定了箍筋加密区范围，基础梁没有抗震等级，无法明确箍筋加密区范围长度。

但是，需要注意上部竖向构件的纵筋在基础内的锚固要求，属于竖向构件的构造要求，而不是基础构件，因此必须满足抗震锚固要求，按照竖向构件的抗震等级计算。例如框架柱的纵筋在基础内的锚固，竖向长度不得小于 l_{aE} 或 $0.6l_{abE}$。

（3）基础梁箍筋

前面已经提到，基础梁没有抗震构造要求。当基础梁由于端部剪力较大，跨中剪力较小，需要配置两种箍筋时，应按平法制图规则注写。例如 10Φ12@100/Φ12@200（4），表示同一跨基础梁从梁两端起向跨内设置箍筋Φ12@100（4），每端各 10 道，跨中为Φ12@200（4）。注意最前面注写的道数是指一端的箍筋道数，而不是两端总道数。

施工时，还应特别注意基础梁与柱相交的区域，必须设置梁箍筋，千万不要与框架梁混淆，框架的梁柱节点区大家比较熟悉，梁箍筋是不设的，只设置柱加密箍。施工时，两向基础梁相交的柱下区域，应有一向截面较高的基础梁箍筋贯通设置；当两向基础梁高度相同时，任选一向基础梁箍筋贯通设置。

（4）基础梁与柱

对于条形基础和筏板基础：基础梁承受柱荷载，基础梁宜比柱宽且完全形成梁包柱，当不满足时，基础梁与柱结合部位均应加侧腋。施工时注意基础梁与柱构件边缘平齐时，柱的纵筋应布置在基础梁纵筋的内侧。

对于防水用的地下室底板：基础梁以柱为支座，基础梁纵筋在柱纵筋内侧。

（5）梁板式筏形基础板（或防水底板）与基础梁钢筋排布

不管是梁板式筏形基础的板，还是地下室的防水底板，都是承受自下而上的垂直荷载为主。我们知道基础梁是板的支座，掌握了受力原理，就能明确钢筋排布的相互关系。

当梁板顶面平齐时，板面纵筋应置于垂直向基础梁顶面纵筋下方，即 X 向板面纵筋置于 Y 向基础梁顶面纵筋下方；当梁板底面平齐时，板底纵筋应置于垂直向基础梁纵筋下方，即 X 向板底纵筋置于 Y 向基础梁底部纵筋下方。施工时应注意钢筋排布，确保板承受的荷载传递到基础梁上。

（6）三桩承台

桩基础中，三桩的三角形承台底部受力筋应按三向板带均匀布置，施工时注意最里面的三根钢筋围成的三角形应在柱截面范围内，提高承台中部的抗裂性能。

★ 强制性条文

《建筑地基基础设计规范》GB 50007—2011

6.3.1 当利用压实填土作为建筑工程的地基持力层时，在平整场地前，应根据结构类型、填料性能和现场条件等，对拟压实的填土提出质量要求。未经检验查明以及不符合质量要求的压实填土，均不得作为建筑工程的地基持力层。

6.4.1 在建设场区内，由于施工或其他因素的影响有可能形成滑坡的地段，必须采取可靠的预防措施。对具有发展趋势并威胁建筑物安全使用的滑坡，应及早采取综合整治措施，防止滑坡继续发展。

9.1.9 基坑土方开挖应严格按设计要求进行，不得超挖。基坑周边堆载不得超过设计规定。土方开挖完成后应立即施工垫层，对基坑进行封闭，防止水浸和暴露，并应及时进行

地下结构施工。

9.5.3 支撑结构的施工与拆除顺序，应与支护结构的设计工况相一致，必须遵循先撑后挖的原则。

10.2.1 基槽（坑）开挖到底后，应进行基槽（坑）检验。当发现地质条件与勘察报告和设计文件不一致、或遇到异常情况时，应结合地质条件提出处理意见。

10.2.13 人工挖孔桩终孔时，应进行桩端持力层检验。单柱单桩的大直径嵌岩桩，应视岩性检验孔底下 3 倍桩身直径或 5m 深度范围内有无土洞、溶洞、破碎带或软弱夹层等不良地质条件。

10.2.14 施工完成后的工程桩应进行桩身完整性检验和竖向承载力检验。承受水平力较大的桩应进行水平承载力检验，抗拔桩应进行抗拔承载力检验。

《建筑桩基技术规范》JGJ 94—2008

8.1.5 挖土应均衡分层进行，对流塑状软土的基坑开挖，高差不应超过 1m。

8.1.9 在承台和地下室外墙与基坑侧壁间隙回填土前，应排除积水，清除虚土和建筑垃圾，填土应按设计要求选料，分层夯实，对称进行。

9.4.2 工程桩应进行承载力和桩身质量检验。

能力测试题

一、单选题

1. 按《混凝土结构施工图平面整体表示方法制图规则和构造详图》（以下简称《平法标准图集》）16G101-3，某普通坡形独立基础编号正确的一项是（ ）。

A. DJ01　　　B. DJ$_J$01　　　C. DJ$_P$01　　　D. DJ^{P}01

2. 本工程桩径为 600 的桩共有（ ）。

A. 79 根　　　B. 355 根　　　C. 434 根　　　D. 图上未注明

3. 本工程大部分承台 CT-3 的顶标高为（ ）。

A. −5.350　　　B. −5.400　　　C. −5.450　　　D. −5.500

4. 本工程承台混凝土强度为（ ）。

A. C40　　　B. C35　　　C. C30　　　D. C25

5. 本工程地下室底板板厚和配筋均正确的一项是（ ）。

A. 板厚为 500mm，配筋双层双向Φ14@150

B. 板厚为 1000mm，配筋双层双向Φ14@150

C. 板厚为 250mm，板面配筋双向Φ12@150，板底配筋双向Φ10@150

D. 板厚为 180mm，板面配筋双向Φ10@150，板底配筋双向Φ10@180

6. 按《平法标准图集》16G101-3，条形基础平面图上的集中标注"TJB$_J$2（4A）"，表示（ ）。

A. 第 2 号坡形条基基础梁，4 跨，一端有外伸

B. 第 2 号阶形条基基础梁，4 跨，一端有外伸

C. 第 2 号坡形条基，4 跨，一端有外伸

D. 第 2 号阶形条基，4 跨，一端有外伸

7. 本工程基础主次梁交叉处，主梁内附加箍筋为（　　）。

A. 6Φ12@100（4）　　　　　　　　B. 6Φ12@50（4）

C. 6Φ12@100（2）　　　　　　　　D. 6Φ12@50（2）

8. 某桩身箍筋标注为 LΦ8@100/200，表示（　　）。

A. 箍筋直径为 8mm，上段加密区间距为 100mm，下段非加密区间距为 200mm，螺旋箍筋

B. 箍筋直径为 8mm，下段加密区间距为 100mm，上段非加密区间距为 200mm，螺旋箍筋

C. 箍筋直径为 8mm，上段加密区间距为 100mm，下段非加密区间距为 200mm，L形箍筋

D. 箍筋直径为 8mm，下段加密区间距为 100mm，上段非加密区间距为 200mm，L形箍筋

二、多选题

1. 以下关于本工程桩基的说法有误的是（　　）。

A. 采用先张法预应力混凝土方桩　　　　B. 桩基设计等级为乙级

C. 管桩均为承压桩　　　　　　　　　　D. 沉桩方式采用静压沉桩

E. 试桩采用静载荷试验（采用堆载法）

2. 独立基础集中标注中的必注项包括（　　）。

A. 基础编号　　　　　　　　　　　　　B. 截面竖向尺寸

C. 基础底面标高　　　　　　　　　　　D. 配筋

E. 必要的文字注解

3. 关于本工程桩基施工要求的说法正确的有（　　）。

A. 沉桩采用自中央向边缘的顺序

B. 桩施工时采用间隔法，预先设置一定数量的应力释放孔

C. 施工期间应加强对邻近建筑物、地下管线等的观测

D. 控制打桩速率及打桩顺序，防止地下水对施工产生影响

E. 沉桩过程中宜适当停歇

4. 根据《平法标准图集》16G101-3，钢筋混凝土筏形基础分为（　　）。

A. 独立筏形基础　　　　　　　　　　　B. 桩基筏板基础

C. 平板式筏形基础　　　　　　　　　　D. 梁板式筏形基础

E. 坡形筏形基础

5. 关于本工程桩 PC600AB100 说法正确的有（　　）。

A. 桩外径为 600mm　　　　　　　　　B. 桩壁厚为 100mm

C. 桩内径为 100mm　　　　　　　　　D. 桩型号为 AB 型

E. 桩身采用螺旋箍筋

三、填空题

1. 基础按构造形式分为独立基础、条形基础、筏形基础和（　　　　）。

2. 当采用桩基础时，基础平面图主要包括（　　　　）和（　　　　）。

3. 根据基础施工图，本工程承台 CT-8 的底标高为（　　　　）。

4. 本工程底板下需设置（　　　　）厚、混凝土强度为（　　　　）的垫层。

2.3　柱施工图

◆ **概念导入**

柱平法施工图，是在柱平面布置图上采用截面注写方式或列表注写方式表达柱的截面尺寸、定位及配筋。在实际工程中两种注写方式均有应用，截面注写方式更直观。

1. 上部结构的嵌固部位

柱平法施工图，应注明各结构层的楼面标高、结构层高及相应的结构层号，尚应注明上部结构嵌固部位位置。

（1）框架柱的嵌固部位在基础顶面时，无需注明。

（2）框架柱的嵌固部位不在基础顶面时，在层高表嵌固部位标高下使用双细线注明，并在层高表下注明嵌固部位标高。

（3）框架柱的嵌固部位不在地下室顶板，但仍需考虑地下室顶板对上部结构实际存在的嵌固作用时，可在层高表地下室顶板标高下使用双虚线注明，此时首层柱端箍筋加密区长度范围及纵筋连接位置均按嵌固部位要求设置。

剪力墙的嵌固部位表达同框架柱。

2. 柱类型及编号

平法制图规则中规定柱编号由柱类型代号和序号组成，应符合表 2.19 的规定。类型代号的主要作用是指明所选用的标准构造详图。

柱类型及编号　　　　　　　　　　　　　表 2.19

柱类型	代号	序号
框架柱	KZ	××
转换柱	ZHZ	××
芯柱	XZ	××
梁上柱	LZ	××
剪力墙上柱	QZ	××

当柱的总高、分段截面尺寸和配筋均对应相同，仅截面与轴线关系不同时，可将其编为同一柱号，但在平面图中应注明截面与轴线的关系。

3. 柱平法制图规则——截面注写方式

截面注写方式，是在柱平面布置图上，分别在同一编号的柱中选择一个截面，以直接注写截面尺寸和配筋具体数值的方式来表达柱平法施工图。

截面注写方式的内容规定如下：

（1）对除芯柱之外所有柱截面进行编号（见表 2.19），从相同编号的柱中选择一个截面，按另一种比例原位放大绘制柱截面配筋图，并在各配筋图上继其编号后注写截面尺寸 $b \times h$（对于圆柱改为圆柱直径 d）、角筋或全部纵筋（当纵筋采用同一种直径且能够图示清楚时)、箍筋的具体数值。在柱截面配筋图上标注柱截面与轴线关系 b_1、b_2、h_1、h_2 的具体数值（$b=b_1+b_2$，$h=h_1+h_2$，圆柱时 $d=b_1+b_2=h_1+h_2$）。

当纵筋采用两种直径时，须再注写截面各边中部纵筋的具体数值（对于采用对称配筋的矩形截面柱，可仅在一侧注写中部纵筋）。

当在某些框架柱的一定高度范围内，在其内部的中心位置设置芯柱时，其标注方式详见平法标准图集有关规定。

（2）如柱的分段截面尺寸和配筋均相同，仅分段截面与轴线的关系不同，可将其编为同一柱号，但应在柱平面布置图未画配筋的柱截面上注写该柱截面与轴线关系的具体尺寸。

4. 柱平法制图规则——列表注写方式

列表注写方式，是在柱平面布置图上，先对柱进行编号（见表 2.19），然后分别在同一编号的柱中选择一个截面注写几何参数代号（b_1、b_2、h_1、h_2）；在柱表中注写柱编号、柱段起止标高、几何尺寸（含柱截面对轴线的偏心情况）、配筋的具体数值，并配以各种柱截面形状及其箍筋类型图的方式，来表达柱平面整体配筋。

列表注写方式的内容规定如下：

（1）注写各段柱的起止标高。

自柱根部往上以变截面位置或截面未变但配筋改变处作为分界，分段注写。框架柱和转换柱的根部标高系指基础顶面标高；芯柱的根部标高系指根据结构实际需要而定的起始位置标高；梁上柱的根部标高为梁顶面标高；剪力墙上柱的根部标高为墙顶部标高。

截面尺寸或配筋改变处一般为楼层板面。

（2）对于矩形柱，注写柱截面尺寸 $b×h$ 及与轴线关系的几何参数代号 b_1、b_2 和 h_1、h_2 的具体数值，须对应于各段柱分别注写。其中 $b=b_1+b_2$，$h=h_1+h_2$。当截面的收缩变化至与轴线重合或偏到轴线的另一侧时，b_1、b_2、h_1、h_2 中的某项为零或为负值。

对于圆柱，表中 $b×h$ 一栏改用在圆柱直径数字前加 d 表示。与轴线关系同样用 b_1、b_2 和 h_1、h_2 表示，并使 $d=b_1+b_2=h_1+h_2$。

（3）注写柱纵筋。当柱的纵筋直径相同、各边根数也相同时（包括矩形柱、圆柱），将纵筋注写在"全部纵筋"一栏中；除此以外，柱纵筋分为角筋、截面 b 边中部筋和 h 边中部筋三项分别注写；对于采用对称配筋的矩形柱，可仅注写一侧中部筋，对称边省略不注。

（4）在表中箍筋类型栏内注写箍筋类型号及箍筋肢数。确定箍筋肢数时要满足对纵筋"隔一拉一"以及箍筋肢距的要求。

（5）在表中箍筋栏内注写箍筋，包括钢筋级别、直径和间距。用"/"区分柱端箍筋加密区与柱身非加密区长度范围内的不同箍筋（加密区长度按构造要求确定）；当框架节点核心区内箍筋与柱端箍筋不同时，应在括号内注明核心区箍筋直径与间距。

当箍筋沿柱全高为同一种间距时，则不使用"/"。当圆柱采用螺旋箍筋时，需在箍筋前加"L"。

2.3.1 形成与作用

1. 柱施工图的形成

按照平法制图规则绘制的柱施工图包括柱平法施工图和柱标准构造详图。

（1）柱平法施工图

柱平法施工图，是在柱平面布置图上采用截面注写方式或列表注写方式表达柱截面尺寸、定位及配筋。柱平法施工图中，应按规定加注层高表，标注嵌固部位，并用粗实线表示柱的竖向标高范围。

柱平面布置图，应分别按柱的不同标准层，将全部柱一起绘制。绘图时柱的轮廓线采用粗实线，当采用截面注写方式绘制柱配筋时，柱轮廓线采用细线，柱箍筋采用粗实线。

柱平法施工图，可采用适当比例单独绘制，也可与剪力墙合并绘制。

（2）柱标准构造详图

柱标准构造详图包括柱纵筋连接、柱箍筋加密范围等，可直接选用平法图集，也可单独绘制。

2. 柱施工图的作用

柱施工图是柱构件定位放线、施工的依据。

2.3.2 图示内容

柱施工图应按现行国家标准《房屋建筑制图统一标准》GB/T 50001—2017、《建筑制图标准》GB/T 50104—2010、《建筑结构制图标准》GB/T 50105—2010 的要求绘制。

柱平法施工图还应按照现行平法图集的制图规则绘制。

柱平面布置图绘制比例最常用的是 1∶100，也可采用 1∶150、1∶200、1∶50 等。柱截面详图的绘制比例常采用 1∶20、1∶25 或 1∶50。

柱平法施工图中表达内容，分为截面注写和列表注写两种方式，按照内容主次关系、识读顺序详见表 2.20 和表 2.21。

柱平法施工图的图示内容（截面注写）   表 2.20

序号	类别	主要内容
1	轴网	(1)定位轴线、轴线编号 (2)轴线总尺寸、轴线间尺寸
2	柱构件	柱轮廓
	柱构件标注	(1)柱定位尺寸：b_1、b_2 和 h_1、h_2 (2)柱编号
3	柱截面详图	(1)柱轮廓 (2)柱纵筋 (3)柱箍筋

续表

序号	类别	主要内容
3	柱截面详图标注	(1)柱定位尺寸:b_1、b_2 和 h_1、h_2 (2)柱编号 (3)柱截面尺寸:$b \times h$ (4)柱纵筋:角筋、b 边中筋、h 边中筋 (5)柱箍筋
4	层高表	(1)结构层号、结构层楼面标高、结构层高 (2)上部结构嵌固部位 (3)竖向标高段范围 (4)混凝土强度等级:可在层高表中加注
5	其他标注	(1)图名:明确本图对应的竖向标高段范围 (2)比例:通常采用双比例绘制,因此可不注写 (3)混凝土强度等级:可文字说明

柱平法施工图的图示内容（列表注写） 表 2.21

序号	类别	主要内容
1	轴网	(1)定位轴线、轴线编号 (2)轴线总尺寸、轴线间尺寸
2	柱构件	柱轮廓
	柱构件标注	(1)柱定位尺寸:b_1、b_2 和 h_1、h_2 (2)柱编号
3	柱表	(1)柱编号 (2)竖向标高段范围 (3)柱截面尺寸:$b \times h$ (4)柱定位尺寸:b_1、b_2 和 h_1、h_2 (5)柱纵筋:全部纵筋、角筋、b 边中筋、h 边中筋 (6)柱箍筋:类型号、箍筋 (7)柱箍筋类型图及箍筋复合方式
4	层高表	(1)结构层号、结构层楼面标高、结构层高 (2)上部结构嵌固部位 (3)竖向标高段范围 (4)混凝土强度等级:可在层高表中加注
5	其他标注	(1)图名:明确本图对应的竖向标高段范围 (2)比例:通常采用双比例绘制,因此可不注写 (3)混凝土强度等级:可文字说明 (4)其他要求

柱标准构造详图的内容，包括柱箍筋构造、柱纵筋连接构造、柱顶纵筋构造、柱变截面处纵筋构造、QZ、LZ 柱根配筋构造等，详见平法图集，此处不再赘述。

2.3.3　案例导入

商务办公楼柱施工图有："结施-14 地下室基础～顶板墙、柱平面图""结施-15 地下室墙柱构件表""结施-18 －0.050～4.170 墙、柱平面图""结施-19 4.170～8.370 墙、柱平面图""结施-20 8.370～屋面墙、柱平面图""结施-21 竖向构件详图"。

一般先阅读柱平面布置图，后识读柱的截面尺寸与配筋，最后根据平法标准构造详图考虑柱纵筋的连接与构造。

（1）下面以商务办公楼"结施-18 －0.050～4.170 墙、柱平面图"为例，进行柱平法施工图识读。具体识读步骤如下：

1）根据相应的建筑平面图，校对轴网、轴线编号、轴线尺寸是否正确。

对照建施-05（一层平面图），可以发现结施-18 中轴线网、轴线编号、轴线尺寸与建筑图一致。编号及尺寸标注齐全，分尺寸与总尺寸无矛盾。

2）根据建筑平面图中墙、门窗的位置，逐一检查柱的平面布置与建筑平面图是否一致，柱的位置是否合理，柱的编号及定位尺寸标注是否齐全、正确。

① 原则上，柱宜设置在纵横墙相交处（或有墙的部位），柱边与墙边平齐还是柱居墙中根据建筑使用功能和结构布置确定。柱位置应与建筑施工图一致。

② 结施-18 柱平法施工图中，Ⓕ/⑥轴柱外侧边线与外墙外侧平齐，由于窗（C3029、C3729）的关系，Ⓕ/⑦、Ⓕ/④轴柱外侧边线只能与外墙的内侧平齐。Ⓕ轴梁的宽度为240mm，Ⓕ/⑥轴柱外侧边线与Ⓕ/⑦、Ⓕ/④轴柱外侧边线差 240mm，Ⓕ/⑥轴柱 Y 方向的截面尺寸至少为 240＋240＝480mm，实际尺寸 500mm，框架梁可支承在框架柱上。

③ 当为非正交轴网时，柱边宜与墙的轴线垂直（或平行），以方便墙体的砌筑，满足梁纵筋在柱中的锚固长度（水平投影长度）要求。

④ 图中柱的编号齐全，共 7 种（KZ1、KZ1a、KZ2～KZ6），各柱定位尺寸完整。

3）阅读结构设计说明中的有关内容。

本工程采用框架-剪力墙结构体系，框架抗震等级四级，按国标 16G101-1 构造要求进行施工。

设计要求：根据本工程总说明第五条第 3 款第（3）项，柱纵筋连接采用电渣压力焊。在梁柱节点区，当梁柱混凝土相差 1 个强度等级（C5）时，可按低等级混凝土施工；当相差 2 个等级以上（含）时，应按高等级混凝土施工。

4）从图中（截面注写方式）及表中（列表注写方式）逐一检查柱的编号、起止标高、截面尺寸、纵筋、箍筋，截面尺寸应与平面图中柱的定位尺寸一致。

KZ3、KZ4、KZ5 为不规则外形柱，应根据建筑图复核柱的截面尺寸是否正确，在转角部位应布置纵筋，还应注意箍筋的形状。

以 KZ5 为例，结施-18 中柱与轴线的定位尺寸、结施-21 中柱配筋详图详见图 2.6，可见柱的编号、起止标高、断面尺寸、纵筋、箍筋均满足规范要求，其各边定位尺寸之和等于对应的截面尺寸。

5）明确上部结构的嵌固端位置，确定柱端箍筋加密区的长度、加密区与非加密区箍筋的直径与间距；确定柱纵筋连接接头的位置、连接方法、接头长度。

BIM-商务办公楼框架柱

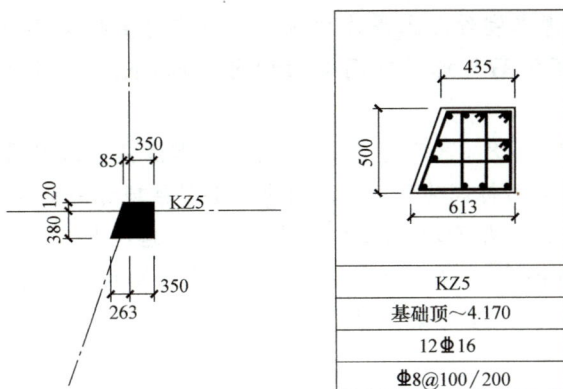

图 2.6　KZ5 定位尺寸与配筋详图

本工程上部结构的嵌固端为基础顶面，一层楼面处不需考虑楼层的嵌固作用。与基础相连的柱下端为柱根，箍筋加密区长度取 $H_n/3$，其余柱端的箍筋加密区长度取矩形截面柱长边尺寸（或圆形截面柱之直径）、$H_n/6$ 和 500mm 中的最大值。梁柱节点核心区箍筋应加密，加密区长度从梁底或梁面开始计算。

柱纵筋连接要求为：

① 纵筋不能在柱端箍筋加密区范围内连接；

② 纵筋连接接头应分二批；

③ 相邻纵向钢筋接头位置应错开。

当柱纵筋直径 $d > 25$mm 时，应采用机械连接，其余纵筋可采用绑扎搭接、焊接、机械连接。柱纵筋在实际工程中一般采用电渣压力焊。

当采用绑扎搭接时，相邻接头中心的距离应 $\geqslant 1.3l_{lE}$；当采用焊接连接时，相邻接头中心的距离应 $\geqslant 35d$ 且 $\geqslant 500$mm；当采用机械连接时，相邻接头中心的距离应 $\geqslant 35d$。

6）将柱施工图识读过程中发现的错误、施工图中不明确的、设计遗漏的进行整理归纳，根据施工图纸的图号先后顺序整理编排看图记录。在图纸会审时一并提出，便于设计单位对施工图作进一步的完善，保证工程的顺利实施。

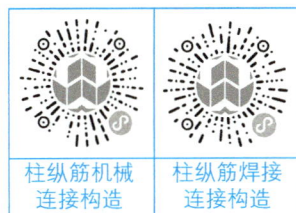

（2）其他各层柱平法施工图的识读。

除每标准层柱按以上步骤进行识读外，还应注意不同楼层之间柱的截面尺寸与定位。当柱有变截面的情况时，要求上层柱在下层柱范围内。

识读"结施-14 地下室基础～顶板墙、柱平面图"时需注意以下问题：

1）Ⓕ/⑦、Ⓕ/④、Ⓔ/⑦轴一层框架柱 KZ1（500mm×500mm），为方便一层梁的布置，地下室层中对应的框架柱 DKZ8 截面尺寸在 Y 方向加大了 250mm，柱截面尺寸为 500mm×750mm，上、下层框架柱三侧对齐。结施-18 中 KZ3、KZ4、KZ5 不规则外形柱，在地下室内改为矩形柱，截面尺寸相应加大。如结施-18 中 KZ5 在地下室中对应的框架柱为 DKZ6（截面尺寸 650mm×500mm），上、下层框架柱三边对齐。上层柱截面在下层柱范围内。

2）上部建筑以外的纯地下室柱顶标高一般同地下室顶板结构梁面标高，如 DKZ1 柱

087

顶标高为－1.650，已考虑室外覆土厚度要求。地下室与主楼交界处、与柱连接周边梁的梁面标高不同时，柱顶标高与标高较高梁面相同，如 DKZ6、DKZ7、DKZ8 柱顶标高为－0.050。

　　识读结施-19（4.170～8.370 墙、柱平面图）时需注意：三层露台部分屋面板面标高为 8.000，但周边框架梁面标高为 8.500，相应的框架柱顶标高也为 8.500。

　　识读结施-20（8.370～屋面墙、柱平面图）时需注意：本工程采用坡屋面，根据结构详图，周边框架梁面标高为 12.600（斜梁时，框架梁最低的梁面标高 12.600），相应的框架柱顶标高也为 12.600。LZ1 为梁上柱，柱根标高为 8.300。

层号	标高(m)	层高(m)
4	12.270	3.60
3	8.670	3.60
2	4.470	4.20
1	−0.030	4.50
−1	−4.530	4.50
−2	−9.030	4.50

结构层楼面标高
结构层层高

上部结构嵌固部位：−4.530

图 2.7　层高表

2.3.4　识读技巧

　　掌握柱平法施工图的基本识读方法以后，还需要反复练习，结合实际灵活应用，才能融会贯通，提升柱平法施工图的识读能力与技巧。

　　识读柱平法施工图时，需要特别关注以下要点：

　　（1）上部结构的嵌固部位。

　　根据柱平法施工图中的层高表确定柱子嵌固部位以及实际需要考虑嵌固作用的部位的位置，柱端箍筋加密区长度范围及纵筋连接位置均按嵌固部位的要求设置。

　　图 2.7 表示上部结构的嵌固端标高为−4.530，同时需考虑一层楼面（−0.030 标高）对上部结构实际存在的嵌固作用，施工时−4.530～−0.030 柱及−0.030～4.470 柱，其下端柱箍筋加密区长度均应取柱净高的 1/3。

　　（2）短柱。

　　剪跨比不大于 2 的柱、因设置填充墙等形成的柱净高与柱截面高度之比不大于 4 的柱，沿柱全高箍筋加密。

　　柱净高与柱截面高度之比不大于 4 的柱，我们称为短柱。从施工图中，我们无法判断剪跨比，但是可以判断是否为短柱。实际工程中，我们需要关注楼梯中间平台处的框架柱、高层建筑的底部几层框架柱。楼梯中间平台处的框架柱，柱高通常仅半层高，高层建筑的底部几层框架柱截面较大，都有可能形成短柱，需要确保柱箍筋加密区的范围取值正确。

　　（3）高层建筑当纵筋连接接头无法避开柱端加密区时，应采用满足等强度要求的机械连接，且连接百分率不宜大于 50%（多层可采用可靠焊接）。

　　（4）边柱和角柱顶层外侧纵筋构造。

　　框架为空间结构体系。图 2.8（a）所示框架边柱，对 X 方向框架为柱、对 Y 方向为中柱，故为边柱；图 2.8（b）所示框架角柱，对于 X、Y 方向均为边柱，故为角柱。

　　对于边柱和角柱，按照顶角节点外侧纵筋构造要求施工的纵筋详见图 2.8，其余纵筋按中柱纵筋要求施工。

　　（5）边柱变截面时纵筋构造。

框架柱纵筋
变截面构造

框架柱外侧
不平纵筋
构造

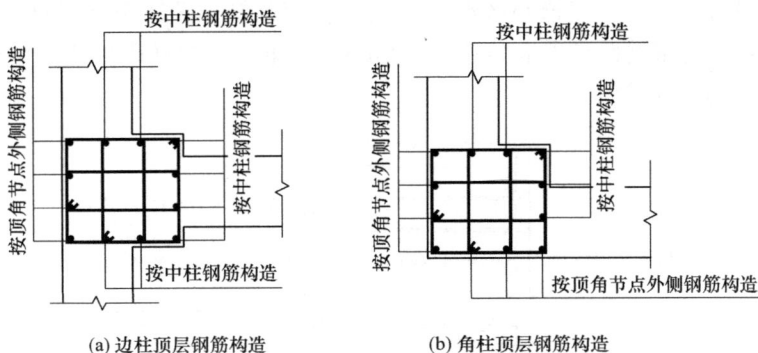

(a) 边柱顶层钢筋构造　　(b) 角柱顶层钢筋构造

图 2.8　顶层边柱外侧钢筋构造

在实际工程中，常出现框架边柱变截面的情况。当边柱上下层外侧不齐时，柱外侧纵筋应伸至柱顶并设置 90°弯钩，弯折后纵筋水平段长度从上柱外侧起不小于 l_{aE}；当边柱上下层外侧对齐时，柱内侧不对齐时，内侧纵筋构造同顶层中柱。施工时注意两者的区别，详见图 2.9。

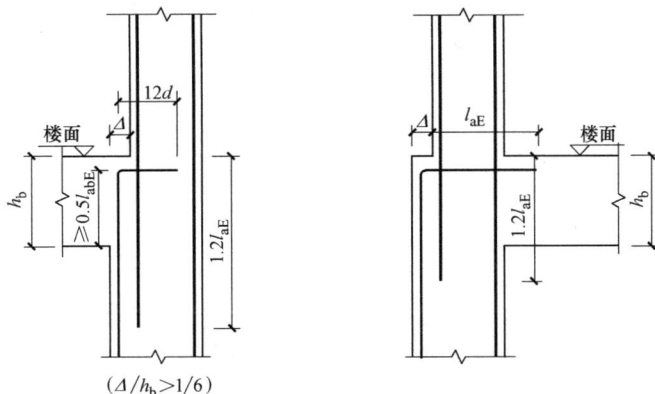

$(\Delta/h_b>1/6)$

图 2.9　边柱变截面时纵筋构造

（6）上下柱纵筋根数变化或纵筋位置错位的构造。

框架柱纵筋数量改变或上下层柱纵筋位置错位时，下柱多出的钢筋（指上柱相对应的平面位置无纵筋与之连接，与上、下柱纵筋数量无直接关系）应从梁底面起伸入上柱 $1.2l_{aE}$ 后切断。图 2.10（a）中 4Φ22 即为下柱多出的钢筋。

上柱多出的钢筋（指下柱相对应的平面位置无纵筋与之连接，与上、下柱纵筋数量无直接关系）应从梁顶面起插入下柱 $1.2l_{aE}$。图 2.10（b）中 2Φ20 即为下柱多出的钢筋。

（7）框架节点核心区箍筋的布置。

根据钢筋排布规则，框架节点核心区最上一组箍筋应紧贴框架梁上部

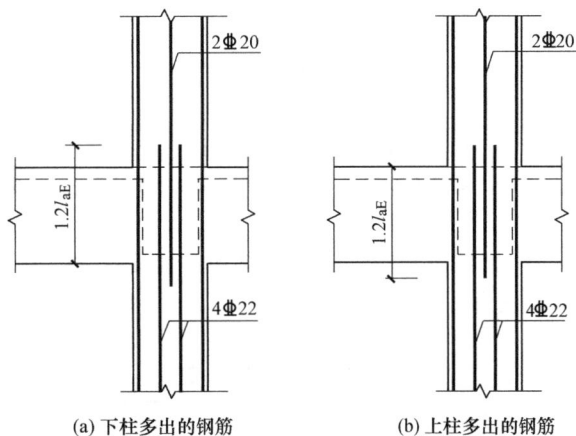

(a) 下柱多出的钢筋　　(b) 上柱多出的钢筋

图 2.10　上、下柱多出钢筋构造

纵筋的上表面设置，框架节点核心区最下一组箍筋应紧贴框架梁下部纵筋的下表面设置。柱端加密区的第一道箍筋距离梁底、梁面 50mm，梁第一道箍筋距柱边 50mm，框架节点核心区不设梁箍筋。详见图 2.11。

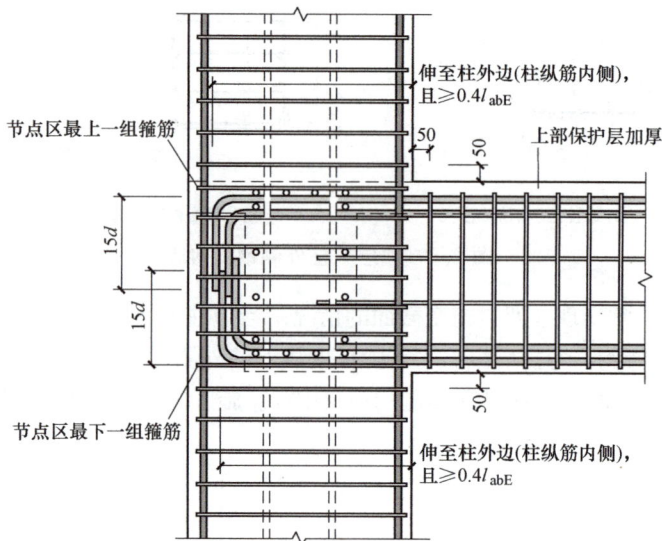

图 2.11　节点核心区箍筋的布置

★ 强制性条文

《混凝土结构设计规范》GB 50010—2010（2015 年版）

11.4.12　框架柱和框支柱的钢筋配置，应符合下列要求：

1　框架柱和框支柱中全部纵向受力钢筋的配筋百分率不应小于表 11.4.12-1 规定的数值，同时，每一侧的配筋百分率不应小于 0.2；对Ⅳ类场地上较高的高层建筑，最小配筋百分率应增加 0.1；

表 11.4.12-1　柱全部纵向受力钢筋最小配筋百分率（%）

柱类型	抗震等级			
	一级	二级	三级	四级
中柱、边柱	0.9(1.0)	0.7(0.8)	0.6(0.7)	0.5(0.6)
角柱、框支柱	1.1	0.9	0.8	0.7

注：1　表中括号内数值用于框架结构的柱；
　　2　采用 335MPa 级、400MPa 级纵向受力钢筋时，应分别按表中数值增加 0.1 和 0.05 采用；
　　3　混凝土强度等级为 C60 以上时，应按表中数值增加 0.1 采用。

2　框架柱和框支柱上、下两端箍筋应加密，加密区的箍筋最大间距和箍筋最小直径应符合表 11.4.12-2 的规定；

表 11.4.12-2　柱端箍筋加密区的构造要求

抗震等级	箍筋最大间距(mm)	箍筋最小直径(mm)
一	纵向钢筋直径的 6 倍和 100 中的较小值	10

抗震等级	箍筋最大间距(mm)	箍筋最小直径(mm)
二	纵向钢筋直径的8倍和100中的较小值	8
三	纵向钢筋直径的8倍和150(柱根100)中的较小值	8
四	纵向钢筋直径的8倍和150(柱根100)中的较小值	6(柱根8)

注：柱根系指底层柱下端的箍筋加密区范围。

3 框支柱和剪跨比不大于2的框架柱应在柱全高范围内加密箍筋，且箍筋间距应符合本条第2款一级抗震等级的要求；

4 一级抗震等级框架柱的箍筋直径大于12mm且箍筋肢距不大于150mm及二级抗震等级框架柱的直径不小于10mm且箍筋肢距不大于200mm时，除底层柱下端外，箍筋间距应允许采用150mm；四级抗震等级框架柱剪跨比不大于2时，箍筋直径不应小于8mm。

能力测试题

一、单选题

1. 按《混凝土结构施工图平面整体表示方法制图规则和构造详图》16G101-1，柱箍筋标注为Φ8@100/200（Φ10@100），下列表述错误的是（　　）。

    A. 柱端加密区箍筋为Φ8@100

    B. 柱非加密区箍筋为Φ8@200

    C. 柱纵筋采用绑扎搭接时，搭接范围内柱箍筋为Φ10@100

    D. 节点核芯区箍筋为Φ10@100

2. 按《混凝土结构施工图平面整体表示方法制图规则和构造详图》16G101-1，结施-18中$\textcircled{F}$/$\textcircled{7}$轴 KZ1，定位尺寸标注正确的是（　　）。

    A. $b_1=250$、$b_2=250$　$h_1=120$、$h_2=500$

    B. $b_1=250$、$b_2=250$　$h_1=-120$、$h_2=620$

    C. $b_1=250$、$b_2=250$　$h_1=-120$、$h_2=500$

    D. $b_1=250$、$b_2=250$　$h_1=120$、$h_2=620$

3. 按《混凝土结构施工图平面整体表示方法制图规则和构造详图》16G101-1，柱列表注写方式，图2.12中柱箍筋类型号标注错误的是（　　）。

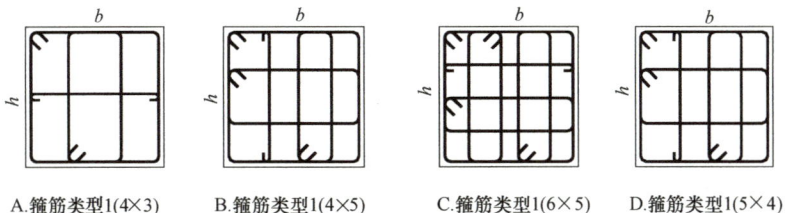

A.箍筋类型1(4×3)　　B.箍筋类型1(4×5)　　C.箍筋类型1(6×5)　　D.箍筋类型1(5×4)

图 2.12 箍筋类型

4. 结施-14中，$\textcircled{D-15}$/$\textcircled{D-B}$轴 DKZ1柱下端箍筋加密区范围范围为（　　）mm（按理论

计算，取 10mm 的倍数）。

    A. 970　　　　　　B. 940　　　　　　C. 500　　　　　　D. 600

5. 结施-14 中 DKZ1，框架柱纵筋采用焊接连接时，不符合规范要求的是（　　）。

    A. 纵向钢筋应分二批连接

    B. 相邻纵向钢筋应为不同批次

    C. 柱纵筋接头位置应避开柱端箍筋加密区

    D. 相邻纵筋接头之间的距离不应小于 630mm

6. 按《混凝土结构施工图平面整体表示方法制图规则和构造详图》16G101-1，图 2.13 钢筋混凝土框架柱，$l_{aE}=35d$，满足规范要求且经济的 a 值为（　　）mm。

    A. 700　　　　　　B. 840　　　　　　C. 924　　　　　　D. 980

7. 按《混凝土结构施工图平面整体表示方法制图规则和构造详图》16G101-1，图 2.14 钢筋混凝土框架柱，$l_{aE}=35d$，满足规范要求且经济的 b 值应为（　　）mm。

    A. 770　　　　　　B. 840　　　　　　C. 924　　　　　　D. 1080

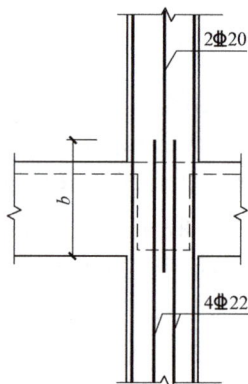

图 2.13　　　　　　　　　　　　　　　图 2.14

8. 按《混凝土结构施工图平面整体表示方法制图规则和构造详图》16G101-1，结施-20 中 LZ1（4 轴），梁上柱纵筋构造不符合要求的是（　　）。

    A. 柱纵筋应伸至结施-25 中梁 KZL2（1）下部纵筋的上方

    B. 纵筋端部设水平弯钩，弯钩水平投影长度应不小于 150mm

    C. 在梁内设两道箍筋

    D. KZL2（1）不需水平加腋

二、多选题

1. 钢筋混凝土框架结构的震害，下列说法正确的是（　　）。

    A. 梁比柱严重

    B. 柱顶比柱底严重

    C. 边柱比中柱严重

    D. 角柱比边柱严重

    E. 框架结构的破坏比框架-剪力墙结构严重

2. 结施-15 框架柱表，柱箍筋标注错误的有（　　）。

A. DKZ2   B. DKZ3

C. DKZ5   D. DKZ6

E. DKZ7

三、填空题

1. 本工程钢筋混凝土框架柱，纵筋受拉钢筋直径大于（　　）mm 时，不应采用绑扎搭接连接。

2. 本工程在梁柱节点区，当梁柱混凝土强度等级相差（　　）个等级时，可按低等级混凝土施工；当相差（　　）个等级（含）及以上时，应按高等级混凝土施工。

3. 本工程④/Ⓒ轴 KZ1、4.170～8.370 标高段，框架柱上、下端箍筋加密区范围（符合规范且经济合理）的 h_1=（　　）mm，h_2=（　　）mm。

4. 现浇框架节点核心区应（　　　　　　　　　）。

5. 结施-20 中 LZ1 的根部标高为（　　）。

2.4　墙施工图

◆ **概念导入**

剪力墙平法施工图，是在剪力墙平面布置图上采用截面注写方式或列表注写方式表达剪力墙构件的截面尺寸、定位及配筋。在实际工程中两种注写方式均有应用，截面注写方式更直观。

1. 剪力墙构件类型及编号

剪力墙由剪力墙身、剪力墙柱和剪力墙梁三类构件构成。

（1）剪力墙身编号：由墙身代号、序号及墙身所配置的水平与竖向分布钢筋的排数组成，其中，排数注写在括号内。表达形式为：Q××（×排）。

钢筋排数为 2 排时可省略不注。

（2）剪力墙柱编号：由剪力墙柱类型代号和序号组成，编号应符合表 2.22 的规定。

剪力墙柱类型及编号　　　　　　　　　　　　　　　　表 2.22

剪力墙柱类型	代号	序号
约束边缘构件	YBZ	××
构造边缘构件	GBZ	××
非边缘暗柱	AZ	××
扶壁柱	FBZ	××

如若干剪力墙身截面尺寸与配筋相同，仅截面与轴线的关系不同时，可将其编为同一墙身编号，在平面图中注明轴线的几何关系即可。对于剪力墙柱编号，也是同样操作。

（3）剪力墙梁编号：由剪力墙梁类型代号和序号组成，编号应符合表 2.23 的规定。

剪力墙梁类型及编号　　　　　　　　　　　　　　　　表 2.23

剪力墙梁类型	代号	序号
连梁	LL	××
连梁(对角暗撑配筋)	LL(JC)	××
连梁(交叉斜筋配筋)	LL(JX)	××
连梁(集中对角斜筋配筋)	LL(DX)	××
连梁(跨高比不小于5)	LLk	××
暗梁	AL	××
边框梁	BKL	××

2. 剪力墙平法制图规则-截面注写方式

截面注写方式，是在剪力墙平面布置图上，以直接在墙柱、墙身、墙梁上注写截面尺寸和配筋具体数值的方式来表达剪力墙平法施工图。

（1）墙身：从相同编号的墙身中选一道，按顺序引注墙身编号、墙身厚度、水平分布钢筋、竖向分布钢筋和拉筋的具体数值。

（2）墙柱：从相同编号的墙柱中选择一个截面绘制配筋图，标注几何尺寸、全部纵筋及箍筋的具体数值。

（3）墙梁：从相同编号的墙梁中选择一根墙梁，注写墙梁编号、截面尺寸 $b \times h$、箍筋、上部纵筋、下部纵筋的数值，以及墙梁顶面标高的高差值。

当墙身水平分布钢筋不满足墙梁侧面纵向钢筋的构造要求时，应补充标注墙梁侧面纵向钢筋的具体数值；注写时，以大写字母 N 打头，直接注写直径与间距。注意 N 打头的侧向筋在支座内的锚固要求同连梁中纵向受力钢筋。

3. 剪力墙平法制图规则-列表注写方式

列表注写方式，是分别在剪力墙的墙身表、墙柱表、墙梁表中，对应于剪力墙平面布置图上的编号，注写几何尺寸与配筋具体数值的方式，来表达剪力墙平法施工图。墙柱表中，墙柱应绘制截面配筋图。

（1）剪力墙身表中应表达的内容为：

1）注写剪力墙身编号。

2）注写各段墙身起止标高，自墙身根部往上以变截面位置或截面未变但配筋改变处为界分段注写。

根部标高一般指基础顶面标高，如为框支剪力墙结构则指框支梁顶面标高。

3）注写墙身厚度。

4）注写水平分布筋、竖向分布筋和拉筋的钢筋种类、直径与间距。所注写的数值系指一排水平、竖向分布钢筋的具体数值。拉筋应注明布置方式"矩形"或"梅花"。

（2）剪力墙柱表中应表达的内容为：

1）注写墙柱编号和绘制墙柱的截面配筋图，标注墙柱几何尺寸。

2）注写各段墙柱的起止标高。自墙柱根部往上以变截面位置或截面未变但配筋改变处为界分段注写。根部标高一般指基础顶面标高（如为框支剪力墙结构则指框支梁顶面标高）。

根部标高规定同墙身。

3）注写各段墙柱纵向钢筋和箍筋，注写值应与在表中绘制的截面配筋图对应一致。纵向钢筋注总配筋值，箍筋的注写方式同框架柱。对于约束边缘构件还应在平面布置图中注明沿墙肢长度 l_c 及非阴影区拉筋（或箍筋）直径。

（3）剪力墙梁表中应表达的内容为：

1）注写墙梁的编号。

2）注写墙梁所在的楼层号。

3）注写墙梁顶面标高的高差。墙梁顶面标高的高差，是指墙梁顶面标高与该结构层基准标高的高差，高于者为正，低于者为负，无高差时不注。

4）注写墙梁截面尺寸 $b \times h$，上部纵筋、下部纵筋、箍筋的具体数值。

5）当连梁设有对角暗撑时，注写暗撑截面尺寸（箍筋外皮尺寸），注写一根暗撑的全部纵筋，并标注 ×2 表明有两根暗撑相互交叉；注写暗撑箍筋的具体数值。

6）当连梁设有交叉斜筋时，注写连梁一侧对角斜筋的配筋值，并标注 ×2 表明对称设置；注写对角斜筋在连梁端部设置的拉筋根数、规格及直径，并标注×4表示四个角均设置；注写连梁一侧折线筋配筋值，并标注×2表明对称布置。

7）当连梁设有集中对角斜筋时，注写一条对角线上的对角斜筋，并标注×2表明对称布置。

8）墙梁侧面纵筋的配置，当墙身水平分布钢筋满足连梁、暗梁及边框梁的梁侧面纵向钢筋的构造要求时，该配筋值同墙身水平分布钢筋，表中不注，按标准构造详图施工。当不满足时，应在表中注明具体数值，单独设置的梁侧面纵向钢筋锚固长度同纵向受力钢筋。

9）跨高比不小于5的连梁，按框架梁设计时（代号为LLk××），采用平面注写方式，注写规则同框架梁，纵向受力锚固要求及锚固区箍筋设置要求同一般连梁。

4. 剪力墙洞口的表示方法

无论采用列表注写方式还是截面注写方式，剪力墙上洞口均可在剪力墙平面布置图上原位表达。

剪力墙洞口的表示方法为：

（1）在剪力墙平面布置图上绘制洞口示意，并标注洞口中心的平面定位尺寸。

（2）在洞口中心位置引注：

1）洞口编号（矩形洞口为JD××，圆形洞口为YD××，××表示序号）；

2）洞口几何尺寸（矩形洞口为洞宽 b×洞高 h，圆形洞口为洞口直径 D）；

3）洞口中心相对标高（洞口中心高于楼（地）面结构标高时为正值，反之为负值）；

4）洞口边的补强钢筋。

（3）洞口补强钢筋标注规定：

1）当矩形洞口的洞宽、洞高均不大于800mm时，此项注写为洞口每边补强钢筋的具体数值。当洞宽、洞高方向补强钢筋不一致时，分别注写洞宽方向、洞高方向补强钢筋，以"/"分隔。

2）当矩形洞口的洞宽或圆形洞口的直径大于800mm时，在洞口的上、下需设置补强暗梁，此项注写为洞口上、下每边暗梁的纵筋与箍筋的具体数值（当设计未标注暗梁的高度时，一律取400mm），圆形洞口时尚需注明环向加强钢筋的数值；当洞口上、下设有连梁时，此项可不标注。此时，洞口竖向两侧一般设置边缘构件，其截面与配筋详见边缘构件详图。

3）当圆形洞口直径不大于300mm时，注写洞口上下、左右每边布置的补强纵筋的具体数值。

4）当圆形洞口直径大于300mm、但不大于800mm时，注写洞口上下、左右每边布置的补强纵筋的具体数值，以及环向加强钢筋的数值。

5）当圆形洞口设置在连梁中部1/3范围、洞边距梁面（梁底）不小于200mm，圆洞直径不应大于300mm和梁高的1/3，此时需注写在圆洞上下水平设置的每边补强纵筋与箍筋。

2.4.1 形成与作用

1. 剪力墙施工图的形成

按照平法制图规则绘制的剪力墙施工图包括剪力墙平法施工图和剪力墙标准构造

详图。

(1) 剪力墙平法施工图

剪力墙平法施工图，是在剪力墙平面布置图上采用截面注写方式或列表注写方式表达剪力墙各构件的截面尺寸、定位及配筋等信息。剪力墙各构件包括剪力墙身、剪力墙柱、剪力墙梁。剪力墙平法施工图中，应按规定加注层高表，标注嵌固部位和底部加强部位，并用粗实线表示剪力墙身和墙柱的竖向标高范围、剪力墙梁的结构层楼面标高。

剪力墙平面布置图，应分别按剪力墙的不同标准层，将全部墙一起绘制。绘图时剪力墙身、剪力墙墙柱的轮廓线采用粗实线，剪力墙梁可见边线用细实线表示，不可见边线用细虚线表示。当采用截面注写方式绘制墙柱配筋时，墙柱轮廓线采用细线，柱箍筋采用粗实线。

剪力墙平法施工图，可采用适当比例单独绘制，也可与柱合并绘制。

(2) 剪力墙标准构造详图

剪力墙标准构造详图包括剪力墙身、剪力墙柱、剪力墙梁的纵筋、箍筋等构造，可直接选用平法图集，也可单独绘制。

2. 剪力墙施工图的作用

剪力墙施工图是剪力墙构件定位放线、施工的依据。

2.4.2 图示内容

剪力墙施工图应按现行国家标准《房屋建筑制图统一标准》GB/T 50001—2017、《建筑制图标准》GB/T 50104—2010、《建筑结构制图标准》GB/T 50105—2010 的要求绘制。

剪力墙平法施工图还应按照现行平法图集的制图规则绘制。

剪力墙平面布置图绘制比例最常用的是 1∶50，也可采用 1∶100 等。剪力墙柱截面详图的绘制比例常采用 1∶20、1∶25 或 1∶50。

剪力墙平法施工图中表达内容，分为截面注写和列表注写两种方式，按照内容主次关系、识读顺序详见表 2.24 和表 2.25。

剪力墙平法施工图的图示内容（截面注写）　　　　　表 2.24

序号	类别	主要内容
1	轴网	(1) 定位轴线、轴线编号 (2) 轴线总尺寸、轴线间尺寸
2	剪力墙构件——墙身	(1) 墙身轮廓 (2) 墙身定位尺寸 (3) 墙身编号
	剪力墙构件——墙身详注（相同编号选一道）	(1) 墙身轮廓 (2) 墙身定位尺寸 (3) 墙身编号（包含钢筋排数） (4) 墙身厚度 (5) 水平分布钢筋 (6) 竖向分布钢筋 (7) 拉筋

续表

序号	类别	主要内容
3	剪力墙构件——墙柱	(1)墙柱轮廓 (2)墙柱定位尺寸 (3)墙柱编号
	剪力墙构件——墙柱截面详图（相同编号选一根）	(1)墙柱轮廓 (2)墙柱定位尺寸 (3)墙柱截面配筋示意图 (4)墙柱编号 (5)墙柱纵筋 (6)墙柱箍筋
4	剪力墙构件——墙梁	(1)墙梁轮廓 (2)墙梁定位尺寸 (3)墙梁编号
	剪力墙构件——墙梁详注（相同编号选一根）	(1)墙梁轮廓 (2)墙梁定位尺寸 (3)墙梁编号 (4)墙梁截面尺寸：$b \times h$ (5)墙梁箍筋 (6)墙梁上部纵筋、下部纵筋 (7)墙梁侧面纵筋 (8)墙梁顶面标高的高差
5	剪力墙洞口	(1)洞口轮廓 (2)洞口中心的平面定位尺寸 (3)洞口编号 (4)洞口几何尺寸 (5)洞口中心相对标高 (6)洞口边的补强钢筋
6	层高表	(1)结构层号、结构层楼面标高、结构层高 (2)上部结构嵌固部位 (3)底部加强部位 (4)墙身和墙柱的竖向标高段范围 (5)墙梁的结构层楼面标高 (6)混凝土强度等级：可在层高表中加注
7	其他标注	(1)图名：明确本图对应的竖向标高段范围 (2)比例 (3)混凝土强度等级：可文字说明 (4)其他要求

剪力墙平法施工图的图示内容（列表注写）　　　　　　　　　表 2.25

序号	类别	主要内容
1	轴网	(1)定位轴线、轴线编号 (2)轴线总尺寸、轴线间尺寸

序号	类别	主要内容
2	剪力墙构件	墙身、墙柱、墙梁轮廓
	剪力墙构件标注	(1)墙身、墙柱、墙梁定位尺寸 (2)墙身、墙柱、墙梁编号
3	剪力墙洞口	(1)洞口轮廓 (2)洞口中心的平面定位尺寸 (3)洞口编号 (4)洞口几何尺寸 (5)洞口中心相对标高 (6)洞口边的补强钢筋
4	墙身表	(1)墙身编号(包含钢筋排数) (2)各段墙身的起止标高 (3)墙身厚度 (4)水平分布筋 (5)竖向分布筋 (6)拉筋
5	墙柱表	(1)墙柱编号 (2)各段墙柱的起止标高 (3)墙柱截面配筋示意图 (4)墙柱纵筋 (5)墙柱箍筋
6	墙梁表	(1)墙梁编号 (2)墙梁所在的楼层号 (3)墙梁截面尺寸:$b \times h$ (4)墙梁上部纵筋、下部纵筋 (5)墙梁箍筋 (6)墙梁顶面标高的高差
7	层高表	(1)结构层号、结构层楼面标高、结构层高 (2)上部结构嵌固部位 (3)底部加强部位 (4)墙身和墙柱的竖向标高段范围 (5)墙梁的结构层楼面标高 (6)混凝土强度等级:可在层高表中加注
8	其他标注	(1)图名:明确本图对应的竖向标高段范围 (2)比例:通常采用双比例绘制,因此可不注写 (3)混凝土强度等级:可文字说明 (4)其他要求

　　剪力墙标准构造详图的内容,包括剪力墙水平筋构造、剪力墙竖向平筋构造、剪力墙拉筋构造、剪力墙边缘构件构造、剪力墙连梁构造、剪力墙洞口加筋构造等,详见平法图集,此处不再赘述。

2.4.3　案例导入

BIM-商务办公楼剪力墙

商务办公楼剪力墙施工图有："结施-14 地下室基础～顶板墙、柱平面图""结施-15 地下室墙柱构件表""结施-18 −0.050～4.170 墙、柱平面图""结施-19 4.170～8.370 墙、柱平面图""结施-20 8.370～屋面墙、柱平面图""结施-21 竖向构件详图"。

与柱施工图识读方法相同，一般先校对剪力墙结构平面布置，后校对剪力墙柱、剪力墙梁、剪力墙身等构件的截面与配筋（根据构件类型，分类逐一阅读），最后结合设备预留孔要求校对预留洞口标注信息。

（1）下面以商务办公楼"结施-18 −0.050～4.170 墙、柱平面图"为例，进行剪力墙施工图的识读。

具体识读步骤如下：

1）根据相应的建筑平面图，查看轴线网、轴线编号、轴线尺寸是否正确。

对照"建施-05 一层平面图"，可以发现结施-18 中轴线网、轴线编号、轴线尺寸与建筑图一致。编号及尺寸标注齐全，分尺寸与总尺寸无矛盾。

2）根据建筑平面图，逐一检查剪力墙各构件的平面布置与建筑平面图是否一致，构件编号与定位尺寸标注是否齐全、正确。

本工程在③/Ⓔ～Ⓕ、⑧/Ⓔ～Ⓕ及Ⓓ/③～④范围设置了剪力墙，轴线居墙中。并标注了边缘构件的编号与定位尺寸，标注齐全、正确；剪力墙位置与建筑施工图一致。

3）阅读结构设计说明中的有关内容，明确剪力墙底部加强区的范围。

本工程采用框架-剪力墙结构体系，剪力墙抗震等级三级。

结构总说明中要求：除注明外，墙体水平钢筋放置在外侧，竖向钢筋放置在内侧；剪力墙在屋面标高位置若无边框梁，设 2Φ20 通长钢筋；剪力墙边缘构件和截面高度与截面厚度之比小于 5 的矩形截面独立墙肢的纵向钢筋的连接同框架柱；剪力墙洞口尺寸小于 200 时钢筋绕过洞口不截断，大于 200 小于等于 800 时按详图进行钢筋补强等。

本工程为多层建筑，底部一层为剪力墙底部加强区。由于基础为房屋的嵌固端，剪力墙底部加强区宜延伸至基础顶面（−5.500～4.170）。

4）从图中（截面注写方式）或表中（列表注写方式）检查剪力墙身的编号、起止标高、截面尺寸、配筋。

本工程剪力墙数量较少直接在平面图中注写，墙身规格仅一种（Q1），墙厚 $h=240\text{mm}$，分布筋为 2 排，墙身水平分布钢筋为Φ10@200，竖向分布钢筋为Φ10@200，拉筋为Φ6@600（矩形）。

5）从图中（截面注写方式）或表中（列表注写方式）检查剪力墙柱的编号、起止标高、截面尺寸、配筋。

本工程剪力墙柱种类较少，将其与框架柱一起列表表达。本图剪力墙柱共三种（GBZ1～GBZ3），均为构造边缘构件，截面尺寸及配筋详见结施-21。

6）从图中（截面注写方式）或表中（列表注写方式）检查剪力墙梁的编号、梁面标高、截面尺寸、配筋。

结施-18 中，剪力墙连梁 LL1，截面尺寸为 240mm×570mm，箍筋为Φ8@100 双肢箍，梁上、下部纵筋均为3Φ20，剪力墙墙身水平钢筋贯穿连梁，梁顶面标高为4.170。

7）从图中检查剪力墙预留洞口的编号、洞口标高、洞口尺寸、洞口配筋。

本工程没有设置剪力墙洞口。

8）将剪力墙施工图识读过程中发现的错误、施工图中不明确的、设计遗漏内容，按照结构图纸编号的先后顺序进行整理归纳，在图纸会审时一并提出，便于设计单位对施工图作进一步的完善，便于工程的顺利实施。

（2）其他各层剪力墙平法施工图的识读。

除每层剪力墙构件按以上步骤进行识读外，还应注意不同楼层之间剪力墙构件的截面尺寸与定位。当剪力墙柱、剪力墙身有变截面的情况时，要求上层剪力墙柱、剪力墙身在下层剪力墙柱、剪力墙身范围内。

识读结施-14（地下室基础～顶板墙、柱平面图）时需注意：⑧轴剪力墙同上部；①轴剪力墙变为外墙CQ2截面尺寸为350mm，顶部标高为－0.050，墙一侧上下对齐；Ⓛ轴剪力墙变为水池外墙SQ2截面尺寸为250mm，顶部标高为－0.050，墙一侧上下对齐。其余构件截面尺寸没有变化，配筋见详图。

结施-19（4.170～8.370墙、柱平面图），剪力墙连梁LL1，截面尺寸、配筋同二层，梁顶面标高为8.370。结施-18中GBZ2变为本层的GBZ4。

结施-20（8.370～屋面墙、柱平面图），本工程采用坡屋面，剪力墙连梁LL1截面尺寸240mm×600mm为折梁，配筋同二层，梁顶面标高同屋面板板面，最高处标高为13.845。剪力墙的墙顶标高即屋面板板面标高。

2.4.4 识读技巧

掌握剪力墙平法施工图的基本识读方法以后，还需要反复练习，结合实际灵活应用，才能融会贯通，提升剪力墙平法施工图的识读能力与技巧。

识读剪力墙平法施工图时，需要特别关注以下要点：

（1）剪力墙柱、剪力墙梁的抗震等级。

剪力墙由剪力墙身、剪力墙柱、剪力墙梁三类构件构成。在框架剪力墙结构中，当框架和剪力墙抗震等级不同时，注意剪力墙柱、剪力墙梁（含LLk）抗震等级应按剪力墙的抗震等级确定。

（2）剪力墙底部加强部位。

剪力墙底部加强部位的高度从地下室顶板算起，并应符合表2.26规定。

剪力墙底部加强部位高度 　　　　　　　　　　　　　表2.26

剪力墙类别		底部加强部位
一般剪力墙	房屋高度≤24m	底部一层
	房屋高度>24m	底部两层和墙肢总高度的1/10二者的较大值
部分框支剪力墙结构		框支层加框支层以上两层的高度和落地剪力墙总高度的1/10二者的较大值

当结构计算嵌固端位于地下一层底板或以下时，底部加强部位宜延伸到计算嵌固端。剪力墙底部加强部位的范围由设计人员确定，并在层高表标注。

由于一、二级抗震等级的剪力墙竖向筋采用绑扎搭接时，底部加强部位必须分批搭接，非底部加强部位可在同一部位搭接，因此施工人员识读层高表时，必须关注剪力墙底部加强部位的范围，才能确定剪力墙墙身竖向筋的连接构造标准。

（3）剪力墙身竖向筋构造。

当设计在图中明确剪力墙中有偏心受拉墙肢时，竖向钢筋均应采用机械连接或焊接连接。

抗震等级为一级的剪力墙，水平施工缝处需设置附加竖向插筋时，设计应注明构件位置，并注写附加竖向插筋的规格、数量及钢筋间距。

（4）剪力墙身水平筋构造。

墙身水平筋应贯穿连梁（含 LLk），连梁的箍筋应在水平筋的内侧，连梁纵筋布置在箍筋内侧，应注意连梁纵筋的净距。墙身水平筋也应贯穿暗梁，暗梁中钢筋的布置与连梁相同。

（5）剪力墙身拉筋构造。

墙身拉筋应在水平、竖向筋的交点处设置，同时钩住水平、竖向筋。拉筋间距不应大于 600mm，拉筋直径不应小于 6mm。当钢筋间距不大于 150mm 时，宜设置梅花拉筋，当钢筋间距 150mm<s≤200mm 时，宜设置矩形拉筋，见图 2.15。

关于拉筋间距强调两点：

1）如Φ6@450×600"矩形"拉筋，表示拉筋水平方向间距为 450mm、竖向间距为 600mm。

2）如Φ6@600"梅花"拉筋，600 是指同一根水平分布钢筋（竖向分布钢筋）上相邻拉筋的间距，详见图 2.15（b）。"梅花"拉筋的钢筋用量比"矩形"多。

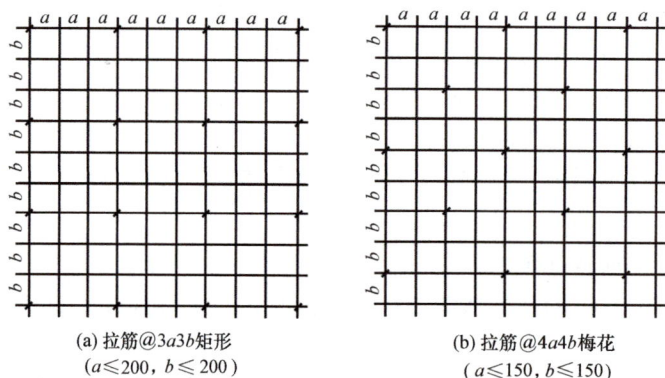

(a) 拉筋@3a3b矩形
（a≤200，b≤200）

(b) 拉筋@4a4b梅花
（a≤150，b≤150）

图 2.15 剪力墙拉筋示意

（6）约束边缘构件和构造边缘构件。

规范规定，底层墙肢底截面的轴压比大于表 2.27 规定的一、二、三级抗震等级的剪力墙，以及部分框支剪力墙结构的剪力墙，应在底部加强部位及相邻的上一层的墙肢端部设置约束边缘构件。除上述部位以外的其他部位可设置构造边缘构件。

底层墙肢底截面的轴压比不大于表 2.27 规定的一、二、三级抗震剪力墙，以及四级抗震剪力墙，墙肢端部可设置构造边缘构件。

剪力墙设置构造边缘构件的最大轴压比   表 2.27

抗震等级或烈度	一级(9度)	一级(6、7、8度)	二、三级
轴压比	0.1	0.2	0.3

国内外研究试验表明，相同条件的剪力墙，轴压比低的延性大，轴压比高的延性小。轴压比高的剪力墙，通过设置约束边缘构件，使墙肢端部成为箍筋约束混凝土，可以提高剪力墙的塑性变形能力。轴压比低的剪力墙，即使不设约束边缘构件，也有较大的塑性变形能力。

对于约束边缘构件，我们要注意两类构造要求：

1) 当约束边缘构件沿墙肢长度 l_c 大于约束边缘构件尺寸（阴影区尺寸）时，设计人员会在该区域（非阴影区）设置拉筋或封闭箍筋，拉筋或箍筋由设计标注明确，竖向间距同阴影区，非阴影区纵筋连接要求与墙身竖向筋同。

2) 当设计明确墙身水平筋计入体积配箍率时，墙身水平筋应伸入约束边缘构件，在墙端 90°弯折后钩住对边竖向筋，内、外排水平筋之间设置足够的拉筋，从而形成复合箍，起到有效约束混凝土的作用。

本工程剪力墙抗震等级为三级，底层墙肢底截面的轴压比小于 0.3，因此本工程墙肢端部均设置构造边缘构件。

(7) 剪力墙端柱构造。

剪力墙墙柱的截面尺寸应不小于墙厚的 2 倍，且应满足框架柱相关要求。

(8) 连梁的箍筋构造。

连梁箍筋应满足相同抗震等级框架梁加密区箍筋的要求。一般连梁内的箍筋间距不变，只有 LLk 设有箍筋加密区与非加密区，箍筋加密区长度应满足框架梁要求。LLk 的纵筋锚固长度及在墙内的箍筋设置均同连梁 LL。

(9) 剪力墙洞口。

剪力墙上开洞的位置应避开剪力墙边缘构件的范围，否则边缘构件的纵筋无法施工。

★ 强制性条文

《混凝土结构设计规范》GB 50010—2010（2015 年版）

11.7.14 剪力墙的水平和竖向分布钢筋的配筋应符合下列规定：

1 一、二、三级抗震等级的剪力墙的水平和水平竖向分布钢筋配筋率均不应小于0.25%；四级抗震等级的剪力墙不应小于0.2%。

2 部分框支剪力墙结构的剪力墙底部加强部位，水平和竖向分布钢筋配筋率不应小于0.3%。

注：对高度小于 24m 且剪压比很小的四级抗震等级剪力墙，其竖向分布筋的最小配筋率应允许按 0.15% 采用。

能力测试题 🔍

一、单选题

1. 结施-18 中剪力墙 Q1，水平分布钢筋和竖向分布钢筋的布置，下列叙述中正确的（　　）。

　A. 竖向钢筋在内侧，水平钢筋在外侧

　B. 竖向钢筋在外侧，水平钢筋在内侧

　C. 竖向钢筋布置在外侧、内侧均可

　D. 长边方向的分布筋放在内侧，短边方向的分布筋放在外侧

2. 结施-13 中外墙 CQ-1，下列叙述中正确的（　　）。

　A. 底部外侧竖向钢筋为Φ18@75

　B. 底部外侧竖向钢筋为Φ18@150

　C. 底部外侧竖向钢筋为Φ16@150

　D. 竖向钢筋布置在外侧

3. 结施-13 中外墙 CQ-2，下列叙述中正确的（　　）。

　A. 底部非通长竖向钢筋为Φ25@75

　B. 底部非通长竖向钢筋为Φ25@150

　C. 底部外侧竖向钢筋为Φ16@150

　D. 竖向钢筋布置在外侧

4. 结施-18 中剪力墙 Q1，剪力墙水平分布钢筋的搭接长度不应小于（　　）mm。

　A. 370　　　　B. 444　　　　C. 518　　　　D. 592

5. 结施-18 中剪力墙 Q1，不同排水平分布钢筋及同排相邻水平分布钢筋沿水平方向搭接接头的净距不宜小于（　　）mm。

　A. 120　　　　B. 350　　　　C. 500　　　　D. 600

6. 按《混凝土结构施工图平面整体表示方法制图规则和构造详图》16G101-1，图 2.16 所示"梅花"拉筋的间距为（　　）。

　A. @4a @4b　　　B. @2a @2b

　C. @4b @4a　　　D. @2b @2a

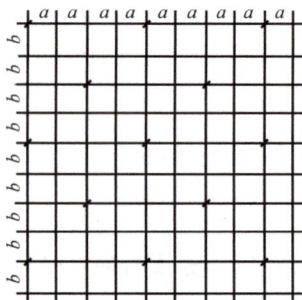

图 2.16　拉筋构造

二、多选题

1. 结施-18 中连梁 LL1，构造正确的是（　　）。

　A. 墙身水平分布钢筋应贯穿连梁

　B. 墙身水平钢筋在连梁箍筋的外侧

　C. 连梁上、下各3Φ20纵筋布置在箍筋的内侧

　D. 连梁纵筋在支座范围内不需设置箍筋

　E. 连梁上、下各3Φ20纵向受力钢筋伸入墙内的锚固长度应不小于740mm

2. 剪力墙底部加强部位的高度，满足规范规定的是（　　）。

A. 房屋高度大于 24m 时，可取底部两层和墙肢总高度的 1/10 二者的较大值

B. 房屋高度不大于 24m 时，可取底部一层

C. 底部加强部位的高度应从嵌固端算起

D. 当嵌固端在基础以上时，底部加强部位应延伸到基础

E. 在底部加强部位及相邻的上一层的墙肢端部均应设置约束边缘构件

3. 结施-18 中剪力墙柱 GZB1，纵向受力钢筋焊接连接符合《混凝土结构施工图平面整体表示方法制图规则和构造详图》16G101-1 要求的是（　　）。

A. 相邻钢筋接头位置应错开

B. 相邻接头之间的净距不宜小于 630mm

C. 第一批接头位置距楼板面不宜小于 500mm

D. 各抗震等级边缘构件连接要求相同

E. 抗震等级为四级时，纵筋可在同一部位连接

4. 本工程钢筋混凝土剪力墙 Q1，竖向分布钢筋绑扎搭接连接构造符合规定的是（　　）。

A. 相邻钢筋接头位置应错开，相邻接头之间的净距不宜小于 500mm

B. 竖向分布钢筋可在同一部位搭接

C. 竖向分布钢筋搭接长度不应小于 444mm

D. 接头位置一般从基础顶面或楼板面开始

E. 底部加强区，不能采用绑扎搭接连接

三、填空题

1. 本工程剪力墙墙身 Q1 钢筋排数为（　　）排。

2. 本工程剪力墙拉筋为（　　），布置方式为（　　）。

2.5　梁施工图

◆ **概念导入**

梁平法施工图，是指在梁平面布置图上采用平面注写方式或截面注写方式表达梁的尺寸和配筋。

1. 梁类型及编号

平法制图规则中规定梁编号由梁类型代号、序号、跨数及有无悬挑代号四项组成，应符合表 2.28 的规定。类型代号的主要作用是指明所选用的标准构造详图。

梁类型及编号　　　　　　　　　　　　　　　　　　　　　　　表 2.28

梁类型	代号	序号	跨数及是否带有悬挑
楼层框架梁	KL	××	(××)、(××A)或(××B)
楼层框架扁梁	KBL	××	(××)、(××A)或(××B)
屋面框架梁	WKL	××	(××)、(××A)或(××B)
框支梁	KZL	××	(××)、(××A)或(××B)
托柱转换梁	TZL	××	(××)、(××A)或(××B)
非框架梁	L	××	(××)、(××A)或(××B)
悬挑梁	XL	××	
井字梁	JZL	××	(××)、(××A)或(××B)

注：1. (××A) 为一端有悬挑，(××B) 为两端有悬挑，悬挑不计入跨数。

2. 非框架梁 L、井字梁 JZL 表示端支座为铰接；当非框架梁 L、井字梁 JZL 端支座上部纵筋为充分利用钢筋抗拉强度时，在梁代号后加"g"。

3. 楼层框架扁梁节点核心区代号为 KBH。

2. 梁平法制图规则——平面注写方式

平面注写方式，是在梁的平面布置图上，分别在不同编号的梁中各选出一根梁，在其上注写截面尺寸和配筋具体数值的方式。

平面注写包括集中标注与原位标注，集中标注表达梁的通用数值，原位标注表达梁的特殊数值，原位标注优先。

（1）集中标注

梁的集中标注，按梁编号、截面尺寸、箍筋、梁上部通长筋或架立筋、梁侧向构造钢筋或受扭钢筋、梁顶面标高高差等六项内容依次标注。前五项为必注值，最后一项选注。

1）梁编号按表 2.28 规定标注。

2）截面尺寸。

当为等截面梁时，用 $b×h$ 表示；当悬臂梁采用变截面时，用斜线分隔根部与端部的高度值，即为 $b×h_1/h_2$，h_1 为根部高度，h_2 为端部较小的高度，b 为梁的宽度。

当为水平加腋梁时，用 $b×h$ PY$c_1×c_2$ 表示，其中 c_1 为腋长，c_2 为腋宽，加腋部位应在平面图中表示；当为竖向加腋梁时，用 $b \times h Y c_1 \times c_2$ 表示，其中 c_1 为腋长，c_2 为腋高。

3）梁的箍筋。

梁的箍筋包括箍筋的钢筋级别、直径、加密区与非加密区间距及肢数。箍筋加密区与非加密区的不同间距及肢数需用"/"分隔，当梁箍筋为同一间距和肢数时不需用斜线；当加密区与非加密区箍筋肢数相同时，肢数只需注写一次；箍筋肢数写在括号内。

非框架梁、悬挑梁、井字梁采用不同箍筋间距及肢数时，也用"/"将其分隔，先注写梁支座端部箍筋（包括箍筋的道数、钢筋级别、直径、间距与肢数），在斜线后注写跨中部分的箍筋间距及肢数。

4）梁上部通长筋或架立筋。

当同排纵筋中既有通长筋又有架立筋时，应采用"＋"将两者相联，注写时须将梁角部纵筋写在"＋"的前面，架立筋写在"＋"后面的括号内。当全部采用架立筋时，则将其全部写入括号内。当梁下部纵筋各跨相同或多数跨相同时，可同时加注梁下部纵筋的配筋值，用"；"将上部与下部纵筋配筋值隔开，少数跨不同者，加注原位标注。

5）梁侧向构造钢筋或受扭钢筋。

当梁腹板高度 $h_w \geqslant 450$mm 时，须配置侧向构造钢筋。此项注写以大写字母 G 打头、注写设置在梁两个侧面的总配筋值，且对称配置。梁侧向构造钢筋的锚固长度与搭接长度可取 $15d$。

当梁侧面需配置受扭纵向钢筋时，此项注写值以大写字母 N 打头、注写配置在梁两个侧面的总配筋值，且对称配置；受扭纵向钢筋应满足梁侧向构造钢筋的要求，并不再重复配置侧向构造钢筋。受扭纵筋的锚固长度与连接长度应按受拉钢筋取值。

6）梁顶面标高高差。

梁顶面标高相对于该结构楼面基准标高的高差值，有高差时将其写入括号内，低于楼面为负值。梁面标高与楼层基准标高相同时该项不注，单位为米。

（2）原位标注

对于多跨梁，由于梁跨度、荷载、截面的不同，各截面的配筋也不一样，当集中标注中某项数值不适用于梁的某部位时，则应将该项数值原位标注，施工时，原位标注优先。梁原位标注内容有梁支座上部纵筋、下部纵筋、附加箍筋或吊筋及对集中标注的原位修正信息等。

1）梁支座上部纵筋。

指该部位含通长筋在内的所有纵筋的规格与数量。对于图中水平方向（X 方向）的梁标注在梁的上方、该支座的左侧或右侧；对于图中垂直方向（Y 方向）的梁标注在梁的左侧、该支座的下方或上方。当梁中间支座两边的纵筋相同时，可仅在支座的任一边标注配筋值；当梁中间支座两边的上部纵筋不同时，须在支座两边分别标注。

当上部纵筋多于一排时，用"/"将各排纵筋自上而下分开。当同排纵筋有两种直径时，用"＋"将两种直径的纵筋相联，角部纵筋写在前面。

2）梁的下部纵筋。

图中水平方向（X 方向）的梁标注在梁下部、跨中位置，图中垂直方向（Y 方向）的梁标注在梁右侧、跨中位置。

当下部纵筋多于一排时，用"/"将各排纵筋自上而下分开，当同排纵筋有两种直径时，用"＋"将两种直径的纵筋相联，角部纵筋写在前面。

当梁下部纵筋配置与集中标注相同时，则不需在梁下部重复做原位标注。

当梁下部纵筋不全部伸入支座时，将梁支座下部纵筋减少的数量写在括号内。

当梁设置竖向加腋时，加腋部位斜纵筋应在支座下部以 Y 打头注写在括号内。

当梁设置水平加腋时，水平加腋内上、下部斜纵筋应在加腋支座上部以 Y 打头注写在括号内，上、下部斜纵筋之间用"/"分隔。

3）附加箍筋或吊筋。

应直接画在平面图中的主梁上，在引出线上注明其总配筋值，箍筋肢数注在括号内。当多数附加横向钢筋或吊筋相同时，可在图纸上统一说明，仅对少数不同值在原位引注。

4）集中标注不适用的内容。

当集中标注的一项或几项（如梁的截面尺寸、梁面标高、箍筋、加腋等）不适用于某跨或某悬挑部分时，则将其不同数值原位标注在该跨或该悬挑部位，根据原位标注优先原则，施工时应按原位标注数值取用。

（3）井字梁一般由非框架梁组成，并以框架梁为支座。井字梁可用单粗虚线表示（实际施工图中常用双细虚线表示），当井字梁高出板面时可用单粗实线表示（实际施工图中常用双细实线表示）。

井字梁的端部支座和中间支座上部纵筋的伸出长度值，应加注在原位标注支座上部纵筋后面的括号内。

（4）在梁平法施工图中，当局部梁布置过密无法注写时，可将过密区域用虚线框出，放大后再用平面注写方式表示。

（5）当两楼层之间设有层间梁时（如结构夹层位置处的梁），应将设置该部分梁的区域划出另行绘制结构平面布置图，然后在其上表达梁的集中标注与原位标注。

3. 梁平法制图规则——截面注写方式

截面注写方式，就是在分标准层绘制的梁平面布置图上，分别在不同编号的梁中各选择一根梁用剖面号引出配筋图，并在其上注写截面尺寸和配筋具体数值的方式来表达梁平面整体配筋。

对所有梁按表 2.28 规定编号，从相同编号的梁中选一根梁，先将单边截面号画在该梁上，再将截面配筋详图画在本图或其他图上。当某梁的顶面标高与结构层标高不同时，尚应在梁的编号后注写梁顶面标高的高差（注写规定同前）。

在梁截面配筋详图上注写截面尺寸 $b \times h$、上部筋、下部筋、侧面构造筋或受扭筋和箍筋的具体数值时，表达方式同前。

截面注写方式既可单独使用，也可与平面注写方式结合使用。实际工程设计中，常采用平面注写方式，仅对其中梁布置过密的局部或为表达异形截面梁的截面尺寸及配筋时采用截面注写方式表达。

4. 梁上部纵筋的长度规定

（1）为施工方便，凡框架梁的所有支座和非框架梁（不含井字梁）的中间支座上部纵筋的伸出长度 a_0 统一取为：第一排非贯通筋及与跨中直径不同的通长筋从柱（梁）边起伸出长度为 $l_n/3$；第二排非贯通筋的伸出长度为 $l_n/4$。l_n 对于端支座为本跨净跨，对于中间支座为相邻两跨较大的净跨值；有特殊要求时应予以注明。

（2）对于井字梁，其端部支座钢筋和中间支座上部纵筋的伸出长度 a_0 值，应由设计者在原位加注具体数值予以注明，采用平面注写方式时，则在原位标注支座上部纵筋后面括号内加注具体延伸长度值；当采用断面注写方式时，则在梁端截面配筋图上注写的上部纵筋后面括号内加注具体伸出长度值。

（3）悬挑梁（包括其他类型梁的悬挑部分）上部第一排纵筋伸出至梁端头并下弯，第二排伸出至 $0.75l$ 后下弯；l 为自柱（梁）边算起的悬挑净长，有特殊要求时，设计应注明。

5. 其他规定

（1）井字梁纵横两个方向相交处同一层面钢筋上下的交错关系、相交处两个方向梁箍筋的布置要求，均由设计者注明。设计没有具体注明时：井字梁上、下部纵筋均按短跨方向纵筋在下、长跨方向纵筋在上；短跨方向梁箍筋在相交处连续布置，相交处两侧各附加3道箍筋，间距50mm，直径与肢数同梁内箍筋。

（2）不伸入支座的梁下部纵筋长度：取本跨梁净跨值的0.8倍，并居中布置。

（3）非框架梁下部纵筋在支座的锚固长度：带肋钢筋为 $12d$，光圆钢筋为 $15d$；端支座直锚长度不足时，可采取弯钩锚固形式。

（4）非框架梁配有受扭纵筋时，纵筋锚入支座的长度为 l_a。在端支座直锚长度不足时，可伸至端支座对边后弯折，且平直段长度应 $\geqslant 0.6l_{ab}$，弯折段投影长度为 $15d$。

2.5.1　形成与作用

1. 梁施工图的形成

按照平法制图规则绘制的梁施工图包括梁平法施工图和梁标准构造详图。

（1）梁平法施工图

梁平法施工图，是指在梁平面布置图上采用平面注写方式或截面注写方式表达梁截面尺寸、定位及配筋等信息。梁平法施工图中，应按规定加注层高表，并用粗实线表示图中梁的结构楼层及标高。

梁平面布置图，应分别按梁的不同标准层，将全部梁和其相关联的柱、墙一起绘制。绘图时剪力墙、柱轮廓线采用粗实线，梁可见边线用细实线表示，不可见边线用细虚线表示。对于轴线未居中的梁，除梁边与柱边平齐外，应标注其偏心定位尺寸。

（2）梁标准构造详图

梁标准构造详图包括梁纵筋锚固、连接、截断、梁箍筋加密范围等，可直接选用平法图集，也可单独绘制。

2. 梁施工图的作用

梁施工图是梁构件定位放线、施工的依据。

2.5.2　图示内容

梁施工图应按现行国家标准《房屋建筑制图统一标准》GB/T 50001—2017、《建筑制图标准》GB/T 50104—2010、《建筑结构制图标准》GB/T 50105—2010 的要求绘制。

梁平法施工图还应按照现行平法图集的制图规则绘制。

梁平面布置图绘制比例最常用的是 1：100，也可采用 1：150、1：200、1：50 等。梁截面详图的绘制比例常采用 1：20、1：25 或 1：50。

梁平法施工图分为平面注写和截面注写两种方式，平面注写方式最为常见，因此我们按照内容主次关系、识读顺序，主要介绍梁平法施工图（平面注写方式）中表达的内容，详见表 2.29。截面注写方式只是表达方式不同，图示内容基本一致。

梁平法施工图的图示内容（平面注写）

表 2.29

序号	类别	主要内容
1	轴网	(1)定位轴线、轴线编号 (2)轴线总尺寸、轴线尺寸
2	构件	(1)柱、墙轮廓 (2)梁轮廓 (3)梁偏心定位尺寸
3	梁集中标注	(1)梁编号：类型、序号、跨数及有无悬挑 (2)梁截面尺寸：$b \times h$ (3)梁箍筋 (4)梁上部通长角筋或架立筋 (5)梁侧向构造钢筋或受扭钢筋 (6)梁顶面标高高差
4	梁原位标注	(1)梁支座上部纵筋 (2)梁下部纵筋 (3)附加箍筋或吊筋 (4)其他：集中标注不适用的内容
5	层高表	(1)结构层号、结构层楼面标高、结构层高 (2)本图对应的结构层号及标高 (3)混凝土强度等级：可在层高表中加注
6	其他标注	(1)图名：明确本图对应的结构层号 (2)比例 (3)混凝土强度等级：可文字说明 (4)其他要求

梁标准构造详图的内容，包括梁纵筋构造、梁箍筋构造等，详见平法图集，此处不再赘述。

2.5.3　案例导入

商务办公楼梁施工图有："结施-17 地下室顶板层梁配筋图""结施-23 二层梁配筋图""结施-25 三层梁配筋图""结施-27 屋顶梁配筋图"。

（1）以商务办公楼"结施-23 二层梁配筋图"为例，进行梁平法施工图的识读。

具体识读步骤如下：

1）根据相应的建施平面图，核对轴线网、轴线编号、轴线尺寸是否正确。

对照"建施-06 二层平面图"，可以发现结施-23 中轴线网、轴线编号、

BIM-商务办公楼框架梁

轴线尺寸与建筑图一致。编号及尺寸标注齐全，分尺寸与总尺寸无矛盾。

　　2）根据相应建施平面图中墙、门窗的位置，检查每一跨梁的平面布置是否正确，梁轴线定位尺寸标注是否齐全、正确。

　　①原则上框架柱宜两个方向设梁，有墙的位置均宜设置梁。当区格板尺寸过大时，宜在合理的位置设置梁，以减小板的厚度，如⑥～⑦轴开间尺寸为6000mm，居中设梁。梁的平面布置还应考虑室内的美观性。

　　②二层梁配筋图中，Ⓕ/⑥轴柱外侧边线与外墙外侧平齐，由于一层窗的关系，Ⓕ/⑦、Ⓕ/④轴柱外侧边线只能与外墙的内侧平齐。框架梁必须支承在框架柱上，为方便施工，梁平面一般沿轴线通长布置。因此Ⓕ轴梁的外侧与外墙的内侧平齐布置。二层墙沿Ⓕ轴居中砌筑，框架梁应设置挑耳用于外墙的砌筑（详见结构详图）。Ⓔ轴梁相类似。

　　③梁的定位尺寸详见"结施-22　二层结构平面"，绝大部分梁的轴线居中或梁柱边线对齐，除此以外均标注了梁的定位尺寸且正确。

　　3）根据建施图门窗洞口尺寸、门窗洞顶标高、节点详图、净高要求逐一检查梁的截面尺寸是否正确。

　　对于房屋外围的结构梁，应根据建施图门窗洞口尺寸、门窗洞顶标高、节点详图认真检查梁的截面尺寸，这点很重要。以Ⓕ轴为例，一层窗顶标高为3.000m、二层楼面建筑标高4.200，根据"建施-03工程做法表（二）"，二层楼面粉刷层厚度30mm，结合梁的跨度取框架梁截面尺寸为240mm×570mm，窗顶设置过梁，梁高与建筑门窗没有冲突。

　　4）逐一检查各梁编号、跨数、配筋、梁面相对标高是否正确，标注有无遗漏。

　　以Ⓕ轴框架梁为例，KL11为4跨楼层框架梁，梁截面尺寸240mm×570mm，梁上部通长角筋为2Φ20；梁加密区箍筋为Φ8@100、非加密区箍筋为Φ8@200，均为双肢箍；考虑次梁、楼板对框架梁的扭矩作用，在梁的腹部两侧共设置4Φ12抗扭纵筋；Ⓕ/③～④轴梁在卫生间内，梁面标高应与卫生间板面标高同，比基准标高低50mm；除集中标注外，在支座、跨中均根据结构计算，增加了原位标注；标注齐全。

　　5）正确区分主、次梁，并检查主梁的截面与标高是否满足次梁的支承要求，主梁上附加横向钢筋标注有无遗漏。

　　L7为支承在KL10、KL11梁上的次梁，跨度6.6m，梁截面尺寸为240mm×500mm，框架梁、次梁面标高相同，次梁底比框架梁底高70mm，满足支承要求。

　　本图中附加横向钢筋用文字表述（说明在图名下方）：在主次梁相交处，主梁内、次梁两侧各附加3道箍筋，箍筋直径与肢数同本跨梁箍筋，附加箍筋间距50mm；未注明的吊筋为2Φ12。

　　6）阅读结构设计说明中的有关内容（如保护层厚度、钢筋锚固与连接、梁的构造要求等）。

　　本工程采用框架-剪力墙结构体系，框架抗震等级为四级，除本工程结构设计总说明规定外均按图集16G101-1构造要求进行施工。

　　7）检查设备管道、设备安装与梁平面布置有无矛盾；若有管道穿梁，则应预留套管并满足构造要求。

　　针对本工程，检查卫生间的立管、洁具的排污管与梁的平面位置是否有冲突。根据建施-13中卫三大样图，二层的梁与设备管道无冲突。

8）异形截面梁还应结合详图看，结构详图应与建筑详图配套。

参考建筑平面及节点详图，KL2 梁底部应按"结施-31 节点详图 2"中⑬节点所示的混凝土部件。

9）将梁施工图识读过程中发现的错误、施工图中不明确的、设计遗漏的内容，按照结构图纸编号的先后顺序进行整理归纳，在图纸会审时一并提出，便于设计单位对施工图作进一步的完善，便于工程的顺利实施。

（2）其他层梁配筋图的识读。

不同结构标准层梁配筋图的识读，其步骤与方法都是一样的，在此不再一一赘述。只是某些部位可能有些特殊，需要引起特别注意，结合商务办公楼项目，重点介绍如下：

识读"结施-17 地下室顶板梁配筋图"时需注意的问题：

1）除主楼外，纯地下室顶板板面标高为－1.650（图中注明除外），主楼室内结构板面标高为－0.050（图中注明除外），顶板梁面标高一般同相应的板面标高，方便施工。

2）当梁两侧结构板面标高不同时，需综合考虑防水、结构、施工要求，确定合理的截面尺寸。以ⓕ轴主楼与纯地下室交界处为例：由结施-16 可知，纯地下室顶板板面标高为－1.650、板厚250mm，主楼室内结构板面标高为－0.050、板厚180mm，没有次梁支承在梁上；考虑防水及施工要求，ⓕ轴梁应同时与地下室顶板、主楼一层楼板相连，设计中取梁高1900mm，梁底比纯地下室顶板的板底低50mm，梁底净高为 3.45m。有时还有管道穿越。

3）纯地下室顶板梁构造同屋面梁，框架梁代号为 WKL。

识读"结施-25 三层梁配筋图"时需注意的问题：

1）ⓐ～ⓓ轴范围局部设有上人植草屋面，根据建筑设计说明及详图，上人植草屋面完成面标高（8.450）高于室内完成面标高（8.400）50mm，有门处梁上翻了200mm 高，这样可满足防水要求。

2）由"结施-24 三层结构平面图"可见，上人植草屋面板板厚为200mm、板面标高为 8.000，ⓐ～ⓓ轴范围室内部分板面标高 8.370。

3）为了保证上人植草屋面范围二层室内的净高，结构设计时采用了上翻梁（梁面比板面高，施工时支模相对麻烦，还有屋面的防水处理相对麻烦）；为了使梁面不高出植草屋面完成面标高（8.450），设计时植草屋面上翻梁的梁面标高取为8.300，即图中原位标注为（－0.070）的梁。

4）WKL1、WKL 2、WKL 3、WKL 4 为屋面框架梁；KL1 的边节点也应按顶层边节点构造要求施工。

识读"结施-27 屋面梁配筋图"时需注意的问题：

1）本工程为较复杂的坡屋面，顶层结构梁的标高、形状比较复杂。一般情况下，坡屋面梁的梁面与板面平齐，坡屋面中的梁有可能是斜梁或折梁，如 WKL3、WKL6 的模板图详见图 2.17。

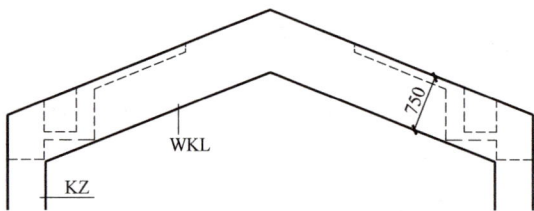

图 2.17　WKL3、WKL6 模板图

2）要正确识读梁施工图，首先要认真阅读相关的建筑平面图、立面图、剖面图、节点详图，厘清各构件的截面尺寸、标高、与轴线的关系等。

3）要正确识读较复杂结构的梁施工图，要有一定的空间想象能力。初学者可从绘制各构件的模板图开始，厘清各构件、各部位的标高，特别是相交处各构件的截面尺寸、标高、主次关系等。

2.5.4 识读技巧

掌握梁平法施工图的基本识读方法以后，还需要反复练习，结合工程实际灵活应用，才能融会贯通，提升梁平法施工图的识读能力与技巧。

识读梁平法施工图时，需要特别关注以下要点：

（1）小直径通长筋。

一般情况下，梁上部通长筋直径沿梁全长不变，但是从经济角度出发，也可在跨中采用小直径的通长筋。此时，集中标注中梁上部通长筋注写的是较小直径的钢筋，原位标注的梁支座筋中不包含该通长筋。

如梁集中标注中上部通长角筋为 2Φ14，支座原位标注为 4Φ18，施工时梁两端的通长角筋为 2Φ18，到跨中截断后采用小直径通长筋 2Φ14，具体构造要求按《混凝土结构施工图平面整体表示方法制图规则和构造详图》16G101-1。

（2）高差处的梁面标高。

当结构梁底标高与建筑门窗顶标高一致时，梁的高度一般取门窗顶至结构板面的高度。

当梁左右两侧板面标高不同时，应根据梁上墙的平面位置确定梁的平面位置及高度。图 2.18 中，梁的一侧为卫生间，卫生间隔墙的厚度为 120mm、梁宽为 240mm，当为图 2.18（a）情况时，梁面标高应为高板板面标高；当为图 2.18（b）情况时，梁面标高应为低板板面标高，此情况可能会对管线穿越造成影响。按图 2.18（a）确定梁的平面位置更合理。

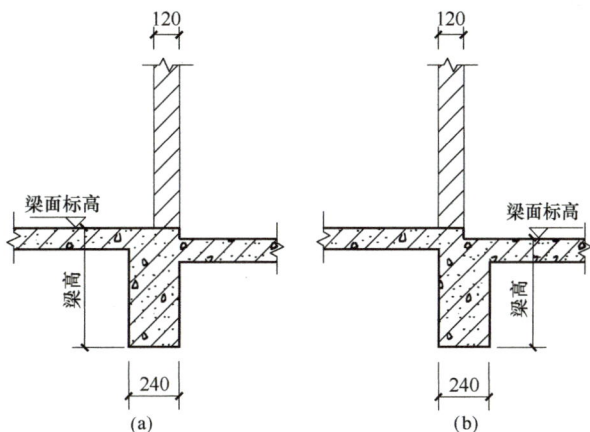

图 2.18 梁的平面位置及梁高

（3）主次梁相交处，应正确判别主次梁的关系，保证梁纵筋布置正确。

主次梁的判别方法通常有：

1）根据梁的跨数确定。确定梁的跨数应该首先确定支座数量，柱和剪力墙一定是支座；两根梁交叉处是否是支座应根据结构支承和传力的可能性确定，并据此判断主次梁和井字交叉梁，交叉点处两根梁均可以传力且各自跨度相差不大时一般设计成梁高相等的井字梁，各自跨度相差较大时可以设计成主次梁，并将梁高较大的主梁放在短跨方向。确定支座数量后，跨数为支座数量减一。

图 2.19 中Ⓑ轴 KL2 梁为 4 跨框架梁（分别为①～③、③～④、④～⑤、⑤～⑥跨），②轴 KL3 梁为 3 跨框架梁（分别为Ⓐ～Ⓑ、Ⓑ～Ⓒ、Ⓒ～Ⓓ跨）。因此，相对于梁 KL3 而言，KL2 为主梁，KL3 梁纵筋应布置在 KL2 梁纵筋的上方。

2）根据梁的配筋标注确定。

图 2.19 中，②轴 KL3，Ⓑ轴处梁的上、下侧原位均标注了梁的支座纵筋 6⏀22 4/2；表示 KL2 梁为 KL3 梁的支座。Ⓑ轴 KL2 梁，①、③轴支座原位标注分别为 6⏀25 4/2 及 8⏀25 4/4，表示①～③轴为一跨。

由此可以判断，相对于 KL3 而言，KL2 为主梁。

3）根据梁底标高确定。一般情况下，次梁的纵筋布置在主梁纵筋的上方。图 2.19 中 KL2 梁截面高度 700mm、KL3 梁截面高度 650mm，梁面标高相同，KL2 梁底标高低于 KL3 梁底 50mm。KL3 为次梁、KL2 为主梁。**特殊情况也可不遵循，但是会有相应构造措施。**

（4）L、JZL 与 Lg、JZLg 的区别。

当非框架梁、井字梁的代号为 L、JZL 时，端支座按铰接考虑，梁上部纵筋伸至主梁外侧角筋的内侧并下弯，平直段投影长度应不小于 $0.35l_{ab}$，弯折段投影长度为 $15d$。

当非框架梁、井字梁的代号为 Lg、JZLg 时，端支座按刚接考虑，梁上部纵筋伸至主梁外侧角筋的内侧并下弯，平直段投影长度应不小于 $0.6l_{ab}$，弯折段投影长度为 $15d$。见图 2.20。

（5）非框架梁、悬挑梁、井字梁采用不同箍筋间距及肢数时，也用"/"将其分隔，先注写梁支座端部箍筋（包括箍筋的道数、钢筋级别、直径、间距与肢数），在斜线后注写跨中部分的箍筋。

注意：必须标注支座端部箍筋的道数，不能按框架梁加密区长度规定来确定非框架梁支座端部箍筋的数量！

如非框架梁箍筋标注为 10⏀8@100/200（2），表示梁两端各设 10 道间距为 100mm 的箍筋，其余箍筋间距 200mm，均为双肢箍。

（6）局部屋面的框架梁。

图 2.21 所示框架简图，当顶层局部平面退台以形成露台时，该层虽不是屋顶层，框架梁的编号为 KL（也有部分设计人员采用 WKL 编号），但①号边节点的受力与屋顶层相同，该节点应按顶层边节点构造要求进行施工。

（7）框架中间层边节点构造。

1）框架梁上、下部纵向钢筋伸入柱内的锚固长度，当采用直线锚固形式时不应小于 l_{aE}，且应伸过柱中心线不小于 $5d$（d 为梁纵向钢筋的直径），详见图 2.22（a）。

2）当框架梁纵向钢筋在柱内水平锚固长度不能满足直线锚固要求时，可采用弯折锚固的形式：梁上部纵向钢筋应伸至柱外侧纵筋的内侧并向下弯折，梁下部纵向钢筋应伸至柱外侧纵筋的内侧或梁上部钢筋的内侧并向上弯折，梁筋在柱内的水平投影长度不应小于 $0.4l_{abE}$，弯折后的竖向投影长度应不小于 $15d$，详见图 2.22（b）。

（8）当框架梁的某一端以主梁作为支座时，该梁端可不设箍筋加密区（具体要求以施工图为准）。详见图 2.23。

（9）框架梁非加密区箍筋间距不宜大于加密区箍筋间距的 2 倍。

（10）柱变截面时梁箍筋的设置详见图 2.24。

框架梁端支座纵筋直锚构造　　框架梁端支座纵筋弯锚构造

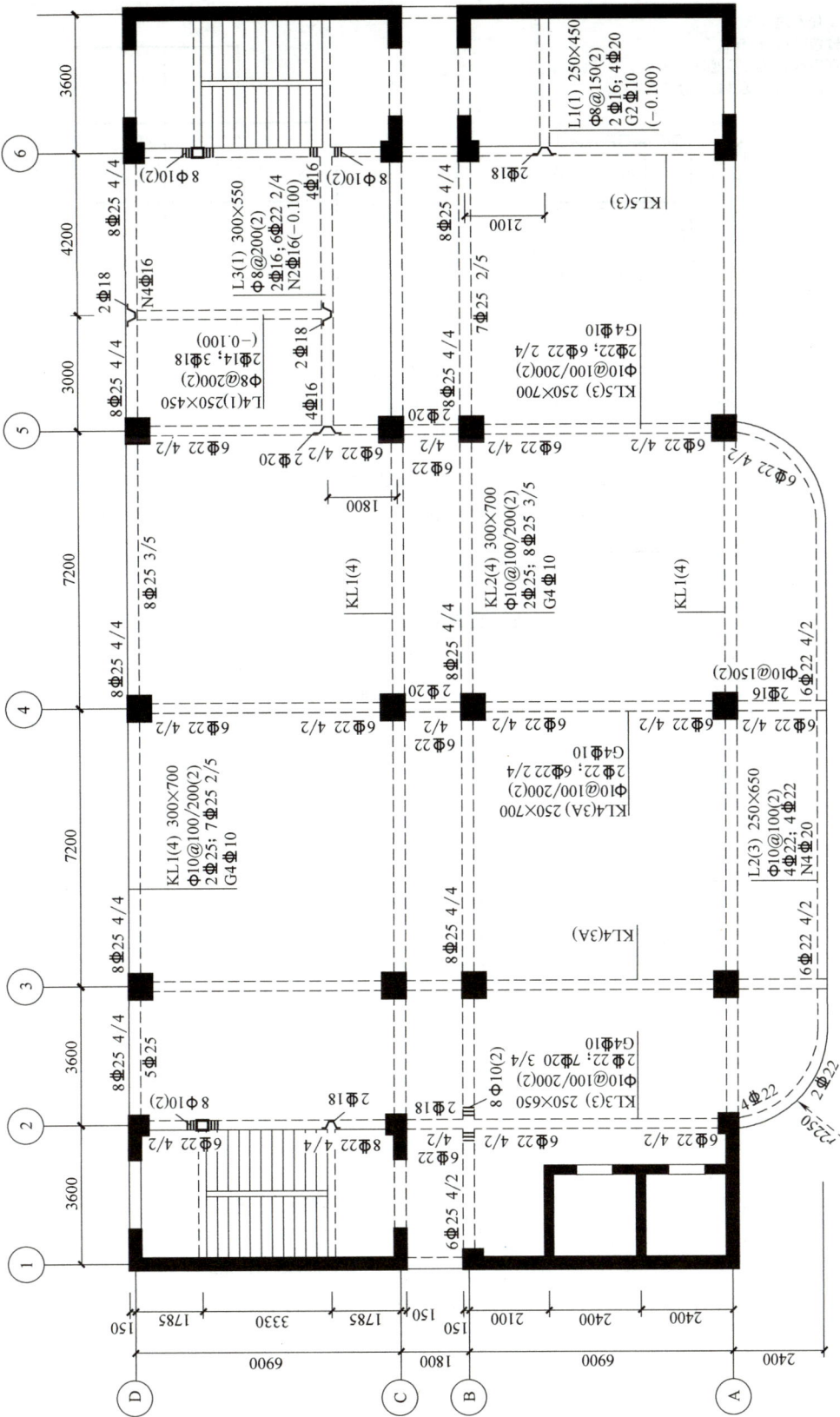

图 2.19 主、次梁的判断

伸至支座对边弯折
设计铰接时：$\geq 0.35 l_{ab}$
充分利用钢筋抗拉强度时：$\geq 0.6 l_{ab}$
伸入支座锚固长度满足 l_a 时可直锚

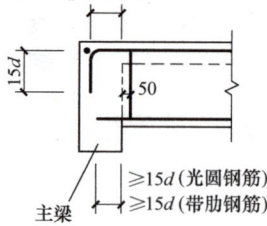

15d

50

$\geq 15d$（光圆钢筋）
$\geq 15d$（带肋钢筋）

主梁

图 2.20　非框架梁上部纵筋在端支座的锚固

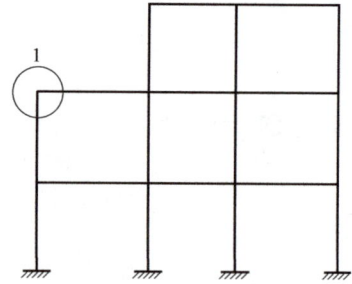

1

图 2.21　框架简图

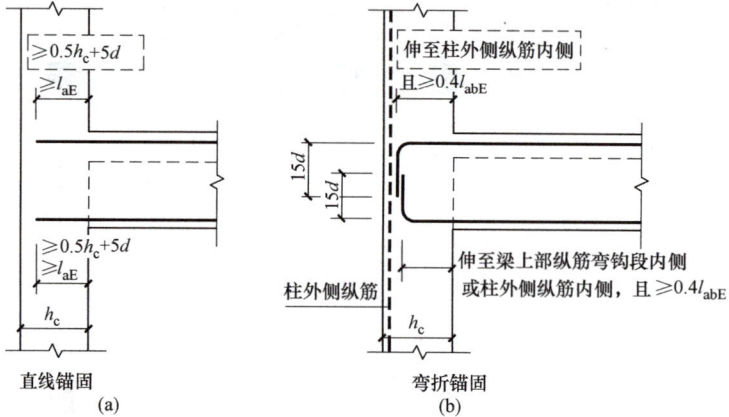

$\geq 0.5 h_c + 5d$

$\geq l_{aE}$

$\geq 0.5 h_c + 5d$

$\geq l_{aE}$

h_c

直线锚固
(a)

伸至柱外侧纵筋内侧
且 $\geq 0.4 l_{abE}$

15d

15d

伸至梁上部纵筋弯钩段内侧
或柱外侧纵筋内侧，且 $\geq 0.4 l_{abE}$

柱外侧纵筋

h_c

弯折锚固
(b)

图 2.22　框架中间层边节点构造

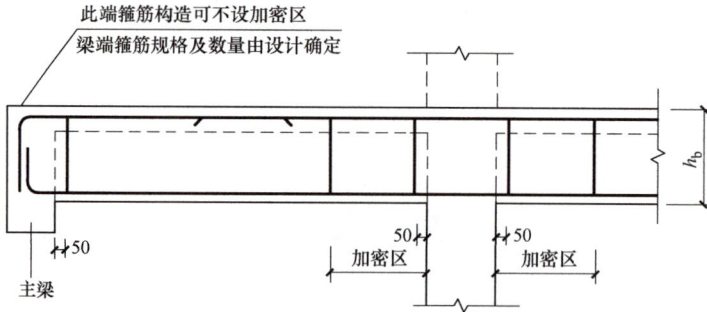

此端箍筋构造可不设加密区
梁端箍筋规格及数量由设计确定

h_b

50

主梁

50　　50

加密区　　加密区

图 2.23　框架梁以主梁作为支座时箍筋加密区范围

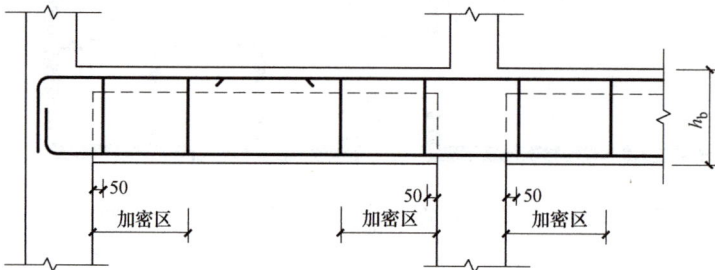

h_b

50

加密区

50

加密区

50

加密区

图 2.24　柱变截面时梁箍筋的设置

★ 强制性条文

《混凝土结构设计规范》GB 50010—2010（2015 年版）

11.3.1 梁正截面受弯承载力计算中，计入纵向受压钢筋的梁端混凝土受压区高度应符合下列要求：

一级抗震等级　　　　$x \leqslant 0.25h_0$

二、三级抗震等级　　$x \leqslant 0.35h_0$

式中：x——混凝土受压区高度；

　　　h_0——截面有效高度。

11.3.6 框架梁的钢筋配置应符合下列规定：

　　1 纵向受拉钢筋的配筋率不应小于表 11.3.6-1 规定的数值；

表 11.3.6-1　框架梁纵向受拉钢筋的最小配筋百分率（%）

抗震等级	位置	
	支座	跨中
一级	0.40 和 $80f_t/f_y$ 中的较大值	0.30 和 $65f_t/f_y$ 中的较大值
二级	0.30 和 $65f_t/f_y$ 中的较大值	0.25 和 $55f_t/f_y$ 中的较大值
三、四级	0.25 和 $55f_t/f_y$ 中的较大值	0.20 和 $45f_t/f_y$ 中的较大值

　　2 框架梁梁端截面的底部和顶部纵向受力钢筋截面面积的比值，除按计算确定外，一级抗震等级不应小于 0.5；二、三级抗震等级不应小于 0.3；

　　3 梁端箍筋的加密区长度、箍筋最大间距和箍筋最小直径，应按表 11.3.6-2 采用；当梁端纵向受拉钢筋配筋率大于 2% 时，表中箍筋最小直径应增大 2mm。

表 11.3.6-2　框架梁端箍筋加密区的构造要求

抗震等级	加密区长度(mm)	箍筋最大间距(mm)	最小直径(mm)
一	2 倍梁高和 500 中的较大值	纵向钢筋直径的 6 倍，梁高的 1/4 和 100 中的最小值	10
二		纵向钢筋直径的 8 倍，梁高的 1/4 和 100 中的最小值	8
三	1.5 倍梁高和 500 中的较大值	纵向钢筋直径的 8 倍，梁高的 1/4 和 150 中的最小值	8
四		纵向钢筋直径的 8 倍，梁高的 1/4 和 150 中的最小值	6

注：箍筋直径大于 12mm、数量不少于 4 肢且肢距不大于 150mm 时，一、二级的最大间距应允许适当放宽，但不得大于 150mm。

能力测试题 🔍

一、单选题

1. 结施-17 中 WKL23（9），集中标注 2Φ25＋（2Φ12），表示（　　　）。

A. 梁上部通长角筋为 2Φ25，2Φ12 为跨中架立筋

B. 梁上部通长钢筋为 2Φ25＋2Φ12

C. 梁上部通长角筋直径变化，支座边（净跨的 1/3 范围）为 2Φ25，跨中为 2Φ12

D. 梁上部通长角筋为 2Φ12

2. 结施-11 中 JL30（9），以下表述错误的是（　　　）。

A. 梁上部钢筋为 10Φ25，第一排为 6Φ25，第二排为 4Φ25

B. 梁下部通长钢筋为 4Φ25

C. 梁下部第一、第二排非通长钢筋的长度向跨内的延伸长度不同

D. 均为 4 肢箍

3. 结施-11 中 JL22（11），以下表述错误的是（　　　）。

A. 梁顶面标高同基础底板面

B. 梁上部钢筋为 10Φ25（有原位标注除外）

C. 梁侧向抗扭钢筋沿梁高均匀布置

D. 支座处，梁下部钢筋为受拉钢筋

4. 关于结施-16、17，以下表述错误的是（　　　）。

A. 未注明的梁面标高为 -1.650

B. 地下室顶板厚度均为 250mm

C. 主楼范围卫生间的板面标高为 -0.200

D. 主楼外围的梁底标高均为 -1.950

5. 按《混凝土结构施工图平面整体表示方法制图规则和构造详图》16G101-1，10Φ8@100/200（4），表示梁（　　　），钢筋牌号为 HPB300，直径 8mm，均为四肢箍。

A. 梁两端各设 10 个 100mm 间距的箍筋，其余箍筋间距 200mm

B. 梁两端共设 10 个 100mm 间距的箍筋，其余箍筋间距 200mm

C. 加密区箍筋间距 100mm，非加密区箍筋间距 200mm

D. 左端箍筋间距 100mm，右端箍筋间距 200mm

6. 结施-17 中 WKL15（11），梁上部 2Φ12 与纵向受力筋的搭接长度为（　　　）。

A. 150mm　　　　　　B. 15d　　　　　　C. l_{aE}　　　　　　D. l_{lE}

二、多选题

1. "结施-25 三层梁配筋图"中，以下表述正确的是（　　　）。

A. ⑧轴框架梁的编号 WKL 错误，应为 KL

B. KZL1 梁上部通长纵筋为 4Φ20

C. KZL1 梁面标高为 8.300

D. ①～③范围，三层楼面的梁底与板底平齐

E. KL12③～④轴跨，梁原位标注（-0.050）错误

2. "结施-27 屋面梁配筋图"中 WKL3（1），梁面标高表述正确的是（　　　）。

A. 最高点梁面标高为 14.495　　　　　　B. 最低点梁面标高为 12.600

C. 梁面标高均为 12.600　　　　　　　　D. 图中没有标注，无法确定

E. 梁底标高不变

三、填空题

1. 按《混凝土结构施工图平面整体表示方法制图规则和构造详图》16G101-1，梁的集中标注表达梁的通用数值，原位标注表达梁的特殊数值，施工时（　　）优先。

2. "结施-23 二层梁配筋图"中 KL7，在主梁内、次梁每侧附加（　　）个ϕ8 的双肢箍，吊筋为（　　）。

3. "结施-23 二层梁配筋图"中 KL13，梁端箍筋加密区长度为（　　）mm。

4. 框架梁梁端设置的第一道箍筋离柱边缘的距离为（　　）mm。

5. 按《混凝土结构施工图平面整体表示方法制图规则和构造详图》16G101-1，不伸进支座的梁下部纵筋的长度应为（　　）。

6. "结施-23 二层梁配筋图"中 L2（1A），其中（1A）表示该梁为（　　）。

7. "结施-25 三层梁配筋图"中 KL1，左边第一跨梁梁面标高为（　　）。

8. "结施-25 三层梁配筋图"中 KL4，集中标注的 N4ϕ12，梁腹部每侧配有（　　）ϕ12 的抗扭筋。

9. "结施-25 三层梁配筋图"中 KL4，集中标注ϕ8@100/200（2），其中（2）表示梁采用（　　）箍。

10. 当框架梁一端的支座为梁时，按《混凝土结构施工图平面整体表示方法制图规则和构造详图》16G101-1 规定，与支承梁连接端，梁端箍筋可按（　　）要求施工。

11. "结施-23 二层梁配筋图"中 KL13，框架梁原位标注 5ϕ20 3/2，表示包括通长钢筋在内的（　　）钢筋总数量为（　　）；分二排布置，第一排为（　　），第二排为（　　）。

12. "结施-23 二层梁配筋图"中 KL6，框架梁原位标注 5ϕ20 2/3，表示（　　）钢筋总数量为（　　）；分二排布置，第一排为（　　），第二排为（　　）。

13. "结施-23 二层梁配筋图"中 KL13，第一排非通长钢筋的长度从柱边起为（　　）mm，第二排钢筋的长度从柱边起为（　　）mm（取 10mm 的倍数）。

14. "结施-23 二层梁配筋图"中 KL11，⑥轴处 2ϕ20 非通长钢筋的长度为（　　）mm（取 10mm 的倍数）。

15. "结施-23 二层梁配筋图"中 L2（1A），悬挑梁下部钢筋，伸入支座内的水平投影长度应不小于（　　）mm。

2.6 板施工图

◆ **概念导入**

板平法施工图，是指在楼面板和屋面板布置图上，采用平面注写表达板的截面尺寸、定位及配筋。板平面注写主要包括板块集中标注和板支座原位标注。

1. 有梁楼盖中板的平法施工图

是在楼（屋）面板布置图上，采用平面注写方式表达。板平面注写主要包括板块集中标注和板支座原位标注。

2. 板块集中标注

板块集中标注的内容为：板块编号、板厚、上部贯通纵筋、下部纵筋，以及当板面标高不同时的标高高差。

1）板块编号：所有板块应逐一编号，相同编号的板块可择其一做集中标注，其他仅注写置于圆圈内的板编号，以及当板面标高不同时的标高高差。板块编号按表 2.30 的规定。

板块编号 表 2.30

板类型	代号	序号
楼面板	LB	××
屋面板	WB	××
悬挑板	XB	××

2）板厚：注写为 $h=×××$（为垂直于板面的厚度）；当悬挑板的端部改变截面厚度时，用斜线分隔根部与端部的高度值，注写为 $h=×××/×××$；当设计已在图注中统一注明板厚时，此项可不注。

3）纵筋：按板块的下部和上部分别注写（当板块上部不设贯通纵筋时则不注），并以 B 代表下部，以 T 代表上部，B&T 代表下部与上部；X 向（图面从左至右）贯通纵筋以 X 打头，Y 向（图面自下至上）贯通纵筋以 Y 打头，两向贯通纵筋配置相同时则以 X&Y 打头。

当为单向板时，分布筋可不必注写，而在图中统一注明。

当在某些板内（例如在悬挑板 XB 的下部）配置有构造钢筋时，则 X 向以 Xc，Y 向以 Yc 打头注写。

当 Y 向采用放射配筋时（切向为 X 向，径向为 Y 向），设计者应注明配筋间距的定位尺寸。

当贯通筋采用两种规格钢筋"隔一布一"方式时，表达为 $\phi xx/yy@×××$，表示直径为 xx 的钢筋和直径为 yy 的钢筋两者之间间距为 ×××，直径 xx 的钢筋间距为 ×× 的 2 倍，直径 yy 的钢筋的间距为 ××× 的 2 倍。

4）板面标高高差：是指相对于结构层楼面标高的高差，应将其注写在括号内，且有高差则注，无高差不注。

3. 板支座原位标注

板支座原位标注的内容为：板支座上部非贯通纵筋和悬挑板上部受力钢筋。

板支座原位标注的钢筋，应在配置相同跨的第一跨表达（当为梁悬臂部位单独配置时则在原位表达）。在配置相同跨的第一跨（或梁悬臂部位），垂直于板支座（梁或墙）绘制一段适宜长度的中粗实线（当该筋通长设置在悬挑板或短跨板上部时，实线段应画至对边或贯通短跨），以该线段代表支座上部非贯通纵筋，并在线段上方（如①、②等）、配筋值、横向连续布置的跨数（注写在括号内，且当为一跨时可不注），以及是否横向布置到梁的悬挑端（与梁表达类似，在跨数后面带 A 表示一端的悬臂部位，带 B 表示两端的悬臂部位）。

板支座上部非贯通筋自支座中线向跨内的伸出长度，注写在线段的下方位置。

当中间支座上部非贯通纵筋向支座两侧对称伸出时，可仅在支座一侧线段下方标注伸出长度，另一侧不注。当向支座两侧非对称伸出时，应分别在支座两侧线段下方注写伸出长度。

对线段画至对边贯通全跨或贯通全悬挑长度的上部通长纵筋，贯通全跨或伸出至全悬挑一侧的长度值不注，只注明非贯通筋另一侧的伸出长度值。

当板的上部已配置有贯通纵筋，但需增配板支座上部非贯通纵筋时，应结合已配置的同向贯通纵筋的直径与间距采取"隔一布一"方式配置。

"隔一布一"方式，为非贯通纵筋的标注间距与贯通纵筋相同，两者组合后的实际间距为各自标注间距的 1/2。

在板平面布置图中，不同部位的板支座上部非贯通筋及悬挑板上部钢筋，可仅在一个部位注写，对其他相同者则仅需在代表钢筋的线段上注写编号及按规定注写横向连续布置的跨数即可。

与板支座上部非贯通筋垂直且绑扎在一起的构造筋或分布钢筋，应由设计者在图中注明。

2.6.1 形成与作用

1. 板施工图的形成

按照平法制图规则绘制的板施工图包括板平法施工图和板标准构造详图。

（1）板平法施工图

板平法施工图，是在板平面布置图上采用平面注写方式来表达的施工图。板平法施工图中，应按规定加注层高表。

板平面布置图，应分别按板的不同标准层，将全部板和其相关联的梁、柱、墙一起绘制。绘图时剪力墙、柱轮廓线采用粗实线，梁可见边线用细实线表示，不可见边线用细虚线表示。对于轴线未居中的梁，除梁边与柱边平齐外，还应标注其偏心定位尺寸。

（2）板标准构造详图

板标准构造详图包括板钢筋锚固、板钢筋连接、板开洞等，可直接选用平法图集，也可单独绘制。

2. 板施工图的作用

板施工图是板构件定位放线、施工的依据。

2.6.2　图示内容

板施工图应按现行国家标准《房屋建筑制图统一标准》GB/T 50001—2017、《建筑制图标准》GB/T 50104—2010、《建筑结构制图标准》GB/T 50105—2010 的要求绘制。

板平法施工图还应按照现行平法图集的制图规则绘制。

板平面布置图绘制比例最常用的是 1∶100，也可采用 1∶150、1∶200、1∶50 等。

板平法施工图中表达内容，按照内容主次关系、识读顺序详见表 2.31。

板平法施工图的图示内容　　　　　　　表 2.31

序号	类别	主要内容
1	轴网	(1)定位轴线、轴线编号 (2)轴线总尺寸、轴线尺寸
2	构件	(1)梁轮廓 (2)梁偏心定位尺寸 (3)板轮廓
3	板集中标注	(1)板编号：板的类型代号、序号 (2)板厚 (3)上部贯通筋：钢筋级别、直径及间距 (4)下部纵筋：钢筋级别、直径及间距 (5)板面标高高差
4	板原位标注	(1)板支座上部非贯通纵筋 (2)悬挑板上部受力钢筋
5	层高表	(1)结构层号、结构层楼面标高、结构层高 (2)本图对应的结构层号及标高 (3)混凝土强度等级：可在层高表中加注
6	其他标注	(1)图名：明确本图对应的结构层号 (2)比例 (3)混凝土强度等级：可文字说明 (4)其他要求

2.6.3　案例导入

本工程板施工图未按平法制图规则绘制，而是用传统的表达方式来表达板的配筋；钢筋的表示方法为：以"┌──┐"图形表示板上部纵筋，以"∠──╲"图形表示板下部纵筋，并把相应的配筋信息标注于图形上方。

本工程楼（屋）面板施工图有："结施-16 地下室顶板平面布置图""结施-22 二层结构平面图""结施-24 三层结构平面图""结施-26 屋面结构平面图"。

下面以商务办公楼为例，进行板施工图的识读。

（1）"结施-16 地下室顶板平面布置图"的识读。

BIM-商务办公楼板

具体识读步骤如下：

1）根据相应的建施平面图，核对轴线网、轴线编号、轴线尺寸是否正确。

对照"建施-00 地下一层平面图""建施-05 一层平面图"，可以发现结施-16 中轴线网、轴线编号、轴线尺寸与建筑图一致。编号及尺寸标注齐全，分尺寸与总尺寸无矛盾。

2）识读各区格板的厚度和标高。

主楼范围一层楼板的板厚为 180mm，室外地下室顶板板厚为 250mm。

主楼一层板面基准标高为 −0.050，卫生间板面标高为 −0.100 和 −0.200；室外地下室顶板面标高为 −1.650。

3）识读现浇板的配筋。

根据本图说明可知，主楼一层板厚 180mm，板面钢筋为 Φ10@150 双向，板底钢筋为 Φ10@180 双向。室外地下室顶板板厚为 250mm，板面钢筋为 Φ12@150 双向，板底钢筋为 Φ10@150 双向。

4）阅读结构设计总说明中有关要求。

根据结构设计总说明可知，本层板的混凝土强度等级为 C35。楼板其他构造做法见总说明第七条。

5）查看图名、比例。

图名为地下室顶板平面布置图，绘制比例为 1∶150。

6）对发现的问题加以整理归纳，留待技术交底或图纸会审时一并提出，以便设计单位对设计作进一步的修改与完善。

（2）其他层板施工图的识读。

不同结构标准层结构平面图的识读，其步骤与方法都是一样的，不再一一叙述。只是某些部位可能有些特殊，需要引起特别注意，结合商务办公楼项目，重点介绍如下：

识读"结施-22 二层结构平面图"时需注意的问题：

（1）本图板厚有 120mm 和 130mm 两种。卫生间处板面标高为 4.120，其余楼面标高为 4.170。

（2）板原位绘制的配筋有两处，下部受力钢筋为 Φ8@180（直径为 8mm 的 HRB400 级钢筋，间距为 180mm）纵向和横向双向布置；上部受力钢筋为 Φ10@180 纵向和横向双向贯通布置；未注明板配筋根据图名下的图注可知，为上下双层双向 Φ8@180。

（3）根据结构设计总说明知，板的混凝土强度等级为 C30。

（4）结施-22 中有墙身 A、B、C、D、E、F、H 等 7 个剖视详图索引，按照详图索引位置查看结施-30、结施-31 中对应的详图；根据图中表达的构造柱编号，查看建施图确定构造柱定位，查阅设计说明核实构造柱配筋。

识读"结施-24 三层结构平面图"时需注意的问题：

（1）本图板厚有 120mm、130mm、200mm 三种。卫生间板面标高为 8.300，200mm厚板板面标高为 8.000，其余板板面标高为 8.370。

（2）Ⓔ～Ⓕ轴交⑦～⑧轴区域下部受力钢筋为 Φ8@180（直径为 8mm 的 HRB400 级钢筋，间距为 180mm）纵向和横向双向布置；上部受力纵向贯通钢筋为 Φ8@150，上部受力横向贯通钢筋为 Φ8@180。

（3）除构造柱位置及墙身剖视详图索引外，还有多个其他剖视详图索引，应根据索引的详图编号和被索引的详图所在图纸的编号查看详图。

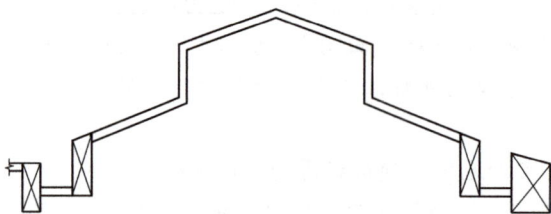

图 2.25 斜屋面板的剖面示意图

识读"结施-26 屋面结构平面图"时需注意的问题：

（1）本图板厚为 120mm。其中除 Ⓓ～Ⓔ轴区域外屋面板主要为斜板，模板图详见图 2.25，竖直段屋面板处钢筋做法详见结施-26③号节点，如图 2.26 所示。屋面板升高区域，板面标高高于梁顶标高，此时需按本图①号节

点做法，使屋面板支撑于梁上，如图 2.26 所示。

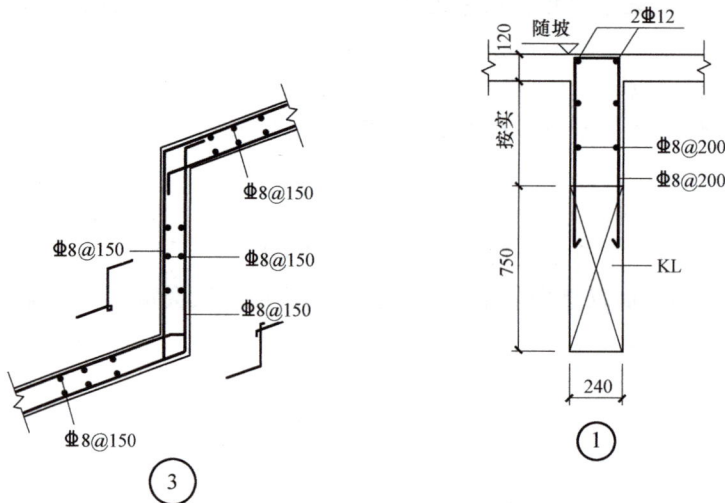

图 2.26 节点做法

（2）Ⓓ～Ⓔ轴处上、下部受力钢筋为⚟10@150 双层双向贯通布置；其余未注明处配筋为⚟8@150 双层双向贯通。

（3）根据结构设计总说明知，板的混凝土强度等级为 C30。洞边附加筋一处，根据结构设计总说明的规定，每侧 2⚟12，共 2 层，放在底板纵筋和上部纵筋平面内，短向附加钢筋在上，未伸入支座的附加筋锚固长度为 l_a。其他板底附加筋 8 处，每处 2⚟12。

2.6.4 识读技巧

有梁楼盖中板的平法施工图识读技巧总结如下：首先根据建筑图核对结构图的轴线网、轴线编号、轴线尺寸；然后结合本图文字说明识读每块楼板板厚、标高和配筋信息；若本图中有楼板开洞或者墙体设置构造柱等情况需参照结构设计总说明完成识读；另外，若图中出现墙身索引，应结合建筑图和结构梁图核对标高、尺寸等信息。

识读板施工图时，需要特别关注以下要点：

（1）需复核楼板面结构标高与建筑楼面标高关系。建筑图中需降板区域（如阳台、卫生间等）结构板面标高需相应降低。

(2) 板面开洞处，需按图纸标注设置洞口补强钢筋。若图纸未标注时，应结合设计说明和 16G101 图集对洞进行补强。

(3) 板上部贯通纵筋和支座上部非贯通纵筋同时设置时，应按"隔一布一"方式布置。例如：通长筋为Φ8@200，上部非贯通纵筋Φ8@200，则此支座上部实配钢筋Φ8@100。

(4) 当板支座为弧形，支座上部非贯通纵筋呈放射状分布时，设计者应注明配筋间距的度量位置并加注"放射分布"四字，必要时应补绘平面配筋图。

(5) 悬挑板阳角、阴角处需设置加强筋。

(6) 折板中的内折角处受拉钢筋应断开，并各自伸入受压区锚固，不允许连续。

能力测试题

一、单选题

1. 板类型代号 LB 指的是（   ）。

A. 悬挑板　　　　　B. 屋面板　　　　　C. 楼面板　　　　　D. 外伸板

2. 板类型代号 XB 指的是（   ）。

A. 悬挑板　　　　　B. 屋面板　　　　　C. 楼面板　　　　　D. 外伸板

3. 不属于板的钢筋类型有（   ）。

A. 下部纵筋　　　　B. 上部贯通纵筋　　C. 上部非贯通纵筋　D. 弯起钢筋

4. 板标注：LB1，$h=120$，B：X&YΦ8@150，T：X&YΦ8@200，则此板板厚为（   ）mm。

A. 100　　　　　　　B. 120　　　　　　　C. 150　　　　　　　D. 200

5. 板钢筋标注：B&T：X&YΦ8@150 中，"B&T：X&Y"表明板钢筋（   ）。

A. 在下部双向布置　B. 在上部双向布置　C. 双层双向布置　　D. 双层布置

6. 板标注：WB1，$h=150$，B：X&YΦ10@180，T：X&YΦ8@200，板上部贯通钢筋间距为（   ）mm。

A. 180　　　　　　　B. 120　　　　　　　C. 150　　　　　　　D. 200

7. 板标注：XB1，$h=120$，B：Xc&YcΦ6@200，T：XcΦ8@150，YΦ10@150，板受力钢筋直径为（   ）mm。

A. 6　　　　　　　　B. 8　　　　　　　　C. 10　　　　　　　D. 12

8. 板标注：$h=120/150$ 表示（   ）。

A. 板厚度为 120mm　　　　　　　　　B. 板厚度为 150mm

C. 板端部厚度为 120mm，板根部厚度为 150mm

D. 板根部厚度为 120mm，板端部厚度为 150mm

二、多选题

1. 板块集中标注内容包括（   ）。

A. 下部纵筋　　　　B. 上部贯通纵筋　　C. 上部非贯通纵筋

D. 弯起钢筋　　　　E. 箍筋

2. 板块原位标注内容包括（   ）。

A. 支座上部非贯通纵筋　　　　　　　B. 上部贯通纵筋

C. 悬挑板上部受力钢筋　　　　　　　　D. 弯起钢筋

E. 板底通长筋

3. 有梁楼盖平法施工图，下列属于板块代号的是（　　）。

A. LB　　　　　　　　B. XB　　　　　　　　C. WB

D. TB　　　　　　　　E. B

4. 有梁楼盖平法施工图，当板块编号相同时，（　　）均应相同。

A. 板厚　　　　　　　　　　　　　　B. 板底纵筋和上部贯通筋

C. 板面标高　　　　　　　　　　　　D. 平面形状、平面尺寸

E. 上部非贯通纵筋

5. 有梁楼盖平法施工图，关于板支座原位标注，表述正确的是（　　）。

A. 原位标注的内容为：支座上部非贯通纵筋和悬挑板上部受力钢筋

B. 原位标注的钢筋应在配置相同跨的第一跨表达

C. 当中间支座上部非贯通钢筋自梁中心线向两侧对称伸出时，可仅在一侧线段下方标注伸出长度

D. 对于贯通全跨的上部纵筋，不标注长度值

E. 原位标注与集中标注矛盾时，以原位标注为准

6. 有梁楼盖平法施工图，XB1　$h=120/100$　B：Xc&YcΦ8@150 其表示为（　　）。

A. 板下部筋为：Φ8@150 双向构造筋

B. 板下部筋为：Φ8@150 双向受力筋

C. 1 号悬臂板，板根部厚度 120mm，端部厚度 100mm

D. 板上部筋为：Φ8@150 双向受力筋

E. 板上部筋为：Φ8@150 双向构造筋

三、填空题

1. 有梁楼盖平法施工图，板钢筋标注：Φ10/12@150，相邻钢筋间距为（　　）mm。

2. 如图 2.27 所示，2 号筋的总长度为（　　）mm。

3. 如图 2.28 所示，②轴支座上部实际配筋为（　　）。

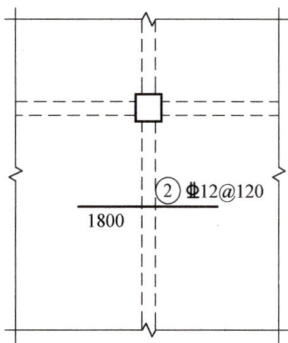

图 2.27　题 2 图

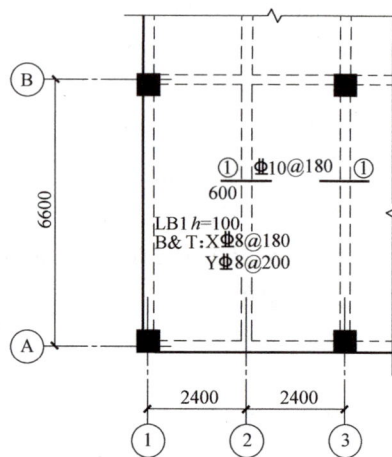

图 2.28　题 3 图

2.7 结构详图

◆ 概念导入

现浇钢筋混凝土楼梯按照结构形式分为板式楼梯和梁式楼梯，其中板式楼梯应用广泛，现行国家系列平法标准图集包含板式楼梯平法制图规则和构造详图。

板式楼梯的平法制图规则，主要指梯板的表达方式，与楼梯相关的平台板、梯梁、梯柱的注写方式参见现浇混凝土框架、梁、板的平法制图规则。

板式楼梯平法施工图，有平面注写、剖面注写和列表注写三种表达方式，我们介绍目前常用的平面注写方式。

平面注写方式，是指在楼梯平面布置图上注写截面尺寸和配筋具体数值来表达楼梯施工图，包括集中标注和外围标注。

1. 梯板类型

楼梯编号由梯板类型代号和序号组成，常见梯板类型见表2.32。类型代号的主要作用是指明所选用的标准构造详图。

梯板类型　　　　　　　　　　　　　　　　　　　　　　表2.32

梯板代号	梯板组成形式	滑动支座	适用范围		是否参与结构整体计算
			抗震构造措施	适用结构	
AT	踏步段	无	无	剪力墙、砌体结构	不参与
BT	踏步段＋低端平板				
CT	踏步段＋高端平板				
DT	踏步段＋低端平板＋高端平板				
ET	踏步段＋中位平板				
ATa	踏步段	低端梯梁处	有	框架结构、框剪结构中框架部分	
ATb	踏步段	低端梯梁挑板处			
CTa	踏步段＋高端平板	低端梯梁处			
CTb	踏步段＋高端平板	低端梯梁挑板处			
ATc	踏步段	无			参与

2. 集中标注

楼梯的集中标注内容有5项，见表2.33。

3. 外围标注

楼梯的外围标注内容见表2.34。

楼梯的集中标注内容　　　　　　　　　　　　　　　表 2.33

序号	类别	主要内容
1	梯板编号	梯板类型代号、序号
2	梯板厚度	梯板厚度：$h=\times\times\times$
3	踏步段总高度、踏步级数	踏步段总高度和踏步级数,用"/"分隔
4	梯板支座上部纵筋、下部纵筋	梯板支座上部纵筋和下部纵筋的配筋值,用";"分隔
5	梯板分布筋	用 F 打头注写分布筋的配筋值 注:也可在图中统一说明

楼梯的外围标注内容　　　　　　　　　　　　　　　表 2.34

序号	类别	主要内容
1	楼梯间轴网	(1)定位轴线、轴线编号 (2)轴线尺寸
2	标高、方向	(1)楼层结构标高 (2)层间结构标高 (3)楼梯的上下方向
3	平面尺寸	(1)梯板尺寸:梯板宽度、梯板长度 (2)平台板尺寸 (3)梯柱定位尺寸 (4)梯梁定位尺寸
4	平台板配筋	平台板 PTB 编号、板面结构标高、配筋值 注:可参照板平法制图规则标注
5	梯梁配筋	梯梁 TL 编号、截面尺寸、梁面结构标高、配筋值 注:可参照柱平法制图规则标注
6	梯柱配筋	梯柱 TZ 编号、截面尺寸、标高段范围、配筋值 注:可参照柱平法制图规则标注

2.7.1　形成与作用

结构详图可以分为三类。

第一类是结构构件的标准构造详图,即直接从平法标准图集中选用的详图。绘制平法结构施工图时,已将所有柱、墙、梁、板等构件进行编号,编号中含有类型代号和序号,其中类型代号的作用是指明所选用的标准构造详图。在标准构造详图上,已经按其所属构件类型注明代号,标准构造详图与平法施工图中构件的这种互补关系,使两者结合构成完整的结构设计图。施工时可以根据结构设计总说明的规定,按照构件类型代号直接套用标准构造详图。

第二类是根据工程实际情况,设计人员对平法图集中的部分构造详图进行修改变更,自己设计的构造详图,通常在结构设计总说明中表达,此时应优先采用设计人员自己设计的构造详图。

第三类构造详图是设计者另行设计的节点详图、局部大样。对于截面形状较复杂的构件、有特殊要求的节点、标准构造详图未涵盖的节点等内容，如电梯、管道井、异形梁、外墙线脚、楼梯、檐沟、填充墙节点做法等，需要设计者根据建筑详图另行绘制相应的结构详图，它包括各种大样图和从平面图中局部剖切引出的剖视详图等。

本节仅讨论第三类构造详图。

2.7.2　图示内容

结构详图中表达的内容详见表2.35。

结构详图的图示内容　　　　　　　　　　表2.35

序号	类别	主要内容
1	轴线	定位轴线和轴线编号
2	截面尺寸与定位	构件截面尺寸、与轴线的关系
3	配筋信息	节点受力筋及构造钢筋的规格与数量
4	标高	构件结构面相对标高
5	详图（索引）编号或图名、比例	详图（索引）编号或图名、节点绘制比例
6	说明	必要的文字说明

2.7.3　案例导入

商务办公楼结构详图有："结施-28 1♯楼梯详图""结施-29 2♯楼梯详图""结施-30节点详图 1""结施-31 节点详图 2""结施-12 汽车坡道平面图，坑、地沟详图""结施-13汽车坡道 2-2 剖面图，侧壁详图"。下面以商务办公楼为例，进行结构详图的识读。

（1）"结施-28 1♯楼梯详图"的识读。

具体识读步骤如下：

1）根据建施-12、结施-28，核对楼梯间的轴线网、轴线编号、轴线尺寸。

通过核对，可见结施-28与建施-12各层的轴线网、轴线编号、轴线尺寸两者一致。楼梯详图与各层结构平面图的轴线也一致。

2）根据建施-12，核对结施-28中的踏步尺寸、平台尺寸、梯段宽度及标高。

建筑图中标注的尺寸为楼梯面层装饰施工完成后的尺寸与标高，结构图中表示的是结构的尺寸与结构面标高，两者之间的尺寸与标高差一个装饰层的厚度。根据建施-03，楼梯面层的材料为石材、装饰层厚度50mm。

① 查看建施-12 可以发现：

a. 地下室层层高 5.4m，共有四跑楼梯，第 1～3 跑楼梯宽度 1450mm、梯井宽度160mm、每跑楼梯均为 9 级踏步，每级踏步宽度 300mm、踏步高度 150mm。第 1 跑楼梯标高从−5.400 到−4.050，第 2 跑楼梯标高从−4.050 到−2.700，第 3 跑楼梯标高从−2.700 到 −1.350。每跑楼梯第一级、最后一级踏步边线距 Ⓔ 轴 2380mm，距 Ⓕ轴 1820mm。

特别注意第 4 跑楼梯：由于建筑防火的要求，需要在梯井位置、a-a 剖面图阴影范围设置 120mm 厚的防火墙。第 4 跑楼梯标高从－1.350 到±0.000，其余尺寸同第 1～3 跑楼梯。

b. 一、二层层高均为 4.2m，每层设有二跑楼梯，第 5～8 跑楼梯宽度 1450mm、梯井宽度 160mm、每跑楼梯均为 13 级踏步，每级踏步宽度 270mm、踏步高度 175mm。第 5 跑楼梯标高从±0.000 到 2.100，第 6 跑楼梯标高从 2.100 到 4.200，第 7 跑楼梯标高从 4.200 到 6.300，第 8 跑楼梯标高从 6.300 到 8.400。每跑楼梯第一级、最后一级踏步起步距Ⓔ轴 1540mm，距Ⓕ轴 1820mm。

② 查看结施-28 可以发现：

a. 地下室层层高 5.45m，共有四跑楼梯，第 1～3 跑楼梯（AT1）的宽度 1450mm、梯井宽度 160mm，每跑楼梯均为 9 级踏步，每级踏步宽度 300mm，除－5.500 标高处的第一级踏步高为 200mm 外【注意：地下室建筑完成面标高为－5.400，考虑地下室内需有一定的排水坡度，地下室结构面标高为－5.500（相当于面层厚度为 100mm），楼梯踏板装饰面层的厚度为 50mm，为了使楼梯施工完成后踏步高度为 150mm，第一级踏步的结构高度应为 200mm】，其余踏步高度均为 150mm。第 1 跑楼梯标高从－5.500 到－4.100，第 2 跑楼梯标高从－4.100 到－2.750，第 3 跑楼梯标高从－2.750 到－1.400。每跑楼梯第一级、最后一级踏步边线距Ⓔ轴 2380mm，距Ⓕ轴 1820mm。

特别注意第 4 跑楼梯：由于结构设计时考虑将梯井位置、120mm 厚的防火墙砌筑在梯板上，梯板 CT1 的宽度为 1610mm，此处无梯井。第 4 跑楼梯标高从－1.400 到－0.050。

b. 一、二层层高均为 4.2m，每层有二跑楼梯，第 5～8 跑楼梯的梯板（AT1）宽度 1450mm、梯井宽度 160mm、每跑楼梯均为 13 级踏步，每级踏步宽度 270mm、踏步高度 175mm。第 5 跑楼梯标高从－0.050 到 2.050，第 6 跑楼梯标高从 2.050 到 4.150，第 7 跑楼梯标高从 4.150 到 6.250，第 8 跑楼梯标高从 6.250 到 8.350。每跑楼梯第一级、最后一级踏步起步距Ⓔ轴 1540mm，距Ⓕ轴 1820mm。

③ 对照建施-12、结施-28 可以发现：

a. 结施中踏步定位尺寸与建筑装饰完成面尺寸一致，结构设计时未考虑楼梯踢板装饰层的厚度；按结构图施工，装饰完成后两跑楼梯踏步线并不对齐。按结构图施工方便楼梯的支模，是较通常的做法。

b. 建筑、结构图中楼梯踏步宽度及级数一致。

c. 建施-12 中楼梯平台标高为建筑完成面标高，结施-28 中楼梯平台标高为结构板面标高，两者之间差 50mm（与楼梯装饰层厚度 50mm 一致），施工图所注标高正确。

3）楼梯梯板、梯柱、平台梁、平台板的布置。

梯板布置：从楼梯详图中可见，楼梯平台板（楼层平台、中间休息平台）均为四边支承板。－1.400～－0.050 标高梯板（CT1）为两端支承在平台梁 TL1 上的单向板，梯板的宽度为 1610mm，CT1 不伸入③轴剪力墙墙内，楼梯 120mm 防火墙砌在梯板（CT1）上。－0.050～2.050 标高梯板（AT2）为两端支承在平台梁 TL1 上的单向板，梯板的宽度为 1450mm，不应伸入两侧的墙内。

梯柱布置：以 2.050 标高平台为例、结合 a-a 剖面图可见，Ⓕ轴上梯柱 TZ1 是设在一层Ⓕ轴的框架梁上（梁面标高为－0.050），梯柱中心距Ⓕ轴为 240mm。1/3 轴上梯柱 TZ1

是设在一层 1/3 轴的楼层梁上（梁面标高为－0.050），梯柱定位尺寸详见图纸。

平台梁布置：Ⓕ轴上 2.050 标高平台梁 TL1 是以③轴剪力墙边缘构件、梯柱 TZ1 为支座；AT2 梯板 2.050 标高平台梁 TL1 是以③轴剪力墙、1/3 轴上梯柱 TZ1 为支座；4.150 标高平台梁 TL1 是以③轴剪力墙、1/3 轴上楼层梁为支座。

平台板的布置：2.050 标高平台板为四边支承板（以 TL1 与剪力墙为支座）；4.150 标高平台板为四边支承板（以 TL1、剪力墙、楼层梁为支座）。

4）构件配筋。

1#楼梯的 TL 和 TZ 配筋及施工说明均同 2#楼梯，详见结施-29。

如梯板 AT2，梯板厚 $h=120$mm；板面受力钢筋为 Φ10@150、钢筋通长设置；板底受力钢筋为 Φ12@150；受力钢筋以平台梁 TL1 为支座，布置在板的外侧。梯板分布钢筋为 Φ8@200，布置在板的内侧，与受力钢筋方向垂直。平台板板厚 $h=120$mm，配筋为 Φ8@200 双层双向。

梯梁截面尺寸为 240mm×400mm，梁面纵筋为 3Φ16，梁底纵筋 3Φ20，箍筋为 Φ8@100 双肢箍。

梯柱截面尺寸为 240mm×240mm，纵筋为 4Φ14，箍筋为 Φ8@100。为方便梯梁钢筋的布置，梯柱尺寸宜为 240mm×300mm。

TZ1 的支承梁上，在 TZ1 部位设 2Φ16 吊筋。

5）混凝土强度等级，选用标准图集的版本号、图集号。

楼梯混凝土强度等级：±0.000 以下为 C35，±0.000 以上为 C30；选用《混凝土结构施工图平面整体表示方法制图规则和构造详图》16G101-2 图集。

6）根据构件的类型代号、标准图集正确选用相应的构造详图。

本工程楼梯施工图没有按平法制图规则出具楼梯施工图，但可根据《混凝土结构施工图平面整体表示方法制图规则和构造详图》16G101-2 选用相应的节点构造详图（施工图已经注明的，按照其规定）。

AT型楼梯构造

7）检查设计、标注是否有遗漏。

1#楼梯详图，标注齐全，没有遗漏。

8）对识读详图发现的问题加以整理归纳，留待技术交底或图纸会审时一并提出，以便设计单位对设计作进一步的修改与完善。

（2）"结施-29 2#楼梯详图"的识读。

2#楼梯从一楼开始设置，不下地下室，比 1#楼梯简单。1#、2#楼梯的 TL 和 TZ 配筋及楼梯施工说明均在本图中表达，请自行按 1#楼梯的识读方法与步骤进行识读。

（3）节点详图的识读。

结构节点详图都是根据相应的建筑节点详图进行设计的，因此必须先进行建筑节点详图的识读，建筑节点详图必须与建筑的其他施工图吻合。当为剖视详图时，一般在平面图中根据剖切索引符号，查看剖视详图。

1）下面以商务办公楼墙身 B（"结施-30 节点详图 1"）为例，进行节点详图的识读。

具体识读步骤如下：

① 建筑详图的识读。

通过节点相应部位建筑平面图、立面图、剖面图的识读，检查相互之间是否存在矛盾。

根据一、二、三层建筑平面图、⑧～①立面图、1～1剖面图可知：

Ⓕ轴上墙体厚度均为 240mm 且在同一平面内；底层窗底标高为 0.100，窗顶标高为 3.000；二、三层为通窗，窗底标高 4.300、窗顶标高 12.000；屋顶采用坡屋面、设置内天沟。

一层窗顶部位设置钢筋混凝土过梁，二、三层窗下各设 100mm、200mm 高实心翻边、围护栏杆。

二层梁的宽度（含构造）为 480mm，三层梁的宽度（含构造）为 360mm，屋顶梁的宽度（含构造）为 480mm。屋顶最低点结构面标高 12.600。

定位尺寸详见图 2.29。节点详图的标高与建筑立面图、剖面图一致，没有矛盾。

建筑平面图、立面图、剖面图、节点详图相符合。

② 结构详图的识读（图 2.30）。

a. 对照建筑节点详图、相关结构施工图，复核结构节点详图的轴线编号、构件截面尺寸、构件定位、标高是否正确。

对照图 2.29、图 2.30，可见轴线编号、构件位置相互统一。

为使表达简洁、明了，结构详图一般仅表示构件、不表示粉刷层。结构详图标注结构构件的尺寸与结构面标高。

如二层建筑完成面标高 4.200，建筑装饰面层的厚度 30mm，图 2.29 中梁底至完成面尺寸 600mm，从完成面至混凝土翻边结构面尺寸 100mm；因此对应结构面标高 4.170m，梁高 570mm，混凝土翻边高度 130mm。建筑节点中梁的宽度为 480mm，结合柱的布置、梁平法施工图，框架梁的截面宽度为 240mm，梁外侧距轴线 120mm（图中以虚线示框架梁的边线，并加注 KL），框架梁外侧的 240mm 宽度是考虑砌墙需要设置的线脚。

可见结构节点详图与结构施工图、建筑节点详图符合。

b. 节点配筋。

墙身B详图中包括节点详图③④⑤，它们分别是二层、三层和屋面引出剖视详图。结构节点详图中仅表示其他施工图中没有表达或不便表达的配筋信息。如④节点仅表达线脚的配筋，框架梁的配筋详见结施-23。窗顶过梁在结构设计总说明中已标注，因此在节点详图中可仅标注 GL。

结构节点详图标注没有遗漏，节点详图正确。

采用同样的方法，可依次识读三层、屋顶处的节点详图。

c. 按照图纸编号顺序依次整理看图记录。

2)"结施-30 节点详图 1""结施-31 节点详图 2"的识读。

采用"墙身B"的识读方法，可依次识读其他的节点详图，在此不再一一赘述。

(4) 汽车坡道的识读。

具体识读步骤如下：

1) 查看"建施-15 汽车坡道平面大样图""建施-16 汽车坡道 2-2 剖面图"，汽车坡道

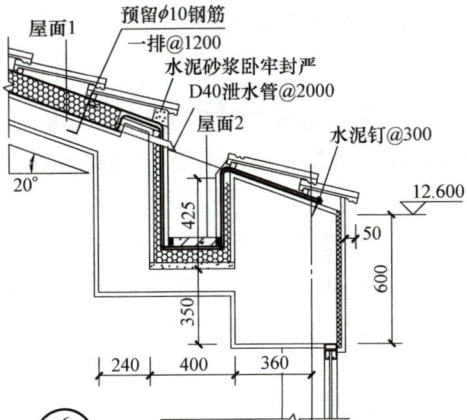

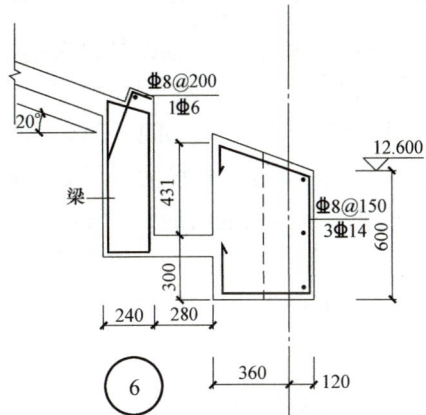

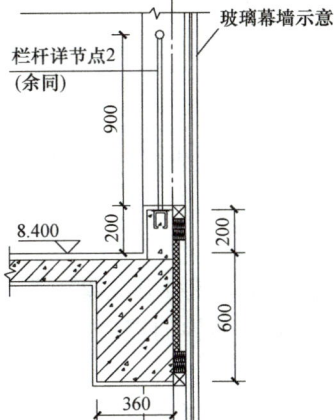

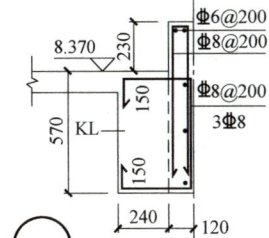

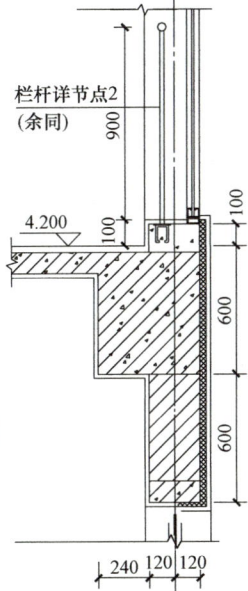

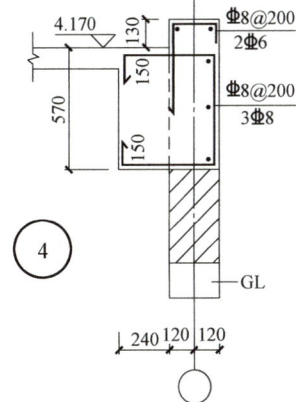

墙身B 1:20

图 2.29 节点详图

墙身B 1:20

图 2.30 节点详图

中间段坡度为 15%，开始与结束段的坡度为 7.5%，变坡点标高为 −0.420 及 −5.130。上下两端设有排水沟。Ⓓ-Ⓝ轴以外设有钢结构顶。

2）结施-12 可见：汽车坡道的坡度、标高与建筑一致（未考虑建筑面层的厚度）。汽车坡道柱之间设有梁（PDL1~5），梁的截面尺寸 400mm×850mm，梁面标高同板面。汽车坡道板厚 300mm，配筋为双层双向Φ14@150。

3）对于汽车坡道的剖面，建筑与结构不统一。汽车坡道靠室外部分，坡道的顶板面与地下室板面（−1.650）一致方便施工，顶板上回填土至坡道标高。汽车坡道靠地下室部分，结构的排水沟位置外移，可避免地下室底板上开沟，方便施工。按结构图施工更合理。

4）对于汽车坡道，特别需要注意的是Ⓓ-Ⓝ轴处的净高，必要时顶板梁可适当上翻。

2.7.4　识读技巧

掌握结构详图的基本识读方法以后，还需要反复练习，结合工程实际灵活应用，才能融会贯通、提升施工图的识读能力与技巧。

（1）识读楼梯结构详图时，需要特别关注以下要点：

1）当上下相邻层梁板混凝土强度等级不同时，如九层梁板混凝土强度等级为 C30、十层梁板混凝土强度等级为 C25，应特别注意九至十层楼梯的混凝土强度等级。一般情况下，设计人员会明确设计要求。

一般楼梯的施工缝设在第一跑楼梯的 1/3 处，混凝土强度等级同下层梁板混凝土强度等级。楼梯施工缝起至上层楼面的梯板（含梯梁）与上层梁板同时施工，混凝土强度等级宜与上层楼面梁板混凝土强度等级同，以方便混凝土浇筑。

2）本工程地下室层高 5.4m 采用 4 跑楼梯，相当于房屋层高 2.7m 采用双跑楼梯，应特别注意复核楼梯的净高（装饰完成后水平方向净高不应小于 2m，斜板净高不应小于 2.2m）。当不符合要求时，应请设计单位对原设计进行修改。

3）顶层楼梯平台水平栏杆下必须设置不低于 100mm 的实心翻边。

（2）识读其他结构详图时，需要特别关注以下要点：

1）如设备或外墙装修有要求时，注意柱、梁上的预埋件不要遗漏。

2）外墙且易积水处，应沿墙设置一定高度的混凝土翻边，以免出现墙体渗水。

（3）对于平面图中有剖切符号的剖视详图，在阅读平面图时直接根据索引查阅该结构详图，便于相互核对、发现问题。

能力测试题 🔍

一、单选题

1. 本工程 2#楼梯 −0.100 标高处板的厚度为（　　）mm。

A. 150　　　　　　B. 180　　　　　　C. 120　　　　　　D. 110

2. 本工程 2#楼梯梯板 CT1 为（　　）。

A. 两边支承板   B. 三边支承板

C. 四边支承板   D. 固定在剪力墙上的悬臂板

3. 本工程 2# 楼梯 6.250 标高处、TL1 平台梁下的 TZ1 的根部标高为（　　　）。

A. －5.500   B. －0.050   C. 2.245   D. 4.170

二、多选题

1. 根据结施-04 关于构造柱的施工要求，以下叙述正确的是（　　　）。

A. 先砌墙、后浇筑构造柱混凝土

B. 构造柱上下两端各 400 范围的箍筋为Φ6@100

C. 构造柱上下两端的纵筋均锚入梁或板内

D. 墙内设置 2Φ6@500 的拉筋与构造柱连接

E. 构造柱混凝土强度等级为Φ25

三、填空题

1. 本工程 1# 楼梯 ±0.000 以下踏步的宽度为（　　　）mm、高度为（　　　）mm，±0.000 以上踏步的宽度为（　　　）mm、高度为（　　　）mm。

2. 本工程 2# 楼梯踏步的宽度为（　　　）mm、高度为（　　　）mm，梯板宽度为（　　　）mm。

3. 本工程 2# 楼梯 2.225 标高处平台板的厚度为（　　　）mm；6.250 标高处平台板为（　　　）边支承板，平台板的厚度为（　　　）mm。

4. 结施-31 中墙身 F，200mm 厚的板按受力性质考虑属（　　　）板。板的受力钢筋为（　　　）。

▶▶ 项目 3　设备施工图识读

能力目标 💡

专项能力	能力要素	
设备施工图 基本识读能力	给水排水制图规则 应用能力	给水系统制图规则应用
		排水系统制图规则应用
		消防系统制图规则应用
	电气制图规则应用能力	照明配电系统制图规则应用
		动力配电系统制图规则应用
		防雷接地系统制图规则应用
	暖通空调制图规则 应用能力	空调风系统制图规则应用
		空调水系统制图规则应用
		通风系统制图规则应用

概　　述

建筑设备就是在建筑物内为满足用户的工作、学习和生活的需要而提供整套服务的各种设备和设施的总称，是多种工程门类的组合。它包括建筑给水排水、供暖、通风、空调、消防、电力、照明、通信信息和建筑智能化等设备系统。建筑设备工程与建筑、结构和装饰等"土木工程"类相关专业有着极其密切的关系。

本书主要面向土建施工类专业，因此设备施工图选取与土建施工相关的部分图纸进行识读。

1. 建筑给水排水

建筑给水排水就是供给建筑物内部所需的生活、生产和消防用水，并且把由此产生的生活污（废）水、工业废水以及屋面的雨雪水有组织地、顺畅地排出至室外排水管网或水处理构筑物。主要包括以下两个系统：

（1）给水系统按用途可分为生活给水系统、生产给水系统、消防给水系统和热水供应系统等。给水系统一般由引入管、建筑给水管网、给水附件、给水设备、配水设施、计量仪表等部分组成。

（2）排水系统按所排污水的性质可分为生活污水排水系统、工业废水排水系统和屋面雨水排放系统等。其中生活污水排水系统又分为粪便污水排水系统、生活废水排水系统、生活污水排水系统；工业废水排水系统又分为生产污水排水系统和生产废水排水系统。建筑物内部排水系统一般由污（废）水收集器、排水管道、清通设备、通气管道、提升设备、污水局部处理构筑物等组成。建筑排水体制可分为分流制和合流制两种。

给水排水施工图，就是通过图例和文字说明，把建筑物内给水排水设备的安装位置，给水排水管道的管材、规格、走向、连接以及安装方式以图纸的形式表达出来。建筑给水排水施工图主要反映了用水器具的安装位置及其管道布置情况，是建筑给水排水施工的依据，所以正确识读给水排水施工图，是充分理解设计者的思路和意图，并在施工过程中贯彻执行的关键。一般由图纸目录、设计施工说明、平面布置图、系统图（轴测图）、详图、标准图和设备及主要材料表、计算书等组成。

2. 建筑电气

建筑电气工程是指某建筑的供电、用电工程，它通常可以包括以下几个分类工程：

（1）外线工程：室外电源供电线路，主要考虑是架空线路还是电缆线路。

（2）变配电工程：由变压器、高低压配电柜、母线、电缆、继电保护与电气计量等设备的变配电所（室）。

（3）室内配线工程：主要有穿管配线、线槽配线、桥架配线等。

（4）动力工程：各种风机、水泵、电梯、机床、起重机等动力设备的控制与动力配电箱。

（5）照明工程：照明灯具、开关、插座、电扇、空调和照明配电箱等设备。

（6）防雷工程：建筑物、电气装置和其他设备的防雷设施。

（7）接地工程：各种电气装置的工作接地和保护接地系统。

（8）弱电工程：消防报警系统、电话、电脑网络系统、广播和监控安全防范系统、电子多媒体查询、综合布线及智能化建筑系统等。

（9）自备发电工程：一般为备用的自备柴油发电机组及 EPS。

一个建筑电气工程中可能只包含几个分类工程，也可能全部包括，这要根据工程特点和要求来定。

电气施工图是通过一些规定的图例和必要的文字说明，把建筑物内电气设备及配件的选型、规格、安装方式和安装位置，配管配线的规格型号、安装敷设方式，以及它们之间的联系以图纸的形式表示出来。它是安装电气设施的依据，也是将来绘制竣工图或扩建、改建的参考。为了正确进行电气照明线路的敷设及用电设备的安装，我们必须看懂电气施工图。电气施工图表达的内容分两部分：

（1）照明与动力（强电）系统：它包括照明、供配电、建筑设备的控制、防雷、接地等。

（2）通信与自动控制（弱电）系统：这部分包括语音通信、计算机网络、广播、有线电视及卫星电视信号接收系统、监控安全防范系统、电子多媒体查询系统、火灾报警与消防自控、楼宇设备控制管理系统等各系统。

建筑电气施工图设计文件编制主要由文字部分和图示部分组成。文字部分包括图纸目录、设计施工说明、图例、设备材料表、计算书等，图示部分包括平面图、详图、系统图等。常用的电气工程施工图一般由图纸目录、电气设计施工说明、配电系统图、电气平面图、大样图和设备及主要材料表等组成。

3. 建筑暖通空调工程

建筑暖通空调工程主要包括供暖、通风和空气调节等内容。建筑暖通空调工程可根据建筑地理位置和建筑性质，包括其中一个或几个方面的内容。建筑暖通空调通常可以分为以下三方面内容：

（1）建筑供暖系统是指用人工的方法向室内提供热量，保持一定的室内温度，其主要由热媒制备（热源）、热媒传输（供暖管网）和热媒利用（散热设备）三部分组成。根据三个部分的相互关系，供暖系统可分为局部供暖系统和集中供暖系统。其中集中供暖系统根据热媒性质不同，可分为热水供暖系统、热风供暖系统和蒸汽供暖系统；根据室内散热设备传热方式不同，可分为对流供暖系统和辐射供暖系统。

（2）建筑通风是使新鲜的空气连续不断地进入建筑，并及时排出废气和有害气体。按照通风系统作用范围可分为全面通风和局部通风，按照通风系统的作用动力可分为自然通风和机械通风。

（3）空气调节是采用技术手段把某一特定空间内部的空气环境控制在一定状态下，以满足人体舒适和工艺生产过程的要求。空调系统按空气处理设备位置不同一般可分为集中式空调系统、半集中式空调系统和分散式空调系统，按负担室内负荷所用介质不同一般可分为全空气系统、全水系统、空气-水系统和制冷剂系统。

暖通空调施工图，就是通过图例和文字说明，把建筑物内暖通空调设备的参数和位置，管道的管材、规格、走向、连接以及安装方式以图纸的形式表达出来。暖通空调施工图是暖通空调系统施工的依据和必须遵循的文件，使施工人员明白设计人员的设计意图，并贯彻到工程施工中去。暖通空调施工图一般由图纸目录、设计施工说明、平面图、系统图、剖面图、详图和设备及主要材料表等组成。

3.1 给水排水施工图

◆ **概念导入**

1. 系统图

系统图表示管道内的介质流经的设备、管道、附件、管件等连接和配置情况，可分为展开系统原理图和系统轴测图。

展开系统原理图：对于给水排水系统和消防给水系统等，可采用原理图或展开系统原理图将设计内容表达清楚，将管道连接关系表达清楚。管道展开系统图可不受比例和投影法则限制，一般高层建筑和大型公共建筑宜绘制管道展开系统图。管道展开系统图与平面图中的引入管、排出管、立管、横干管、给水设备、附件、仪器仪表及用水和排水器具等要素相对应，管道上的阀门、附件，给水设备、给水排水设施和给水构筑物等，均按图例示意绘出。

系统轴测图：采用 45° 正面斜轴测的投影规则绘制，应采用与相对应的平面图相同的比例，用来表示管道及设备的空间位置及各标高之间、前后左右之间的关系。当局部管道密集或重叠处不容易表达清楚时，应采用断开绘制画法，也可采用细虚线连接画法绘制。系统轴测图标注出楼层地面标高，表示横管水平转弯方向、标高变化、接入管或接出管以及末端装置等，并将平面图中对应的管道上的各类阀门、附件、仪表等给水排水要素按数量、位置、比例一一绘出。标注管径、控制点标高或距楼层面垂直尺寸、立管和系统编号，与平面图一致。

2. 水塔（箱）、水池配管及详图

水塔（箱）、水池配管及详图是指分别绘制水塔（箱）、水池的形状、工艺尺寸、进水、出水、泄水、溢水、透气、水位计、水位信号传输器等平面、剖面图或系统轴测图及详图，标注管径、标高、最高水位、最低水位、消防储备水位等及贮水容积。

3. 设备及主要材料表

设备及主要材料表是指给出使用的设备、主要材料、器材的名称、性能参数、计数单位、数量、备注等，是设备及主要材料的采购、安装、调试和运行不可缺少的资料。

3.1.1 形成与作用

1. 图纸目录

图纸目录是将全部给水排水施工图按其编号、图名、图幅、张数等填入图纸目录表格，其作用是核对图纸数量，便于查阅图纸。

2. 设计总说明

设计图纸中用图示或符号无法表达或表达不清楚，而又必须为施工技术人员所了解的内容，可以用文字的形式来表述有关的技术内容。设计总说明，就是采用文字的形式阐述

必须交代的技术内容，可分为设计说明、施工说明两部分。

设计总说明中的内容直接明了，但涉及的内容多、范围广，是对整个设计内容的宏观阐述，在给水排水施工图中起着指导性作用，是必不可少的图纸之一。

3. 给水排水平面图

给水排水平面图是给水排水施工图的基本图示部分。一般当室内给水系统、排水系统不是很复杂时，可将同一平面（或同一标高）给水管道和排水管道用不同的线型绘制在一张图纸上，称为给水排水平面图。当给水管道和排水管道较复杂时，需分别绘制给水平面图和排水平面图。

给水排水平面图的作用是以建筑平面图为基准，表示出给水排水管道和附件、卫生器具、给水排水设备等平面布置情况及位置关系。

4. 给水排水系统图

平面图没有高度的意义，其中管道和设备的安装高度必须借助于系统图、剖面图来确定。给水排水系统图可按系统原理图或轴测图绘制，是给水排水施工图重要组成部分之一。给水排水系统图应按系统分别绘制。

通过给水排水系统图，可以对整个给水排水系统的全貌有整体了解，与平面图结合可对给水排水施工图进行深入识读。

5. 给水排水详图

对于给水排水设备用房及管道较多处，当平面图和系统图不能交代清楚或由于比例的原因不能表达清楚的内容，应绘出局部放大的详图。给水排水详图是将图中的某一位置放大或剖切再放大而得到的图样。详图中可绘出其平面图、剖面图和系统图等内容。详图应优先套用有关给水排水标准和图集，当没有标准图时，设计人员需自行绘制。

详图主要把卫生器具、管道及附件的定位尺寸以及连接方式，设备的设置及安装等内容详细地表达出来，施工中可按照详图进行施工安装。

6. 设备及主要材料表

设备及主要材料表需列出图纸中用到的主要设备的型号、规格、数量及性能参数要求等内容，一般中小型工程设备及材料明细表直接写在图纸上，工程较大、内容较多时需专页编写。

设备及主要材料表用于施工备料、设备采购和进行概预算编制。

3.1.2　图示内容

建筑给水排水施工图各类别图纸所表达主要内容详见表 3.1。

3.1.3　案例导入

下面以商务办公楼工程的给水排水施工图为例进行图纸识读。首先对应图纸目录核对图纸数量，仔细阅读设计施工说明，再将平面图和系统图对照进行识读。

1. 图纸目录

图纸目录是将全部给水排水施工图图纸汇总排序进行编制的。通过目录，我们可以对

建筑给水排水施工图图示内容 表3.1

序号	类别	主要内容
1	图纸目录	设计号、工程名称、图纸序号、图号、图名、图幅和备注等
2	设计总说明	(1)设计依据、工程概况、设计范围 (2)给水排水系统简介 (3)主要设备、管材、器材、阀门等选型 (4)管道和设备施工安装 (5)图纸所使用的图例符号 (6)各专篇内容等
3	给水排水平面图	(1)与给水排水、消防给水管道布置及管道系统编号 (2)管道预留套管等情况 (3)底层(首层)引入管、排出管、水泵接合器管道等设置情况 (4)各楼层建筑平面建筑灭火器放置地点 (5)平面图上注明位置,预留孔洞,设备与管道接口位置及技术参数
4	给水排水系统图	(1)系统原理图:立管和横管的管径、立管编号、仪表及阀门、管道附件等相对位置关系 (2)系统轴测图:管道走向、管径、仪表及阀门、标高和管道坡度等
5	给水排水详图	卫生器具及设备定位及接管,管道的走向、定位、排布、管径等
6	设备及主要材料表	所用设备、主要材料、器材的名称、性能参数、计数单位、数量、备注等

该份图纸有一个最简单的认识,比如通过目录我们可以了解图纸数量、图纸类型、图幅大小以及图纸比例等信息,可以通过比对目录和图纸,看看是否有缺漏。

本工程给水排水施工图图纸目录共1页,给水排水施工图编号从水施-01到水施-06共6张图纸,其中包括说明和图例、平面图、系统图和详图等内容。

2. 设计施工说明和图例

设计说明是把图示难以表达,或用文字描述更简单直接的部分用文字表达出来。因此要逐条认真阅读,并结合后面施工图的识读加以全面理解。识读步骤如下:

首先全面识读设计总说明中本工程的基本信息,然后再识读给水排水系统相关内容,最后识读相关图例。

本工程给水排水设计施工说明介绍了工程概况、设计依据,以及生活给水系统、排水系统、消防系统的设置情况,还阐述了管道安装、保温、试压、冲洗和消毒等相关要求。最后列出本项目的主要图例,包括管线图例和阀门及附件图例。对于土木专业的学生重点了解和本专业相交叉的内容。

3. 平面图

给水排水平面图的识读,首先要明确给水排水平面图与建筑平面图的剖切位置是不一样的。建筑平面图是从门窗部位水平剖切的,看到的东西都是位于该层的。而给水排水平面图中,凡与该层卫生设备所连接的给水排水管道均绘于该层平面中(底层埋地或敷设于管沟的管线亦如此),因此看到的排水管线实际是安装在该层楼板(楼面)下的,当然同层排水除外。

识读步骤:给水排水施工图识读时应分系统、分平面将平面图和系统图进行对照识读。给水、排水和消防系统分别按照水流的方向进行识读。

（1）查看给水引入管、污废水排出管和雨水排出管

本工程一层给水排水消防平面图有两根生活给水引入管，分别为 ⑤/1 ⑤/2，引入管管径为 DN25，每个引入管上均设置水表节点。生活污废水出户管共两根，分别为 ⑩/1 ⑩/2，出户管管径为 DN100。雨水出户管编号从 ⑰/1 到 ⑰/7 共 7 根，管径均为 DN100。引入管和出户管在穿建筑外墙处均设置柔性防水套管。

（2）查看消防给水系统

消防系统一层平面设置了室内消火栓，共有 7 个消火栓立管，立管编号为 XL-1 到 XL-7，每个立管接出一个消火栓，并在每个消火栓箱内设置 2 具干粉灭火器。

4. 系统原理图和详图

平面图反映管道及卫生设备在平面中的情况，而系统图则可反映出管道的空间位置、走向以及管径等。系统原理图的阅读，应对照平面图，按系统的分类，逐个系统进行识读。系统图一般包括生活给水系统、生活排水系统图、消火栓系统图、喷淋系统图等。

系统原理图识读步骤如下：

（1）查看消火栓系统管网干管

对照消火栓系统原理图，可以看出消火栓立管由地库消火栓管网接出，各立管管径均为 DN100。

（2）查看消火栓系统各个立管

XL-1、XL-2、XL-3、XL-4 立管向上穿越各层楼板到三层，各立管每层均连接一个消火栓，立管 XL-1 和 XL-4、XL-2 和 XL-3 在三层顶部分别连接成环，水平干管上设置 DN100 的蝶阀，立管顶端接出 DN20 支管连接自动排气阀门，立管 XL-1 和 XL-4 所在环路三层屋顶设置试验消火栓。XL-5、XL-6 和 XL-7 立管向上到二层，各立管每层均连接一个消火栓，并在二层顶部成环，每个立管顶部和顶部水平横干管均分别设置 DN100 的蝶阀，从此环路上向三层接出两个 DN65 消防立管 XL-5′ 和 XL-6′，各连接一个消火栓，并在 XL-6′ 顶部设置自动排气阀门。

平面图中用水集中的卫生间、盥洗间、浴室等部位，卫生器具和管线较多，由于比例关系在平面图中不太容易表达清楚，所以一般另出详图。平面图和系统图表示了卫生器具及管道的布置情况，详图可以反映卫生器具和管道的连接方式。详图主要把卫生器具、地漏、立管等设备及附件的定位尺寸，以及与管道的连接和管道复杂交叉处的避让方式详细地表达出来，便于施工。识读时可参照以上有关平面图、系统图识读方法进行，但应注意将详图内容与平面图及系统图中的相关内容相互对照，建立系统整体概念。

3.1.4　识读技巧

给水排水施工图识读时全面识读设计总说明，然后再识读各平面图、系统图和其他施工图时对总说明涉及的有关内容进一步对照阅读。需要了解给水排水管线、阀门及附件等常用图例，给水排水施工图识图时必须分清系统，各系统不能混读，按系统、分平面进行识读，将平面图与系统图对照起来看，以便相互补充和说明。

给水、排水和消防系统图纸识读时应分别按照水流的方向进行识读。给水系统按进水

流向先找系统的入口，按引入管、干管、支管到用水设备或卫生器具的进水接口的顺序，将平面图和系统图一一对应识读。排水系统按排水流向，从用水设备或卫生器具的排水口开始，沿排水支管、排水干管、排水立管到排出管的顺序识读。

★ 强制性条文

《建筑给水排水及采暖工程施工质量验收规范》GB 50242—2002

3.3.3 地下室或地下构筑物外墙有管道穿过的，应采取防水措施。对有严格防水要求的建筑物，必须采用柔性防水套管。

能力测试题 🔍

一、单选题

1. 图例 ◹ 表示（　　）。

A. 阀门　　　　　　B. 干粉灭火器　　　　　C. 水泵结合器　　　　D. 消火栓

2. 1号给水引入管管径为（　　）。

A. DN20　　　　　　B. DN25　　　　　　　C. DN50　　　　　　　D. DN100

3. 本工程消火栓系统共设置（　　）个屋顶试验消火栓。

A. 3　　　　　　　　B. 2　　　　　　　　　C. 1　　　　　　　　　D. 0

二、多选题

1. 关于本工程下列说法正确的是（　　）。

A. 本工程生活给水系统竖向不分区，由市政水压直接供水

B. 本工程室内排水采用污、废污合流

C. 本工程 XL-5 立管管径为 DN100

D. 本工程 Ⓦ₂ 出户管管径为 DN100

E. YL-8 雨水立管连接的雨水斗为 87 式雨水斗

2. 关于本工程下列说法错误的是（　　）。

A. 卫一洗脸盆配水支管标高为 0.350

B. 本工程灭火器箱内设置 1 具手提式灭火器

C. 本工程生活给水立管采用钢塑复合管，管径＜80mm，丝扣连接

D. XL-3 立管共连接 3 个消火栓

E. 本工程存水弯及水封深度不得小于 100mm

三、填空题

1. 本工程消火栓系统立管顶端设置的阀门为（　　）。

2. 图例 ◗ 表示（　　）。

3. 1号污水排出管标高为（　　）m。

3.2　建筑电气施工图

◆ **概念导入**

1. 配电干线系统图

配电干线系统图是指以建筑物、构筑物为单位，自电源点开始至终端配电箱止，按设备所处相应楼层绘制，包括变、配电站变压器编号、容量，发电机编号、容量，各处终端配电箱编号、容量，自电源点引出回路编号等内容。

2. 配电箱（或控制箱）系统图

配电箱（或控制箱）系统图是指从出某一配电箱进线回路开始，经配电箱至其各出线回路，表示出此配电箱在系统中与上下级配电箱的相互关系，以及与其相关的设备、元器件和管线参数等内容。

3.2.1　形成与作用

1. 图纸目录

图纸目录是将全部电气施工图按其编号、图名、图幅、张数等内容填入图纸目录表格，其作用是核对图纸数量，便于查阅图纸。

2. 设计总说明

设计总说明是把图示难以表达，或用文字描述更简单直接的部分用文字表达出来，如介绍土建工程概况，电气工程的设计范围，工程的类别或级别（防火、防雷、防爆及负荷级别）依据，电源概况，导线、照明器、开关及插座选型，电气保护措施，施工安装要求和注意事项等。同时可列出本套图纸涉及的图例和自编图例等内容。

设计总说明中的内容直接明了，但涉及的内容多、范围广，是对整个设计内容的宏观阐述，在电气施工图中起着指导性作用，是必不可少的图纸之一。

3. 建筑电气系统图

电气系统图是表示电气工程的供电方式、电能输送、分配控制关系和了解设备运行情况的图纸。系统图不是按比例投影画法表示，通常不表明电气设备的具体安装位置。电气系统图可清楚地表示出系统各配电盘、箱编号及所用的开关、熔断器等的型号、规格；配电干线及支线的导线型号、截面、根数、敷设方式等内容。可分为变配电系统图、动力系统图、照明系统图和弱电系统图等。

配电系统图是建筑电气施工图中重要的图纸，表示电力系统整体的配电关系或配电方案，使我们对整个工程的供电全貌与接线关系有整体性了解。

4. 建筑电气平面图

电气平面图表示了建筑各层的照明、动力、消防、防雷、弱电等电气设备的平面位置和线路走向，它是电气安装的重要依据。常用的电气平面图有：变配电平面图、动力平面图、照明平面图、防雷平面图、接地平面图和弱电平面图等。具体平面内容可以根据工程的繁简做布设，比较灵活。

电气平面图表示了建筑各层的照明、动力、消防、防雷、弱电等电气设备的平面位置和线路走向，它是电气安装施工的重要依据。

5. 大样图

大样图是表现电气工程中某一部分或某一部件的具体安装要求与做法的图纸。其中，大部分大样图选用的是国家标准图。对于某些电气设备或电器元件安装工程中有特殊要求或无标准图的部分，设计者绘制了专门的构件大样图或安装大样图，并详细地标明尺寸、施工方法和具体要求，指导制作、安装和施工。

6. 电气原理接线图

电气原理接线图表示具体设备或系统的电气工作原理及安装位置、方法、接线情况的图纸。建筑电气设备控制原理图，有标准图集的可直接标注图集编号。

电气原理接线图用以指导电气设备安装和控制系统的调试工作。

7. 设备及主要材料表

设备及主要材料表需列出图纸中用到的主要设备的型号、规格、数量及性能参数要求等内容，一般中小型工程设备及材料明细表直接写在图纸上，工程较大、内容较多时需专页编写。

设备及主要材料表常用于施工备料、设备采购和进行概预算编制。

3.2.2 图示内容

建筑电气施工图各类别图纸所表达主要内容详见表3.2。

建筑电气施工图图示内容 表3.2

序号	类别	主要内容
1	图纸目录	设计号、工程名称、图纸序号、图号、图名、图幅和备注
2	设计总说明	(1)设计依据、工程概况、设计范围 (2)设计内容:包括建筑电气各系统的电源情况、负荷等级、防雷等级等主要指标 (3)各系统的施工要求和注意事项,包括线路选型、敷设方式及设备安装等 (4)防雷、接地及安全措施 (5)图纸所使用的图例符号 (6)电气节能及环保措施、绿色建筑电气设计
3	建筑电气系统图	(1)配电干线系统图 (2)配电箱(或控制箱)系统图
4	建筑电气平面图	(1)配电平面图 (2)照明平面图 (3)防雷、接地平面图 (4)电气消防平面图
5	大样图	电气设备或电器元件及线路等某些节点的详细尺寸、施工方法和具体要求等
6	设备及主要材料表	主要电气设备的名称、型号、规格、单位、数量等

3.2.3　案例导入

下面以商务办公楼工程的电气施工图为例进行图纸识读。按照先图纸目录、设计施工说明，再系统图、平面图的顺序进行识读。

1. 图纸目录

图纸目录是将全部建筑电气施工图图纸汇总排序进行编制。通过目录，可以对整套图纸内容有个概念性的了解。比如通过目录我们可以了解图纸数量、图纸类型、图幅大小以及图纸比例等信息，可以通过比对目录和图纸，查看整套图纸的完备情况。熟悉目录是进行图纸识读的第一步。

本工程电气工程施工图图纸编号从电施-01到电施-07共7张图纸，其中包括电气设计施工说明、公共建筑施工图绿色设计专篇及等电位联结端子板做法详图、配电系统图、电气平面图和防雷平面图等图纸。

2. 电气设计施工说明和工程图例

设计说明是把图示难以表达，或用文字描述更简单直接的部分用文字表达出来。因此要逐条认真阅读，可以先粗略看，再细看，并结合后面施工图的识读加以全面理解。

识读步骤：首先全面识读设计总说明中本工程的基本信息，然后再识读电气系统、防雷接地等设计和施工相关内容，最后识读相关图例。

本工程电气设计施工总说明介绍了工程概况，设计依据，设计范围包括项目的配电系统、照明系统、防雷接地及节能环保相关内容，弱电和智能化系统不在本次设计范围内，重点介绍了电源、配电照明系统、防雷接地系统及导线电缆安装敷设的设计和施工要求。工程图例表列出了本工程常用的灯具、开关、插座、配电箱和等电位端子箱等符号，注明各设备的型号规格和安装高度等信息。

3. 系统图和平面图

建筑电气系统图表明了电力系统整体的配电关系，只有将整个电力系统中的各个系统配电关系理顺，才能结合平面图，对电气施工图进行识读。

识读步骤：建筑电气系统图识读采用从大到小，从整体到局部的方法。先识读配电干线系统图，了解整个配电系统的组成概况和联结方式，从主干线至各分支回路的相关内容；再识读配电箱（或控制箱）系统图，了解各配电箱及其进出回路的相关内容。

（1）查看系统总配电箱编号、位置、安装方式和进线、仪表及电器元件

本工程商务办公总配电箱编号为B4-1AW1，安装方式为离地1.5m暗装。配电箱的进线由变电所引来交联聚乙烯绝缘聚氯乙烯护套铜芯电缆，共5芯，其中4芯截面积为120mm^2，PE线截面积为70mm^2，桥架敷设。B4-1AW1配电箱进线处设置一个三相漏电保护断路器，型号为CM3-250L/3P-200A；多功能电表一块，型号为PMAC903。

（2）查看各分支回路编号、线缆敷设和仪表及电器元件

总配电箱引出线共有8个回路，其中WL1～WL6回路分别接至一层到三层照明配电箱，其余两个回路分别为备用回路和电涌保护回路。各层照明回路分别设置1块电度表和1个三相漏电断路器，断路器型号为CM3-100L/3P-50A，回路电缆为铜芯交联聚乙烯绝缘

聚氯乙烯护套电缆，共 5 芯，截面积均为 $16mm^2$，电缆穿桥架或硬塑料管，沿顶板内或墙内暗敷。电涌保护回路设置浪涌保护器专用后备保护器，型号为 T08/80-C11/4P，浪涌保护器型号为 VA40/4P。

电气平面图是建筑电气施工图的基本图示部分。根据项目具体情况可以用一张标准的平面图来表示相同各层的平面布置，具体平面内容可以根据工程的繁简做布设，比较灵活。

识读步骤：平面识读时应分系统分平面进行识读。读图时配电系统图和各层电气平面图互相对照，综合看图。

（1）查看配电系统图

B4-1AL1 为一层照明配电箱，安装方式为离地 1.5m 暗装。配电箱进线为 B4-1AW1 配电箱 WL-1 回路，配电箱内设置型号为 CH2-63/3P-C50A 的断路器，照明和插座回路由装饰设计确定，N1 回路为应急照明回路，回路上设置型号为 CH2-63/1P-C10A 的断路器，导线为铜芯聚氯乙烯绝缘耐火导线，3 芯截面积分别为 $2.5mm^2$，穿管径为 DN20 的焊接钢管，沿墙或顶棚暗敷。

（2）查看一层电气平面图

本层两个照明配电箱为 B4-1AL1 和 B4-1AL2，引自下层 B4-1AW1 配电箱。B4-1AL1 配电箱中应急照明回路接至一层的应急灯（A 型 3W）、安全出口指示（A 型 1W 常亮）、安全疏散指示（A 型 1W 常亮）和水泵启动按钮。应急照明系统通过报警总线接至下层消控中心，报警总线为铜芯聚氯乙烯绝缘耐火双绞型软线，2 芯截面积为 $1.5mm^2$，穿管径为 20mm 焊接钢管沿墙暗敷。应急照明系统通过 WE1 回路接至 A 型应急照明集中电源 ALE-1。

防雷平面图识读。以屋顶防雷平面图为例进行识读，明确防雷等级及防雷装置的位置，接闪带的材质和连接方式等内容情况。识读步骤如下：

本工程为三类防雷建筑物，接闪器为 $\phi 12$ 热镀锌接闪小针，针高 0.3m，针距 1.5m，具体位置如电施-07 所示。接闪器下设 $\phi 10$ 镀锌圆钢水平连接条，屋面设置 $\phi 10$ 镀锌圆钢接闪带作为防雷网格，沿屋面暗敷设，与防雷引下线可靠焊接。利用柱内四角四根主筋（$\phi 12$）作为引下线，共 14 处。

3.2.4　识读技巧

在识读电气施工图时需先进行系统图识读，理清整个系统脉络，明确系统各级配电的相互关系。然后再对照着系统图识读相应的平面图，了解在平面中的各个系统具体点位的接线及相互关系。

电气施工图识读时可按照"目录→设计说明→图例→系统图→平面图→详图"的图纸内容顺序识读。也可按照"进户线→变、配电所→开关柜、配电屏→干线→分配电箱→支线→用户配电箱→各路用电设备"的线路走向顺序识读。

对于土建施工类学生，在识读电气施工图时应着重了解设备安装方式、线缆竖向系统楼板的留洞、线缆入户处套管的预埋、线缆的敷设方式以及防雷接地系统的设置与安装等内容与土建施工之间相互关系,在施工中将电气工程相关内容综合考虑,进行预留预埋等施工工作。

★ 强制性条文

《民用建筑电气设计标准》GB 51348—2019

11.8.8 当采用敷设在钢筋混凝土中的单根钢筋作为防雷装置时,钢筋的直径不应小于 10mm。

《建筑设计防火规范》GB 50016—2014(2018 年版)

6.2.9 建筑内的电梯井等竖井应符合下列规定:

1 电梯井应独立设置,井内严禁敷设可燃气体和甲、乙、丙类液体管道,不应敷设与电梯无关的电缆、电线等。电梯井的井壁除设置电梯门、安全逃生门和通气孔洞外,不应设置其他开口。

2 电缆井、管道井、排烟道、排气道、垃圾道等竖向井道,应分别独立设置。井壁的耐火极限不应低于 1.00h,井壁上的检查门应采用丙级防火门。

3 建筑内的电缆井、管道井应在每层楼板处采用不低于楼板耐火极限的不燃材料或防火封堵材料封堵。

能力测试题

一、单选题

1. 图例 ◼ 表示(   )。

A. 动力配电箱   B. 照明配电箱   C. 消防疏散指示   D. 应急灯

2. 本工程配电线路中性线 N 的导线颜色为(   )色。

A. 蓝   B. 黄   C. 绿   D. 红

3. B4-1AW1 办公总配电箱出线共(   )个办公照明回路。

A. 5   B. 6   C. 7   D. 8

二、多选题

1. 关于本工程下列说法正确的是(   )。

A. 本工程为三类防雷建筑物

B. 本工程负荷等级为三级负荷,采用单电源供电

C. 本工程总配电箱引出线共有 8 个回路,均接至各楼层配电箱

D. 本工程办公总配电箱编号为 B4-1AW1

E. 本工程 B4-1AL1 配电箱 N1 回路导线为耐火导线

2. 关于本工程下列说法错误的是(   )。

A. 屋顶接闪器须与防雷引下线可靠绑扎连接

B. 作为引下线的柱内或剪力墙内主钢筋从上到下不能错位

C. 各类电气管线埋地时做防护处理后可穿过设备基础

D. 各类电气管线、桥架穿越防火墙时,应在安装完毕后用防火材料封堵

E. 电气管井应在每层楼板处采用不低于楼板耐火极限的难燃材料或防火封堵材料封堵

三、填空题

1. 本工程一层共设置了（　　　）个应急灯。

2. 图例 ▬ 表示（　　　）。

3. 电缆桥架单层敷设时，桥架上部距梁底等障碍物不小于（　　　）m。

3.3 暖通空调施工图

◆ 概念导入

1. 管道系统图

管道系统图是表示管道系统中介质的流向、流经的设备以及管件等连接、配置状况的图样。系统图需表示出管径、标高及末端设备，可按系统编号分别绘制。系统图采用与相应的平面图一致的比例，按正面斜二轴测的投影规则绘制，基本要素应与平、剖面图相对应。水、汽管道及通风、空调管道系统图均可用单线绘制。系统图中管路走向应与平、剖面图相吻合，应标明管径、标高、坡度，空调设备、供暖设备的编号，主要阀门仪表等部件的设置位置等。

2. 管道系统原理图

管道系统原理图是表示系统、设备的工作原理及其组成部分的相互关系的简图。管道系统图在不致引起误解时，可不按轴测投影法绘制，采用系统原理图形式。原理图基本要素应与平面图、剖面图及管道系统图相对应。

3. 系统流程图

系统流程图是表示暖通空调系统中各个设备及管线相关顺序的简图。冷热源系统、空调水系统及复杂的或平面表达不清的风系统可绘制系统流程图。系统流程图表示出设备、阀门、计量和现场观测仪表、配件，标注介质流向、管径及设备编号。流程图可不按比例绘制，但管路分支及与设备的连接顺序应与平面图相符。

4. 设备表

设备表是指列出使用的设备、性能参数、数量、安装位置、服务区域等内容，是设备的采购、安装不可缺少的资料。

3.3.1 形成与作用

1. 图纸目录

图纸目录是将全部暖通空调施工图按其编号、图名、图幅、张数等内容填入图纸目录表格，其作用是核对图纸数量，便于查阅图纸。

2. 设计总说明

设计总说明是把图示难以表达，或用文字描述更简单直接的部分用文字表达出来，通常包括设计说明、施工说明和图例等内容。设计说明阐述工程概况，设计依据，设计内容和范围，供暖、通风、空调和防排烟等系统的设计参数和设计要求；施工说明阐述设备、管道等施工安装方法和注意事项，以及施工采用的标注图集和验收依据。一般还会列出本套图纸涉及的图例和自编图例等内容。

设计总说明主要采取文字形式进行阐述，但涉及的内容多、范围广、理论性强，是对整个设计内容的宏观阐述，在暖通空调施工图中起着指导性作用，是必须具备的图纸之一。

3. 暖通空调平面图

暖通空调平面图以各层建筑平面为基础进行绘制，反映各层平面设备位置，管线走向、尺寸及管道附件等设置情况，可分为供暖系统平面图、通风系统平面图、空调风系统平面图和空调水系统平面图等，具体平面图内容可根据项目复杂程度进行组合拆分，灵活布设。

暖通空调平面图是暖通空调设备管线施工和安装的重要依据。

4. 暖通空调系统图

供暖、通风及空调系统管路纵横交错，在平面图上难以清楚地表达管线的空间走向，故采用系统图形式，将风管和水管的走向完整而形象地表达出来。系统图中管路走向应与平、剖面图相吻合，应标明管径、标高、坡度，供暖、通风和空调设备的编号，主要阀门仪表等部件的设置位置等。系统图有管道系统图、系统原理图、系统流程图等表达形式。暖通空调常用的系统图包括供暖水系统图、空调水系统图、空调风管系统图和防排烟系统图等。

系统图是暖通施工图的重要组成部分。暖通空调系统图能反映出整个供暖、通风和空调系统的设备、管线和主要阀门仪表等部件的设置位置及相对顺序关系，使我们对整个工程的暖通空调有系统性的了解。

5. 详图

供暖、通风、空调、制冷系统的各种设备及零部件施工安装，应注明采用的标准图，当无现成图纸可选，需绘制详图。如风管穿变形缝做法详图，水管穿墙、楼板详图，风机吊装、落地安装详图，风口安装详图等。

详图可将设备和管线的施工安装细节展示，用于指导管道连接和设备安装等施工。

6. 设备表

设备表是将工程中各系统采用的主要设备的型号、规格、数量及性能参数要求等内容一一列出，一般可以直接绘制在相应图纸上，当设备内容较多时可采用专页编写。

设备表作为设备采购的依据和进行施工概预算的参考。

3.3.2 图示内容

暖通空调施工图各类别图纸所表达主要内容详见表 3.3。

暖通空调施工图图示内容 表 3.3

序号	类别	主要内容
1	图纸目录	设计号、工程名称、图纸序号、图号、图名、图幅和备注
2	设计总说明	(1)设计依据、工程概况、设计范围、设计内容 (2)供暖系统相关内容 (3)空调系统相关内容 (4)通风系统相关内容 (5)防排烟系统 (6)废气排放处理措施、设备降噪、减振要求,管道和风道减振做法要求等 (7)施工安装要求及注意事项,采用的标准图集,施工及验收依据等

续表

序号	类别	主要内容
3	暖通空调平面图	(1)供暖平面图 (2)通风、空调、防排烟风道平面图 (3)空调水系统管道平面 (4)多联式空调系统平面
4	暖通空调系统图	(1)供暖系统图 (2)冷热源系统和空调水系统图 (3)防排烟系统图
5	详图	表示出风道、管道、风口、设备等与建筑梁、板、柱及地面的尺寸关系
6	设备表	主要设备的型号、规格、数量及性能参数要求等

3.3.3   案例导入

下面以商务办公楼工程的暖通空调施工图为例进行图纸识读。

1. 图纸目录

图纸目录是将全部暖通空调施工图图纸汇总排序进行编制。通过目录，可以对整套图纸内容有个概念性的了解。比如通过目录我们可以了解图纸数量、图纸类型、图幅大小以及图纸比例等信息，可以通过比对目录和图纸，查看整套图纸的完备情况。熟悉目录是进行图纸识读的第一步。

本工程暖通空调图纸编号从暖施-01 到暖施-08 总共 8 张图纸，其中包括暖通设计及施工说明、图例、平面图、节点大样和系统示意图等图纸。

2. 设计及施工说明和设备表

设计说明是把图示难以表达，或用文字描述更简单直接的部分用文字表达出来。因此要逐条认真阅读，仔细体会说明中的内容，并结合后面施工图的识读加以深入理解。

识读步骤：首先全面识读设计总说明，对暖通空调系统形式和要求有概念性的了解，然后在识读各平面图、系统图和其他施工图时，进一步对照总说明有关内容阅读。

本工程暖通设计及施工说明介绍了工程概况、设计依据，以及通风及防排烟系统的设计和施工要求，对本工程设计施工进行全面的介绍。最后列出本项目的主要设备表，设备表中列出了地上卫生间排气扇、地下室排风烟风机和设备用房排风风机的规格参数。

3. 暖通空调图例

本工程暖通空调图例分为系统标识、风管及附件、风系统设备及风口附件标注、消防风口及阀门、检测与控制等内容的工程常用图例，方便图纸识读时进行查阅。

4. 平面图

暖通空调平面图是暖通空调施工图的主要依据。根据项目具体情况，可以根据不同系统来绘制平面图。

识读步骤：平面识读时应对不同的平面图分别进行识读。以地下一层平面图为例，识读步骤如下：

（1）查看排烟机房及排烟风机

在地下一层平面图中，首先找到暖通空调设备用房，本工程为地下车库排烟机房，然后根据排烟机房内风机前后的进、排风系统分别进行识读。以 PF/Y-B1-1 风机为例，PF/Y-B1-1 风机为平时排风消防时排烟用，风机为落地安装。

（2）查看排烟风管尺寸、安装高度、管件阀门及风口

风机出口排烟风管尺寸为 1000mm×1000mm，风管上沿着排风方向分别设置了软接、止回阀和消声器等管件阀门，与 PF/Y-B1-1 风机出口风管共同接入尺寸为 2000mm×1000mm 的排风烟主管，主管接入竖井处设置 280℃排烟防火阀，风管接竖井处墙体留洞为 2050mm×1000mm，洞底距地面 300mm，两个风管的安装高度为距地 0.3m。风机入口排烟风管尺寸为 2000mm×500mm，风管贴梁底安装，机房内风管上设置了消声器，在出机房隔墙处设置了 280℃排烟防火阀。沿着风管走向，可以看出此系统负责防烟分区 B-1 的消防排烟和平时排风，排烟风管尺寸根据风量确定，最末端风管尺寸为 800mm×320mm。此系统风口为 S1H/d，根据图例此风口为钢制单层百叶风口并附带调节阀，风口设置于风管侧面，各个风口的定位在平面图上均有标明。其余通风及排烟系统的识读方法和技巧同上。

5. 详图

平面图风道或通风、空调、制冷机房等机房内管道与设备连接交叉复杂的部位，因平面图比例关系，在图中不太容易表达清楚，所以一般另出详图。平面图和系统图表示设备及管线的位置和走向，详图可以反映管线的相对关系和设备的接管情况。详图主要把设备的定位尺寸，以及与管道的连接和管道复杂交叉处的避让方式详细地表达出来，便于施工。识读时可参照以上有关平面图、系统图识读方法进行，但应注意将详图内容与平面图及系统图中的相关内容相互对照，建立系统整体概念。

本工程暖通空调节点大样给出了一些常用暖通空调设备及管线安装的一般做法，在施工中需要按照节点大样的要求来进行安装施工。例如在安装 PF/Y-B1-1 离心风机箱时，具体做法可参照离心风机箱落地安装大样图，在结构层整体浇筑混凝土基础，基础的长宽尺寸分别大于离心风机箱体尺寸 300mm，基础高度为高出建筑完成面 100mm，基础上对应于风机箱底部四个角点的位置分别设置 150mm 高的双层橡胶减振垫，减振垫上设置槽钢支架，最后将离心风机箱固定在槽钢支架上。

3.3.4 识读技巧

暖通空调施工图识读要分系统分平面进行识读。先识读平面图，再识读系统图，也可平面图和系统图进行互相对照。对于平面图中不太容易表达清楚的局部内容，可结合详图进行综合识读。

对于土建施工类专业的学生，识读暖通空调图纸时需要重点识读风管和水管穿墙体和楼板的留洞位置和尺寸、混凝土墙预埋管件，以及各个设备基础的设置情况。

★ 强制性条文

《建筑设计防火规范》GB 50016—2014（2018 年版）

6.3.5 防烟、排烟、供暖、通风和空气调节系统中的管道及建筑内的其他管道，在

穿越防火隔墙、楼板和防火墙处的孔隙应采用防火封堵材料封堵。风管穿过防火隔墙、楼板和防火墙时，穿越处风管上的防火阀、排烟防火阀两侧各2.0m范围内的风管应采用耐火风管或风管外壁应采取防火保护措施，且耐火极限不应低于该防火分隔体的耐火极限。

能力测试题

一、单选题

1. 图例 ⊏▢⊐ 表示（ ）。

A. 风管　　　　　　　B. 风口　　　　　　　C. 消声器　　　　　　　D. 调节阀

2. 地下机动车库排烟风管安装高度为（ ）。

A. 风管贴板底安装　　　　　　　　　　B. 风管贴主梁底安装

C. 风管底距本层地面高度为2200mm　　D. 风管底距地面高度为300mm

3. 轴流风机吊装时，吊杆顶部设置（ ）。

A. 橡胶减振垫　　　　B. 弹簧减振垫　　　　C. 伸缩节　　　　D. 减振器

二、多选题

1. 关于本工程下列说法正确的是（ ）。

A. 本工程风管材质采用复合风管

B. 本工程地下一层防火分区二分成两个防烟分区

C. 本工程水泵房设置机械通风系统，通风量按不小于4次/h设计

D. 本工程地下一层 D-6 轴交 D-Q-D-R 轴处排烟竖井留洞为2050×1000，底边距地300mm

E. 本工程离心风机箱落地安装时设置弹簧减振垫

2. 关于本工程下列说法错误的是（ ）。

A. 建筑风道要求施工时随砌随抹，做到光滑、严密、不漏风

B. 本工程风管均贴梁安装，矩形风管设计图中所注风管的标高，以风管中心线为准

C. 风管上的可拆卸接口不得设置在墙体或楼板内

D. 通风系统安装完毕后所有墙上预留孔均需用水泥砂浆封堵严实

E. 设备基础应预留，可在做屋面防水，保温后浇筑

三、填空题

1. 地下室配电间内排风管管径为（ ）。

2. 图例 ▷ 表示的阀件为（ ）。

3. 地下室 PF/Y-B1-1 风机的安装方式为（ ）。

项目 4　图纸自审及会审

能力目标

专项能力	能力要素	
建筑工程施工图校审能力	建筑施工图校审	发现建筑施工图中存在的“漏”“碰”“错”等问题
		提出解决问题的方法或建议
	结构施工图校审	发现结构施工图中存在的“漏”“碰”“错”等问题
		提出解决问题的方法或建议
	设备施工图校审	发现设备施工图中存在的“漏”“碰”“错”等问题
		提出解决问题的方法或建议

4.1 图纸自审

施工人员识读施工图的根本目的是熟悉理解图纸，从而顺利施工。但大量工程实践表明，施工图总是或多或少地存在"漏""碰""错"等一些问题，以致难以施工。这里的"漏"是指施工内容表达不齐全，有缺漏；"碰"是指同一内容在不同图纸中的表达不一致，有碰头现象；"错"指的是技术错误或表达错误。

这些问题对设计单位来说虽然不应该出现，但也是难免的。因此，在读懂施工图的基础上，施工人员必须对施工图进行校核，找出图纸中的问题，对表达遗漏的内容加以补充，对存在的碰头、错误、不合理的或者无法施工的内容提出修改建议，对不能判断的疑难问题也要记录下来，最终形成图纸自审记录。自审记录按照专业编制，下面就实际工程中常见的一些问题归纳并列举如下。

4.1.1　建筑施工图自审要点

1. 建筑总平面图
（1）平面设计中建筑物坐标、定位尺寸、标高标注是否个别有误或者缺漏。
（2）竖向设计中场地及道路标高是否不利于排水。
（3）必要的详图设计是否缺漏。
（4）消防车道宽度、距离是否满足消防要求。

2. 建筑设计总说明
（1）装饰做法表达是否完整。
（2）门窗内容表达是否有误：如门窗大小、数量，非标准窗表达不清楚。
（3）电梯（自动扶梯）选择及性能说明是否缺漏。

3. 建筑平面图
（1）底层平面图中指北针、剖面图剖切位置、散水的表示是否缺漏。
（2）局部定位尺寸、标高是否个别有误或者缺漏。
（3）局部房间名称、建筑设备、固定家具布置或做法是否个别缺漏。
（4）门窗编号、数量与门窗表是否一致。
（5）楼梯上下方向标注是否缺漏，或与楼梯详图是否一致。
（6）屋顶平面图中上人孔、水箱、检修梯等是否缺漏。
（7）主要建筑构造节点做法是否缺漏。
（8）公建的无障碍设施。

4. 建筑立面图
（1）立面图中表达的内容与平面图是否一致。
（2）关键标高标注是否齐全。
（3）平面图中未能表达清楚的窗，立面图中是否标注编号。

（4）外墙装饰做法标注是否齐全。

（5）立面图中构造节点索引标注是否个别有误或者缺漏。

（6）消防救援窗口是否明确标识。

5. 建筑剖面图

（1）轴线编号、尺寸、标高标注是否个别有误或者缺漏。

（2）剖面图应表达的内容是否完整。

6. 建筑详图

（1）楼梯布置是否符合强制性条文。

（2）栏杆设计是否符合强制性条文。

（3）节点详图造型、尺寸、标高与平面图或剖面图是否符合。

4.1.2 结构施工图自审要点

1. 结构总说明

（1）结构材料选用及强度等级说明是否完整，包括各部分混凝土强度等级、钢筋种类、砌体块材种类及强度等级、砌筑砂浆种类及等级、后浇带和防水混凝土掺加剂要求等。

（2）有关构造要求说明或者详图是否个别缺漏。

2. 基础平面图

（1）桩位说明是否完整准确，如桩顶标高、桩长、进入持力层深度等，桩基施工控制要求是否合理，沉管或成孔有无困难。

（2）桩位标注是否个别缺漏，与桩基平面图对照是否有误。

（3）基础构件定位是否个别缺漏或者有误。

（4）基础详图是否完整准确。

（5）基础平面位置和高度方向与排水沟、集水井、工艺管沟布置是否碰头。

3. 柱平法施工图

（1）柱布置及定位尺寸标注是否有误，特别注意上下层变截面柱的定位。

（2）柱详图是否个别缺漏或者有误。

4. 墙平法施工图

（1）墙布置及定位尺寸标注是否有误，特别注意上下层变截面墙的定位。

（2）墙身、墙边缘构件、连梁配筋标注是否个别缺漏或者有误。

5. 梁平法施工图

（1）对照建筑平面图的墙体布置，查看梁布置是否合理，梁定位尺寸是否个别缺漏。

（2）梁平法标注内容是否完整准确。

（3）对照建筑施工图的门窗、洞口位置及标高，查看梁面、梁底标高是否合理，有无碰头现象。

（4）查看结构设计是否引起施工困难，比如操作空间不够、施工质量不能保证等。

（5）梁预埋件是否缺漏。

6. 楼（屋）面板结构平面图

（1）对照建筑平面图，查看板面标高是否有误或者缺漏。

（2）现浇板配筋标注是否完整准确。

（3）现浇板预留孔洞、洞口加筋等标注是否无误。

7. 结构详图

（1）结构详图造型、尺寸等是否与建筑详图符合。

（2）结构详图配筋等标注是否有误或者缺漏。

4.1.3　设备施工图自审要点

1. 给水排水施工图

（1）对照目录表，看图纸是否有缺漏。

（2）看设计说明的内容，与平面、系统图或材料表表达的内容是否有不一致的地方，比如供水方式、排水体制、管材材料，水箱大小等等。

（3）平面图、详图中给排水管道是否与门窗、梁柱相碰。

（4）给排水管道之间，给排水管道与其他工种的风管、桥架等否相碰。

（5）给排水进出户管是否与地梁相碰。

（6）消火栓位置是否与配电箱相碰，喷头的位置是否与暖通专业的风口相碰。

（7）卫生设备安装详图所参标准图集是否标注。

（8）管道在平面图的走向与系统图是否一致，管道管径、标高的标注是否有缺漏或错误。

2. 电气施工图

（1）对照目录表，看图纸是否有缺漏。

（2）看设计说明的内容，与平面、系统图表达的内容是否有不一致的地方，比如供电方式、管线敷设方式、所选用的灯具、规格、型号、材料等。

（3）平面图看配电箱位置是否合理，暗装是否方便且不破坏结构，有无与给水排水专业消火栓相碰。灯具安装高度是否便于检修维护，位置是否合理，有无和梁相碰或设于梁边的情况。线路的走向是否与其他专业相碰，有无迂回供电，力求做到线路距离最短、便于施工、美观合理。同时要结合其他专业看电气设备位置是否冲突，预留空洞是否有碰撞。

（4）看防雷平面首先复核防雷等级，再就是注意避雷带，避雷网的布置情况是否符合各防雷等级的要求，看敷设方法，引下线的位置及做法是否合理得当。

（5）基础接地平面图看接地形式，接地电阻的大小选择是否合理，看接地测试点的位置、标高及做法等是否已标注。接地总等电位、电梯、设备接地引上线是否有漏缺。

3. 暖通空调施工图

（1）对照目录表，看图纸是否有缺漏。

（2）看设计说明的内容，与平面、系统图表达的内容是否有不一致的地方，比如空调系统形式、供暖系统形式、防排烟口位置、设备设置地点等。

（3）平面图中暖通空调风管、水管管道是否与梁柱相碰，各风管水管、末端设备、风口是否有明确的定位标注。

（4）暖通空调各系统风管水管之间，以及暖通空调管道与其他工种的管道、桥架等否相碰。

（5）设备机房详图中管道与设备是否有足够的安装空间，管道是否与梁柱相碰，设备和管线是否有明确定位。

（6）管道阀门是否设置正确，平面图和系统图是否一致。

（7）管道在平面图的走向与系统图是否一致，管道管径、标高的标注是否有缺漏或错误。

4.2　图纸会审

　　图纸会审是收到施工图审查中心审查合格的施工图设计文件（包括施工图和审查时变更的联系单）后，由监理单位负责组织施工单位、设计单位、建设单位、材料、设备供货等相关单位，在施工前进行的全面熟悉和会同审查施工图纸的活动。

1. 图纸会审目的

　　图纸会审的目的一是使施工单位和各参建单位熟悉设计图纸，了解工程特点和设计意图，找出需要解决的技术难题，并制定解决方案；二是解决图纸中存在的问题，减少图纸的差错，将图纸中的质量隐患消灭在萌芽之中。

2. 图纸会审内容

　　（1）本专业图纸表达内容有无缺漏或错误，前后图纸之间有无碰头。

　　（2）各专业之间有无矛盾，如建筑物基础与地沟、工艺设备基础等是否相碰，工艺管道、电气线路、设备装置与建筑物之间或相互间有无矛盾，布置是否合理。

　　（3）图纸与说明是否符合当地标准。

　　（4）图纸中要求的施工条件能否满足，材料来源有无保证，新材料、新技术的应用有无问题。

　　（5）建筑与结构构造是否存在难以施工，不方便施工，或容易导致质量、安全、工程费用增加等方面的问题。

3. 图纸会审程序

　　图纸会审应在施工前进行，基本程序如下：

　　（1）建设单位或监理单位代表主持会议。

　　（2）设计单位进行图纸交底。

　　（3）施工单位、监理单位代表提问题。

　　（4）逐条研究，统一意见后形成图纸会审记录。

　　（5）各方签字、盖章后生效。

4. 图纸会审纪要

　　（1）图纸会审纪要由组织会审的单位（一般为监理单位）汇总成文，交设计、施工等单位会签后，定稿打印。

　　（2）图纸会审纪要应写明工程名称、会审日期、会审地点、参加会审的单位名称和人员姓名。

　　（3）图纸会审纪要经建设单位盖章后，发给持施工图纸的所有单位，其发送份数与施工图纸的份数相同。

　　（4）施工图纸提出的问题如涉及需要补充或修改设计图纸者，应由设计单位负责在一定的期限内交付图纸。

　　（5）对会审会议上所提问题的解决办法，施工图纸会审纪要中必须有肯定性的意见。

　　（6）施工图纸会审纪要是工程师施工的正式技术文件，不得在会审记录上涂改或变更其内容。

附录 1 提供工程"桃源里小区 1 号地块 12 号楼"的图纸会审纪要，可供大家参考。

能力测试题

选用实际工程施工图或配套教材《综合实务模拟系列教材配套图集》中的施工图进行综合识读训练，并进行校审，编制自审记录。

附录 1

图纸会审纪要

工程名称：桃源里小区 1 号地块 12 号楼
会审日期：2021 年 6 月 20 日
会审地点：桃源里小区项目部办公室
参加人员：**建设单位—恒盛地产公司**

  王敏　方军　胡水福

设计单位—杭州恒元建筑设计院有限公司

  丁飞跃　郑浩南　李全　王彦

监理单位—浙江达信监理有限公司

  金南　张青峰　吴达胜

施工单位—通州长安建筑安装工程有限公司

  胡天富　黄兴国　曹志国

会审记录：

1. 建施 1 中墙体材料说明与结施 1 不符，以结施 1 为准。

2. 建施 3 中轴线Ⓐ处临空墙厚度与建施 4 详图不符，以详图为准。

3. 建施 5 中 3 号排风口部与结施 5 墙体位置不符处，以结施为准。

4. 建施 9 中设备阳台素混凝土翻边高度 120mm 调整为 150mm，栏杆高度 1000mm 不变。

5. 建施 12 中Ⓐ轴的㊱～㊳轴段窗 TLC1521 应为 TLC1524，门窗表中数量相应修改。

6. 建施 15 中扩散间尺寸与结构矛盾，结构详图为准。

7. 建施 18 中 3 号楼梯第一跑起始位置 1200mm 调整为 1500mm。

8. 结施 3 中Ⓑ轴框架柱 KZ2 截面标注 550×600 应为 600×600。

9. 结施 4 中⑨轴至⑩轴之间，在Ⓕ轴的 GQ-1 洞口上方设连梁 LL1，截面尺寸 250×1000，上下各配置 4Φ22、箍筋Φ8@150（2）。

10. 结施 5 中缺少雨篷详图，由设计单位另出联系单。

11. 结施 5 中⑩～⑪轴之间的 L6（2）尺寸集中标注尺寸 250×700 改为 300×700。

12. 结施 6 中⑲～㉑轴弱电井处 LKQ 同建施 5 不符，按建筑图定位尺寸，配筋按 LKQ1，⑲～㉑轴交①轴的隔墙 GQ-3 留设门洞宽度 1200mm，高度 2200mm，门洞居隔墙中布置，梁顶按 LL8 施工。

13. 结构 6 中㉓轴/Ⓒ轴向下 1900 轴线处在楼梯平台－2.480m 处楼梯梁 L1L，截面尺寸为 250×400，配筋同 LT2。

    14. 水施 3 中消火栓位置与结施 16 中楼梯构造柱相碰，向南移 60m。

    15. 水施 6 卫生间详图布置与建筑 8 不符，以水施为准。

    16. 电施 6 中配电箱安装困难，平移至轴线②处。

2021 年 6 月 27 日

建设单位：恒盛地产公司（公章）

设计单位：杭州恒元建筑设计院有限公司（公章）

监理单位：浙江达信监理有限公司（公章）

施工单位：通州长安建筑安装工程有限公司（公章）

商务办公楼施工图

目　　录

图 纸 目 录

项目名称	科创产业园区		设计阶段	施工图	专业	建 筑
工程名称	商务办公楼			共 1 页		第 1 页

备注：

审核		校对		设计		日期	

主要技术经济指标：

项目名称	数据	单位	备注
总用地面积	8575.76	m²	
总建筑面积	12567.63	m²	
地上建筑面积	6352.28	m²	
门卫建筑面积	19.45	m²	
综合楼建筑面积	4358.56	m²	
实验楼建筑面积	448.5	m²	
研发楼建筑面积	496.6	m²	
商务办公楼建筑面积	1029.17	m²	
地下建筑面积	6215.35	m²	
计容面积	6352.28	m²	
占地面积	1870.5	m²	
容积率	0.74		规划要求≤1.2
建筑密度		%	规划要求≤25%
绿地率	25.20	%	规划要求≥20.00%
地上机动车停车位	36	个	要求0.8辆/100m²
地下机动车停车位	127	个	
非机动车停车位	180	个	要求2.0辆/100m²

图 例

▢	新建建筑
▢	原有建筑物
⊡	地下建筑
─ ─	用地红线
────	建筑红线
▤	新建道路
▤	城市道路
8P	机动车停车位
▦	垃圾收集点
❀	绿化

X=0.000	X轴坐标
Y=0.000	Y轴坐标
5.250 ▽(±0.000)	绝对标高（相对标高）
5.100	室外地坪标高
4.500	道路设计标高
3F/1D H=9.90m	层数（地上/地下）建筑规划高度

设计说明：
1. 图中采用"1985国家高程基准（复测）"；
2. 图中所注距离：建筑物指外墙皮，道路不含路缘石；
3. 图中所注坐标：建、构筑物指外墙轴线交点；用地红线指折点坐标，道路指道路中心线坐标；
4. 图中所注建筑高度均指室外地面至女儿墙顶或檐口的高度；
5. 图中所注坐标、标高、尺寸均以米为单位；
6. 本项目的景观内容，具体做法等详图详见景观设计图纸；
7. 图纸未经许可不得进行任何形式的改动，复制及传播。

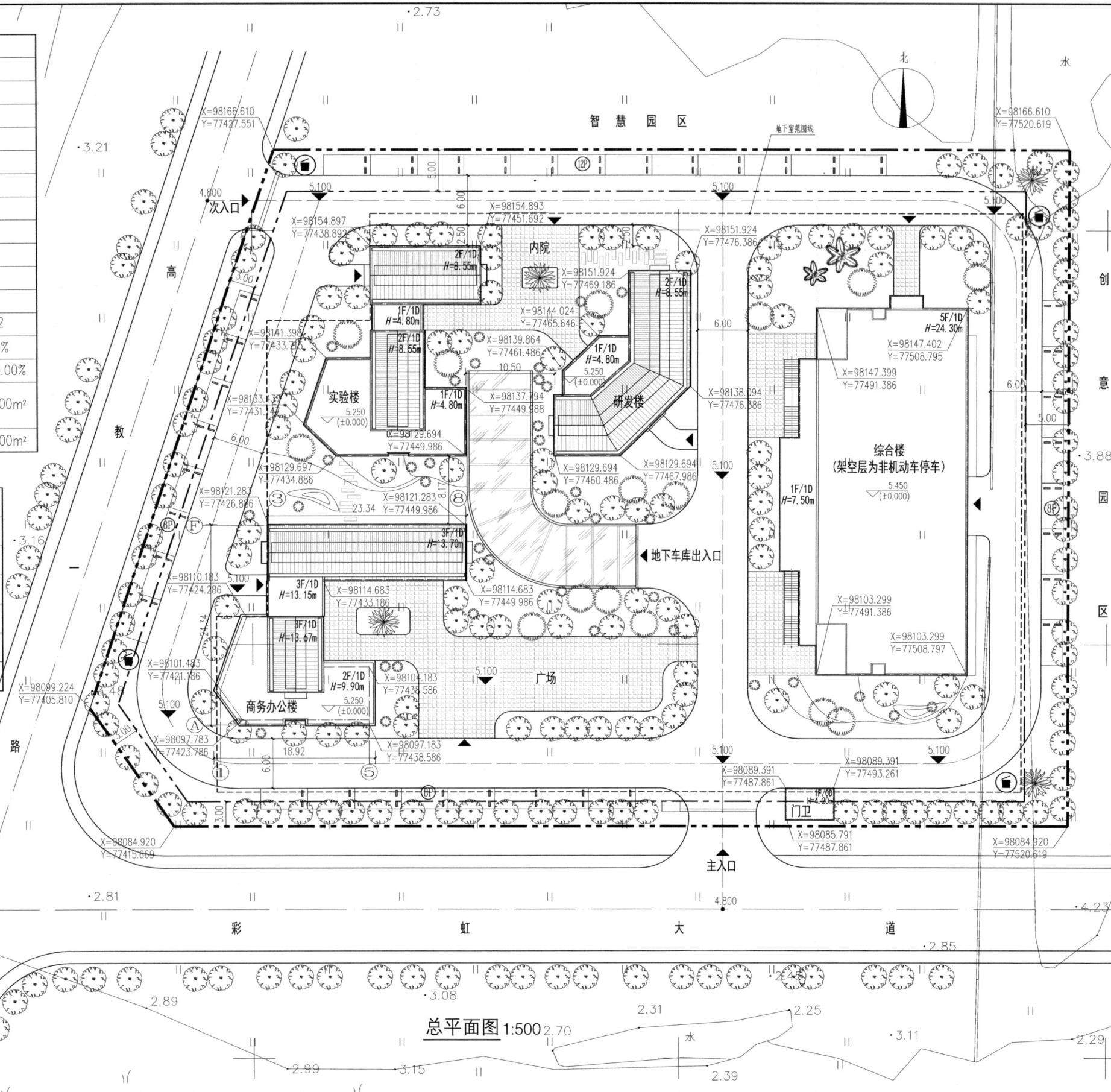

智慧园区

总平面图1:500

未盖出图章本图纸无效

总图区域示意

设计单位

建设单位

审定
审核
项目负责
专业负责
校对
设计
制图

项目名称
科创产业园区

工程名称　商务办公楼

图纸名称
总平面图

工程编号
日期
阶段　施工图
版次
比例　1:500
图别　建总施
图号　01

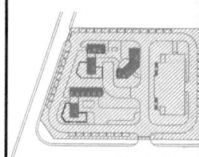

4

彩　虹　大　道

一　教　路

主入口

次入口

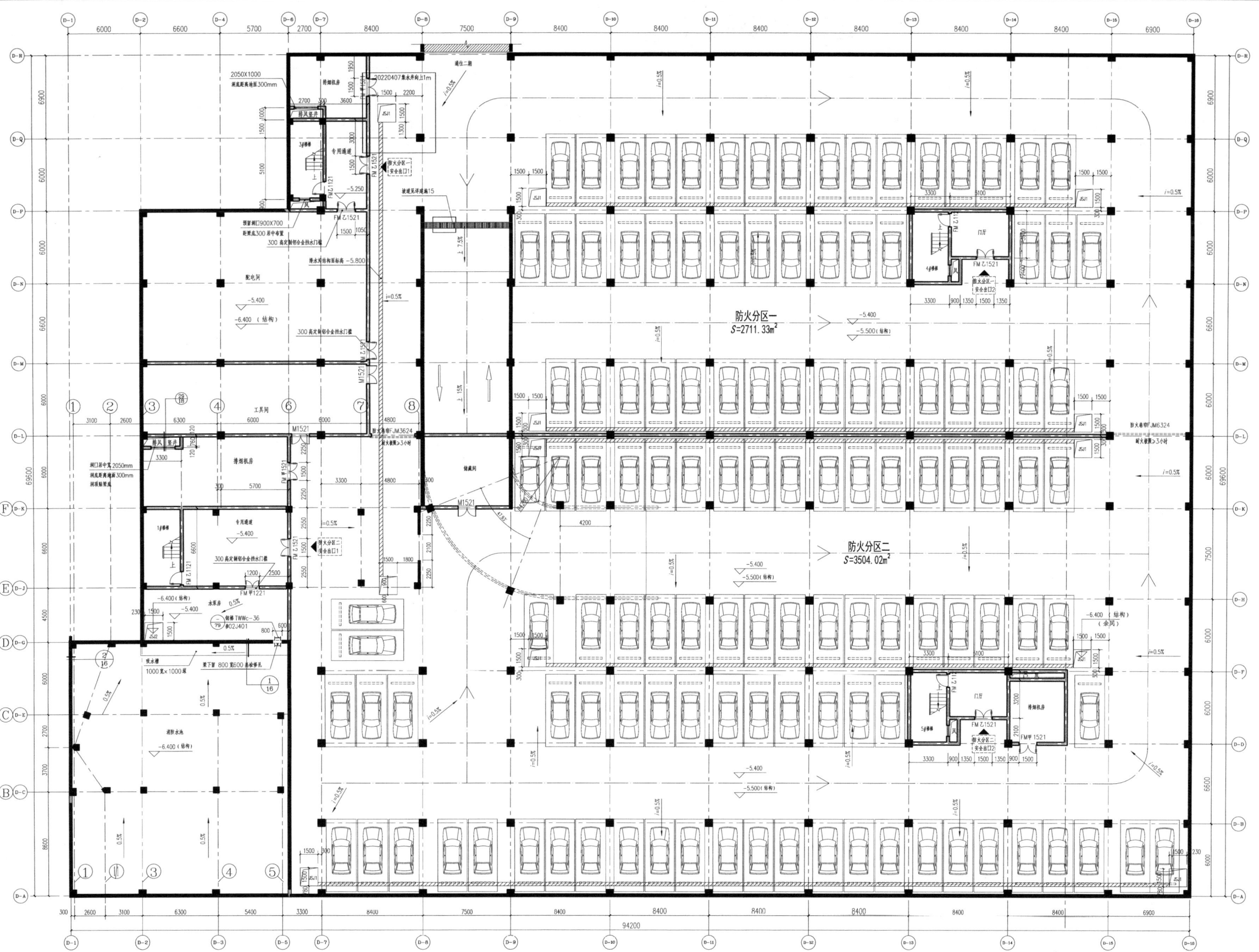

地下一层平面图 1:150

设计单位

建设单位

审定
审核
项目负责
专业负责
校对
设计
制图

项目名称
科创产业园区

工程名称 商务办公楼

图纸名称
地下一层平面图

工程编号
日期
阶段 施工图
版次
比例 1:150
图别 建施
图号 00

防火分区一
S=2711.33m²

防火分区二
S=3504.02m²

配电间

工具间

专用通道

水泵房

消防水池

注：
1. 本层建筑面积6215.35m²，以①-14轴另分为两个防火分区。
2. 共有机动车停车泊位127个，车库北面与二期连通。

5

建筑设计总说明（一）

一 设计依据

1 规划部门提供的本地块实测地形图及用地、道路红线图

2 甲方提供的设计任务书、地质勘察报告及相关各阶段批复文件

3 现行的国家、XX省及地方有关建筑设计规范、规程和规定

 1）《xx市城市规划管理技术规定》（2014年版）

 2）《民用建筑设计统一标准》GB 50352—2019

 3）《建筑设计防火规范》GB 50016—2014（2018年版）

 4）《建筑工程设计文件编制深度规定》（2016年版）

 5）《建筑内部装修设计防火规范》GB 50222—2017

 6）《无障碍设计规范》GB 50763—2012

 7）《公共建筑节能设计标准》GB 50189—2015

 8）《屋面工程技术规范》GB 50345—2012

二 工程概况

1 工程名称：商务办公楼

2 建设地点：XX市XX区XX路南侧、XX路西侧

3 建设单位：XXX置业有限公司

4 商务办公楼：建筑面积：1029.17m²；占地面积：378.49m²；

 地下建筑面积：6215.35m²

5 建筑层数及高度：地上3层（局部2层），层高均为4.20m；地下1层，层高5.40m

 建筑规划高度13.70m

6 结构体系及抗震：框架剪力墙结构； 抗震设防烈度：7度

7 建筑分类：多层公共建筑； 设计使用年限：50年

8 耐火等级：地上二级，地下一级；屋面防水等级为Ⅰ级；地下室防水等级为Ⅰ级

三 设计总则

1 图中所注总图及标高以米为单位，其余尺寸以毫米为单位。

2 凡施工及验收规范中对建筑物各部位（如屋面、砌体、地面、门窗等）所用材料、规格、施工及验收要求等有规定者，本说明不再重复，均按有关现行规范执行。

3 设计中采用的标准图、通用图，均应按照该图集的图纸和说明要求进行施工。

4 所有与给水排水、电气、暖通、智能化等专业有关的预埋件、预留孔洞、施工时必须与相关专业密切配合。

5 玻璃幕墙、金属幕墙、石材饰面、轻钢雨篷等另行出图，应由具备相应专业资质的单位承担制作与安装，须得到甲方及本院认可方能实施。

6 总图设计中的环境绿化、小品等景观设计以及室外泛光照明设计另详见相关专项施工图。

7 内装修部分：本工程室内装修除按《室内外装修做法表》规定的装修项目外，其余由二次室内装修设计确定。

四 建筑物位置及设计标高

1 建筑总体标高及定位以甲方提供的场地测绘数据及周边道路资料为依据。

2 本图纸除注明外所注地面、楼面、楼梯平台均为建筑完成面标高。屋面标高为结构板面标高（不含找平层、保温层、防水层等），门窗及门洞标高为结构留口标高。

3 本工程所注±0.000标高，相当于绝对标高5.250m（黄海高程），室内外高差0.15m。

五 墙体工程

1 本工程均采用预拌砂浆。各类承重构件及地下墙体的材料以结施图为准。

2 除注明者外，±0.000以上内、外墙采用240mm或120mm厚砂加气混凝土砌块。外墙部分采用无机保温砂浆内外复合保温系统，具体做法见《室内外装修做法表》。

3 凡不同墙体材料交接处在内外墙粉刷前加铺一层耐碱玻纤网格布，网宽300mm，每边各搭接150mm，防止墙体粉刷层产生水平和竖向裂缝。

4 砌块墙体的构造措施以及与主体结构构件的连接要求应严格按照相应产品的标准图集和施工验收规程实施，山墙上检查门防火等级按平面标注；除注明外，管道检修门洞底做300mm高C20混凝土翻边宽度同墙厚。

5 预留洞封堵：钢筋混凝土墙上的留洞封堵见结施和设备专业图纸，砌筑墙预留洞见建施和设备专业图纸；砌筑墙留洞待管道设备安装完毕后，用C20细石混凝土填实，防火墙上留洞的封堵应采用防火封堵材料。

6 凡外墙的突出部分做粉刷时，粉刷上口均做1%向外排水坡度，下口均做滴水线；所有砖墙体与屋面、露台相邻时，均做300mm高素混凝土翻高（若有详图以详图为准），标号同该层楼板。

六 楼地面工程

1 楼地面做法详见室内外装修做法表，踢脚高120mm，用料除注明者外均同相应楼地面做法。

2 卫生间地面较同层地面低50mm（无障碍卫生间低15mm，斜面过渡），坡向地漏，坡度不小于1%。卫生间等有水房间（含井道）四周墙体下部（除门洞外）均设浇墙宽、200mm高混凝土翻边（强度等级同楼板），与楼板一起浇捣以利防水。

3 卫生间地面地漏应在该房间最低处，当管道穿过有水浸的楼地面时，采用预埋套管，套管与楼地面用防水胶泥堵实，以防渗漏。

4 所有楼面上的预留洞待管道安装完毕后，必须每层用与楼面同强度等级的混凝土浇捣封堵并采用防水胶泥密实。

七 屋面工程

1 本工程屋面防水等级为Ⅰ级，屋面具体防水做法详室内外装修做法表。

2 屋面坡度采用建筑找坡，材料为轻骨料混凝土（容重800kg/m³），坡度2%，具体找坡方向及水沟设置详建施及水施屋顶平面图。

3 不同位置不同标高屋面保温做法详室内外装修做法表及节能设计表。

4 卷材防水屋面基层与突出的屋面结构（如女儿墙、立墙等）的连接处以及基层的阳角、阴角形状变化处（如水落口、檐沟等），均应增设一层干铺卷材增强层，并做成圆弧。

5 高低跨卷材屋面有组织排水时，水管落下处增设钢筋混凝土水簸箕（400mm×400mm）。

6 刚性屋面与女儿墙及突出屋面的交接处，均用柔性密封材料密封。

7 瓦屋面的施工要求应符合09J202《坡屋面建筑构造》图集的规定。

八 门窗工程

1 本工程外窗采用深色断桥隔热铝合金框，6+12+6较低透光Low-E中空安全玻璃，气密性不低于6级，可见光透射比不小于0.6，可开启面积不小于窗面积的30%，气密性不低于4级。外门窗的有关技术要求参见《建筑门窗应用技术规程》DB33/1064—2009，并应符合国家及行业规范、标准的要求。

2 外门窗及樘详墙身节点图，内门立樘除图中注明外，门框墙（或柱）边120mm，并依门开启方向立平抹灰线；窗位置除图中注明外，均立墙中。管道竖井设门槛高300mm，

卫生间门安装时，门扇宜高出地面20mm。

3 为了保证质量，建筑门窗的各项指标必须达到以下标准：建筑外窗的隔声量不得低于GB 8485—2002（30≤RW≤35）；雨水渗透性不得低于250Pa；最低抗风压指标不得低于2500Pa，气密性不应低于6级。

4 凡防火门窗及防火卷帘均应采用有关消防部门认可的合格产品。

5 门窗玻璃设计应符合《建筑安全玻璃管理规定》、《建筑玻璃应用技术规程》JGJ133的有关要求。

6 低于800mm的窗台均采用防护栏杆，防护高度不小于1100mm。凡栏杆采用玻璃栏板的需采用12mm厚钢化夹胶玻璃，色彩同外窗玻璃。外窗框与外墙之间缝隙应采用高效保温材料填充，并用密封材料嵌缝。

九 幕墙工程

1 本项目玻璃主要采用明框玻璃幕墙（另行出图），由甲方另行委托设计。

2 玻璃幕墙的设计、制作和安装应执行《玻璃幕墙工程技术规范》JGJ 102—2003、《建筑幕墙安全技术要求》XX建[2013]2号文。

3 本工程的幕墙立面图表示立面形式、分格、开启方式、颜色和材质要求，幕墙的隔声量不得低于GB 8485—2002标准中的3级标准等性能分级的规定，雨水渗透性能不得低于250Pa；最低抗风压指标不得低于2500Pa，气密性不应低于4级。

4 玻璃幕墙窗槛墙、窗间墙采用不燃材料填充，无窗间墙处在每层楼板外沿设耐火极限大于1小时、高度0.8m的不燃实体墙裙（办公与商业间为1200mm），幕墙与每层楼板、隔墙用防火材料封堵。

十 内外装修工程

1 建筑内外装修做法详室内外装修做法表（二次装修的部分除外），本工程所选用的建筑材料和装修材料必须符合《民用建筑工程室内环境污染控制规范》的规定。

2 内装工程执行《建筑内部装修设计防火规范》GB 50222，楼地面部分执行《建筑地面设计规范》GB 50037。

3 有吊顶的房间，其粉刷或装饰面层应做至吊顶标高以上100mm处。

4 建筑物外墙明造做雨水竖管均涂与外墙色相似颜色。

5 有噪声的机房（冷冻机房、发电机房、空调机房）墙体及顶板均做隔声处理，设备采用低噪声设备，基础考虑减震，隔声做法详室内外装修做法表。

6 外窗台盖板面抹灰必须向外坡，坡度≥6%，女儿墙板顶面抹灰须明显高向内板，坡度不小于6%。

7 内墙混合砂浆粉刷。内墙阳角、柱及门窗洞口阳角处均做每侧50mm宽20mm厚1:2水泥砂浆护角及粉刷，高度2m。详室内外装修做法表。

十一 油漆涂料工程

1 所有预埋件、木构件均需作防腐防锈处理，金属构件等均刷红丹一度，防锈漆两度。

2 室内外各项露明金属件的油漆于刷防锈漆2道后再做与室内外部位相同颜色的漆。

3 木门：普通木门满刮腻子，调和漆一底二面，其他详装修。

4 各项油漆均由施工单位制作样板，经确认后进行封样，并据此进行验收。

项目	内容
	总图区域示意
设计单位	
建设单位	
审定	
审核	
项目负责	
专业负责	
校对	
设计	
制图	
项目名称	科创产业园区
工程名称	商务办公楼
图纸名称	建筑设计总说明（一）
工程编号	
日期	
阶段	施工图
版次	
比例	
图别	建施
图号	01

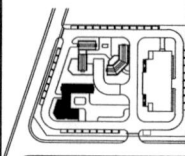

建筑设计总说明（二）

十二 无障碍设计

无障碍设计按《无障碍设计规范》GB 50763—2012执行；设置无障碍电梯及

无障碍厕所；通道、入口按规范要求设置，各无障碍部位设置明显标识，无障碍设施

具体详见施工图及说明。

十三 安全防护

1 凡窗台低于800mm，均在窗台上加设防护栏杆，具体做法详专业厂家的专项设计。

2 室外平台、室外走道、室内中庭设不小于100mm混凝土翻边（与楼板一起浇捣），上立

防护栏杆，栏杆垂直间距≤110mm，详专业厂家的专项设计，栏杆扶手顶面距建筑

完成面不小于1100mm；如有可踏面的从可踏面算起。

3 公用楼梯间的楼梯斜手垂直高度为1000mm，凡平台水平段大于500mm时栏杆

高度为1050mm，其余未注明的临空栏杆高度为≥1100mm（如有可踏面的从可

踏面算起）楼梯栏杆垂直杆件间净空不应大于0.11m。

4 所有金属栏杆、玻璃栏板等须经专业厂家进行专项设计并经设计单位确认后方可施工，

栏杆承受的荷载应符合《建筑结构荷载规范》GB 50009—2012有关规定。

十四 地下室和室内防水工程

1 本工程地下室防水等级为一级，设防做法详见"工程做法"。

2 地下室防水工程执行《地下工程防水技术规范》GB 50108—2008和地方的有关

规定。

3 底板、侧墙、顶板采用抗渗等级P6的防水混凝土浇筑，结构表面应平整光洁且应按

《地下防水工程质量验收规范》GB 50208—2011施工。

4 室内防水做法见"室内装修做法表"，要求防水的地面和墙面的做法，穿楼板管道应

按照各工种要求预埋止水套管。

5 防水混凝土的施工缝、穿墙管道预留洞、转角、坑槽、后浇带等部位和变形缝等地下

工程薄弱环节应按《地下防水工程质量验收规范》GB 50208—2011施工。

十五 防火设计说明

1 本工程属于多层公共建筑，建筑层数为地上3层，地下1层。

执行《建筑设计防火规范》GB 50016—2014

《XX省消防技术规范难点问题操作技术指南》X通字（2015）54号。

2 建筑物间距及消防车道、消防水源的设置见总平面图；每层消防救援窗口的设置见平、

立面图，窗口的玻璃应易于破碎，并应设置可在室外易于识别的明显标志。

3 本工程设置了以下消防设施：灭火器、室内消火栓系统、室外消火栓系统、排烟设施；

有关消防系统及设施的设计详见机电专业的施工图。

4 建筑物防火分区：地下室为2个防火分区，每个防火分区的建筑面积不大于4000m²；

地上建筑为1个防火分区，每个防火分区的建筑面积不大于2500m²。

5 安全疏散：防火分区的最多人数和安全疏散宽度、疏散口数量、安全疏散距离等见下表：

楼层	防火分区	最远疏散距离(m)	疏散楼梯类型和数量	楼梯间防烟方式
一层		13.10	直通室外	自然通风
二层	1个	15.24	敞开楼梯2个	自然通风
三层		14.78	敞开楼梯2个	自然通风
地下室	2个	36.45	封闭楼梯4个	机械通风

6 防火建筑构造：

6.1 防火墙、内隔墙均应从楼地面基层隔断至梁、楼板或屋面板的底面基层不留缝隙。

6.2 防火墙应直接设置在建筑的基础或框架、梁等承重结构上，框架、梁等承重结构的耐火

极限不应低于防火墙的耐火极限。

6.3 附设在建筑内的消防控制室、灭火设备室、消防水泵房和通风空气调节机房、变配电

室等，应采用耐火极限不低于2.00h的防火隔墙和1.50h的楼板与其他部位分隔。

通风、空气调节机房和变配电室开向建筑内的门应采用甲级防火门，消防控制室和其

他设备房开向建筑内的门应采用乙级防火门。

6.4 电缆井、管道井、排烟道、排气道等竖向井道，井壁的耐火极限不应低于1.00h，

井壁上的检查门应采用丙级防火门。

6.5 建筑内的电缆井、管道井应在每层楼板处采用不低于楼板耐火极限的不燃材料或防火封

堵材料封堵。建筑内的电缆井、管道井与房间、走道等相连通的孔隙应采用防火封堵材

料封堵。

6.6 防烟、排烟、供暖、通风和空气调节系统中的管道及建筑内的其他管道，在穿越防火隔

墙、楼板和防火墙处的孔隙应采用防火封堵材料封堵。风管穿过防火隔墙、楼板和防火

墙时，风管上的防火阀、排烟防火阀两侧各2.0m范围内的风管应采用耐火风管或风

管外壁应采取防火保护措施，且耐火极限不应低于该防火分隔体的耐火极限。

6.7 楼梯间内不应有影响疏散的凸物或其他障碍物；封闭楼梯间内禁止穿过或设置可燃气

体管道；敞开楼梯间内不应设置可燃气体管道。

6.8 封闭楼梯间的门应采用乙级防火门，并应向疏散方向开启。通向室外楼梯的门应采用

乙级防火门，并应向外开启。

6.9 除管井检修门外，防火门（双扇防火门）应具有自行（按顺序）关闭功能。

6.10 除平时需要控制人员随意出入的防火门外，防火门应能在其内外两侧手动开启。

防火门关闭后应具有防烟性能。

6.11 外墙采用内、外保温系统，保温材料采用无机保温砂浆，燃烧性能等级为A级。

屋面外保温系统保温材料采用挤塑板，燃烧性能等级为B1级；

采用的不燃材料防护层厚度不小于10mm；底部接触室外空气的架空或外挑楼板的

保温材料采用岩棉板，燃烧性能等级为A级。

十六 其他

1 土建施工过程中，应与水、电、空调、通风、煤气等工种密切配合，若发现有矛盾，

应与设计单位协商解决。凡需安装设备的地方，待设备到货后应与设计图纸核对

相符之后才可施工。

2 卫生洁具暂按常规尺寸考虑，施工中按甲方要求配置。

3 风管外墙（窗）上洞口处设铝合金百叶窗，色彩同窗框。

4 施工中如需修改设计，必须经设计单位同意且出修改通知单，以此为依据施工。

5 凡本工程说明及图纸未详尽处，均按国家有关规程规范执行。

6 本项目各专业图纸须经专业单位图审以及规划、消防等各政府职能部门审批通过后

方可施工。

工程做法表（一）

名称	做法说明	使用部位
外墙	真石漆外墙 1）真石漆 2）5厚聚合物抗裂砂浆（压入耐碱玻纤网格布） 3）30厚无机保温砂浆Ⅱ型 4）15厚水泥砂浆（内掺防水剂） 5）界面砂浆一道 6）蒸压砂加气混凝土砌块B07级 7）界面砂浆一道 8）35厚无机保温砂浆Ⅱ型 9）5厚聚合物抗裂砂浆（压入耐碱玻纤网格布） 10）内墙做法详见内墙	外墙 详立面
	面砖外墙 1）1:1水泥砂浆勾缝 2）外墙面砖错缝搭接，专用粘结砂浆粘结 3）5厚抗裂砂复合0.8厚钢丝网（塑料锚栓500x500锚固） 4）30厚无机保温砂浆Ⅱ型 5）15厚水泥砂浆 6）蒸压砂加气混凝土砌块B07级 7）界面砂浆一道 8）35厚无机保温砂浆Ⅱ型 9）5厚聚合物抗裂砂浆（压入耐碱玻纤网格布） 10）内墙做法详见内墙	外墙 详立面
内墙	涂料墙面 1）白色内墙涂料二道 2）8厚1:0.5:3水泥白灰砂浆面 3）12厚1:1:6水泥白灰砂浆 4）表面清理、界面砂浆（混凝土表面）	楼梯间
	砂浆墙面（防水） 1）面层业主自理 2）8厚1:2.5水泥砂浆拉毛面层（掺4%防水剂） 3）12厚1:3水泥砂浆粉平压光（掺4%防水剂） 4）满铺纤维网格布（含混凝土与砌体墙连接处） 5）墙体基层，专用界面砂浆	卫生间
	批平批白墙面 1）腻子批平批白 2）16厚1:1:4混合砂浆分层粉平压光 3）专用界面砂浆 4）墙体基层	办公

未盖出图章本图纸无效

总图区域示意

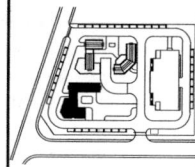

设计单位	
建设单位	
审定	
审核	
项目负责	
专业负责	
校对	
设计	
制图	

项目名称

科创产业园区

工程名称	商务办公楼

图纸名称

建筑设计总说明（二）
工程做法表（一）

工程编号	
日期	
阶段	施工图
版次	
比例	
图别	建施
图号	02

工程做法表（二）

名称	做法说明	使用部位
顶棚	涂料顶棚	楼梯间
	1）刷白色内墙涂料二度	
	2）二度白水泥（加801胶水，水泥重量1%）	
	3）界面砂浆一道	
	4）现浇钢筋混凝土板	
	批平批白顶棚	办公
	1）腻子批平批白	
	2）界面砂浆一道	
	3）现浇钢筋混凝土板	
	其他顶棚	
	需要其他需要二次装修的房间及区域	
楼地面	地砖楼面（带防水层）	所有卫生间
	1）8～10厚地砖600X600，干水泥擦缝	
	2）20厚1:3干硬性水泥砂浆结合层，表面撒水泥粉	
	3）1.2厚JS防水涂料（三道），四周翻起500	
	4）20厚1:3水泥砂浆找坡抹平	
	5）素水泥浆一道	
	6）现浇钢筋混凝土楼板随捣随抹（四周设置与墙体同厚的C20混凝土墙200mm）	
	石材楼面	一层房间（除卫生间外）
	1）20厚磨光石材板，水泥砂浆擦缝	
	2）30厚1:3干硬性水泥砂浆结合层	楼梯间
	3）现浇钢筋混凝土板	
	地砖楼面	二层以上房间（除卫生间外）
	1）8～10厚地砖600X600，干水泥擦缝	
	2）20厚1:3干硬性水泥砂浆结合层，表面撒水泥粉	
	3）水泥浆一道（内参建筑胶）	
	4）现浇钢筋混凝土楼板	
屋面	屋面1（不上人瓦屋面）	瓦屋面
	1）深灰色混凝土瓦	
	2）30X30@300杉木挂瓦条@300（防腐、防火、防蛀）阻隔膜卷材一道	
	3）95厚挤塑板嵌入顺水条（30X100@600）	
	4）4.0厚BAC自粘防水卷材	
	5）20厚水泥砂浆一道	
	6）现浇钢筋混凝土结构	
	屋面2（檐沟）	檐沟
	1）40厚C25细石混凝土随捣随抹整捣层（内配Ø6@200双向钢筋网片）	
	2）聚酯无纺布一道	
	3）3.0厚BAC自粘防水卷材	

名称	做法说明	使用部位
屋面	4）1.5厚聚氨酯防水涂料	檐沟
	5）60厚挤塑板（B1）	
	6）最薄处30厚LC轻骨料混凝土2%找坡兼找平层	
	7）现浇钢筋混凝土结构	
	屋面3（上人屋面）	植草屋面
	1）植被层	
	2）种植土层	
	3）≥200g/m² 无纺布过滤层	
	4）≥25高凹凸型排（蓄）水板	
	5）4.0厚BAC自粘防水卷材（耐根穿刺复合防水层）	
	6）1.5厚聚氨酯防水涂料	
	7）40厚C25细石混凝土保护层	
	8）干铺土工布一道	
	9）60厚挤塑板	
	10）最薄处30厚LC轻集料混凝土2%找坡层	
	11）现浇钢筋混凝土结构	
	屋面4（不上人屋面）	平屋面
	1）50厚C25细石混凝土随捣随抹整捣层，内配Ø6@200双向钢筋网片	
	2）聚酯无纺布一道	
	3）75厚挤塑板	
	4）3.0厚SBS改性沥青防水卷材	
	5）2.0厚高聚物改性沥青防水涂膜	
	6）1:2水泥砂浆找平层	
	7）最薄处30厚LC轻集料混凝土2%找坡层	
	8）现浇钢筋混凝土结构	
坡道	水泥砂浆	一层出入口
	1）20厚1:2水泥砂浆抹面，做出60宽7深礓磋面层	
	2）素水泥浆一道（内掺建筑胶）	
	3）100厚C20混凝土	
	4）150厚碎石垫层	
	5）素土夯实	
地下室	外墙	消防水池泵房
	1）现浇钢筋混凝土自防水侧墙（抗渗等级P6）	
	2）1.5厚高分子卷材一层（自粘性）	
	3）1.3厚聚合物水泥防水胶粘材料	
	4）20厚1:3水泥砂浆找平层	
	5）30厚挤塑聚苯乙烯泡沫塑料板（保护层）	
	6）2:8灰土分层夯实	
	内墙1：防霉涂料	
	1）刷内墙防霉涂料二道	

名称	做法说明	使用部位
地下室	2）2厚耐水腻子两遍	地下室
	3）16厚1:3水泥砂浆分层赶平	
	4）SN界面粘结剂	
	5）页岩砖或混凝土墙	
	内墙2：水泥砂浆（消防水池）	
	1）20厚1:2水泥砂浆内掺5%防水剂	
	2）SN界面粘结剂	
	3）钢筋混凝土侧墙	
	顶棚：防霉涂料	
	1）刷防霉涂料二道	
	2）满刮2厚耐水腻子分遍批平	
	3）SN界面粘结剂	
	4）现浇钢筋混凝土板	
	地面1：细石混凝土（有水房间）	
	1）C25细石混凝土找坡，坡向地沟（最薄处30）	
	2）现浇自防水钢筋混凝土底板（抗渗等级P6）	
	3）50厚C20细石混凝土	
	4）隔离层	
	5）1.5厚高分子卷材一层（自粘性）	
	6）20厚1:2.5水泥砂浆找平层	
	7）100厚C15混凝土垫层	
	8）素土夯实（夯实系数≥0.94）	
	地面2：细石混凝土	
	1）30厚C20细石混凝土，表面撒1:1水泥沙子随打随抹光	
	2）现浇自防水钢筋混凝土底板（抗渗等级P6）	
	3）50厚C20细石混凝土	
	4）隔离层	
	5）1.5厚高分子卷材一层（自粘性）	
	6）20厚1:2.5水泥砂浆找平层	
	7）100厚C15混凝土垫层	
	8）素土夯实（夯实系数≥0.94）	
	种植顶板	
	1）覆土层按园艺要求	
	2）100厚陶粒排水层，上铺无纺布过滤层	
	3）70厚C20细石混凝土随捣随抹平，配Ø6钢筋网片@250X250，6mX6m设置分隔缝，缝宽20，内嵌防水油膏	
	4）干铺无纺聚酯纤维布一道	
	5）2厚自粘性复合防水卷材一层（耐根穿刺防水卷材，空铺）	
	6）3厚SBS高聚物改性沥青防水卷材	
	7）20厚1:3水泥砂浆找平层	
	8）最薄处30厚LC7.5轻骨料混凝土找坡层	
	9）现浇钢筋混凝土自防水顶板（抗渗等级P6）	

总图区域示意

设计单位

建设单位

审定
审核
项目负责
专业负责
校对
设计
制图

项目名称 科创产业园区

工程名称 商务办公楼

图纸名称 工程做法表（二）

工程编号
日期
阶段 施工图
版次
比例
图别 建施
图号 03

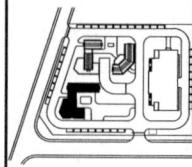

节能设计专篇

（一）设计依据：
1. 国家标准《民用建筑热工设计规范》GB 50176—2016
2. 建设部部长令第143号《民用建筑节能管理规定》
3. 建设部《关于发展节能省地住宅和公共建筑的指导意见》
4. 《中华人民共和国节约能源法》
5. 《公共建筑节能设计标准》 GB 50189—2015
6. 《XX省人民政府办公厅关于加强建筑节能工作的通知》(X政办发〔2005〕63号)
7. 《建筑外门窗气密、水密、抗风压性能分级及检测方法》GB/T 7106—2008
8. 《XX省建筑节能管理办法》省政府令第234号
（二）节能计算：
1. 建筑节能的类别为甲类
2. 维护结构节能设计指标见公共建筑建筑节能设计表
（三）节能设计中的其他要求：
1. 建筑物的外窗、外门气密性不低于《建筑外门窗气密、水密、抗风压性能分级及检测方法》GB/T 7106—2008规定的6级;
2. 透明幕墙应具有可开启部分或设有通风换气装置，气密性不低于4级;
3. 外窗类型（包括透光幕墙）：隔热金属型材窗框K≤5.8[W/(m²·K)]，框面积≤20%(6低透光Low-E+12+6透明)，传热系数2.60W/(m²·K)，玻璃太阳得热系数0.33，可见光透射比0.60;
（四）节能主要构造节点如下，构造节点参照2009XXX《外墙外保温构造详图》。

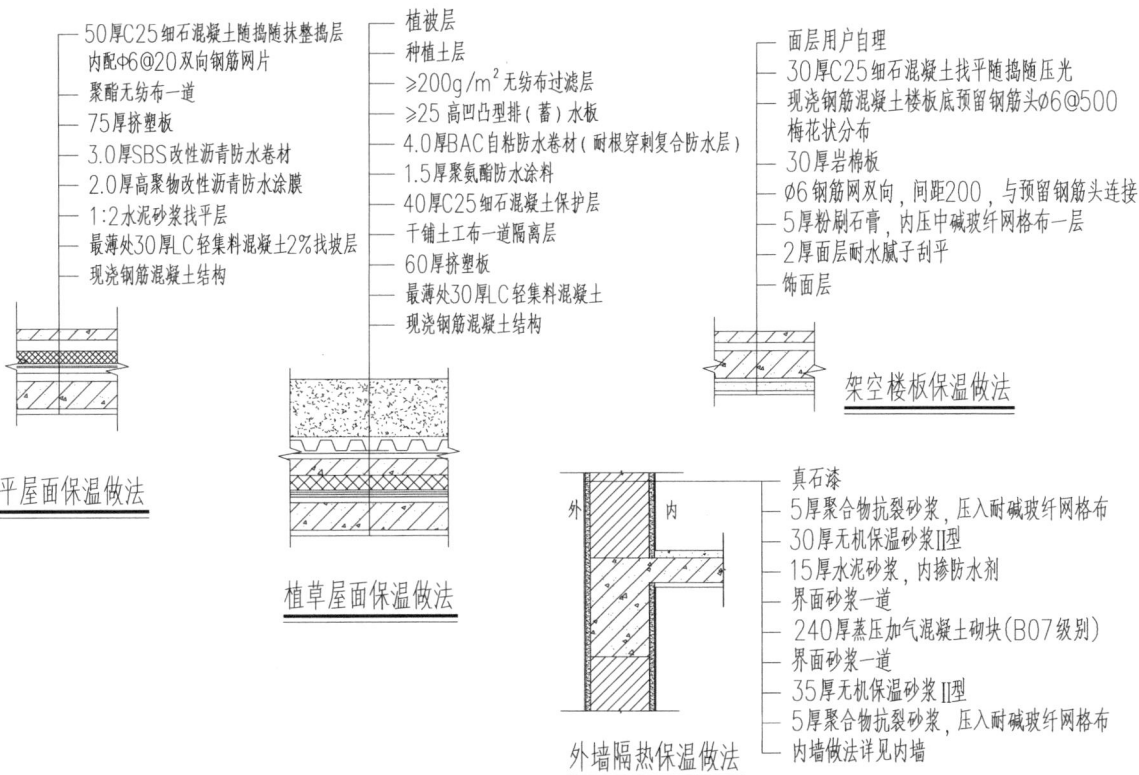

平屋面保温做法
- 50厚C25细石混凝土随捣随抹整捣层内配Φ6@20双向钢筋网片
- 聚酯无纺布一道
- 75厚挤塑板
- 3.0厚SBS改性沥青防水卷材
- 2.0厚高聚物改性沥青防水涂膜
- 1:2水泥砂浆找平层
- 最薄处30厚LC轻集料混凝土2%找坡层
- 现浇钢筋混凝土结构

植草屋面保温做法
- 植被层
- 种植土层
- ≥200g/m²无纺布过滤层
- ≥25高凹凸排（蓄）水板
- 4.0厚BAC自粘防水卷材（耐根穿刺复合防水层）
- 1.5厚聚氨酯防水涂料
- 40厚C25细石混凝土保护层
- 干铺土工布一道隔离层
- 60厚挤塑板
- 最薄处30厚LC轻集料混凝土
- 现浇钢筋混凝土结构

架空楼板保温做法
- 面层用户自理
- 30厚C25细石混凝土找平随捣随压光
- 现浇钢筋混凝土楼板底预留钢筋头Φ6@500梅花状分布
- 30厚岩棉板
- Φ6钢筋网双向，间距200，与预留钢筋头连接
- 5厚粉刷石膏，内压中碱玻纤网格布一层
- 2厚面层耐水腻子刮平
- 饰面层

外墙隔热保温做法
- 真石漆
- 5厚聚合物抗裂砂浆，压入耐碱玻纤网格布
- 30厚无机保温砂浆II型
- 15厚水泥砂浆，内掺防水剂
- 界面砂浆一道
- 240厚蒸压加气混凝土砌块（B07级别）
- 界面砂浆一道
- 35厚无机保温砂浆II型
- 5厚聚合物抗裂砂浆，压入耐碱玻纤网格布
- 内墙做法详见内墙

外 ← | → 内

公共建筑节能设计表

工程名称	商务办公楼		
建筑面积	1029.17	气候区域	夏热冬冷
建筑体积	4282.76	建筑物与室外大气接触的外表面面积(m²)	1809.71 建筑体形系数 0.42

设计建筑窗墙比				屋顶透明部分与屋顶总面积之比 M	M的限值
立面（南）	立面（北）	立面（东）	立面（西）		
0.66	0.63	0.49	0.44	--	20%

围护结构项目	设计建筑 传热系数 [W/(m²·K)]	设计建筑 太阳得热系数 SHGC	参照建筑 传热系数 [W/(m²·K)]	参照建筑 太阳得热系数 SHGC	是否符合标准规定限值
屋顶透明部分	—	—	2.60	0.30	是
立面南外窗（包括透明幕墙）	2.60	0.28	2.40	0.35	否
立面北外窗（包括透明幕墙）	2.60	0.28	2.40	0.35	否
立面东外窗（包括透明幕墙）	2.60	—	2.40	0.35	否
立面西外窗（包括透明幕墙）	2.60	0.28	2.40	0.40	否
屋面	0.47		0.50	—	是
外墙（包括非透光幕墙）	0.71		0.80	—	是
底面接触室外空气的架空或外挑楼板	1.19		0.70	—	否
非供暖房间与供暖房间的隔墙与楼	隔墙：— 楼板：—		隔墙：— 楼板：—		是

围护结构部位	设计建筑 保温材料层热阻 R[(m²·K)/W]	参照建筑 保温材料层热阻 R[(m²·K)/W]	是否符合标准规定限值
周边地面	—	—	是
供暖地下室与土壤接触的外墙	—	—	是
变形缝（两侧墙内保温时）	—	—	是

权衡判断基本要求判定	围护结构传热系数基础要求限值 [W/(m²·K)]		设计建筑是否满足基本要求
	屋面	0.7	是
	外墙（包括非透光幕墙）	1.0	是
	外窗（包括透光幕墙）	3.00/2.60	是
	太阳得热系数SHGC	0.44	是

权衡计算结果	设计建筑（kWh/m²）	参照建筑（kWh/m²）
全年供暖和空调总耗电量	61.00	64.37
权衡判断结论	设计建筑的围护结构热工性能合格	

总图区域示意

设计单位
建设单位
审定
审核
项目负责
专业负责
校对
设计
制图

项目名称
科创产业园区

工程名称 商务办公楼

图纸名称
节能设计专篇
公共建筑节能设计表

工程编号
日期
阶段 施工图
版次
比例
图别 建施
图号 04

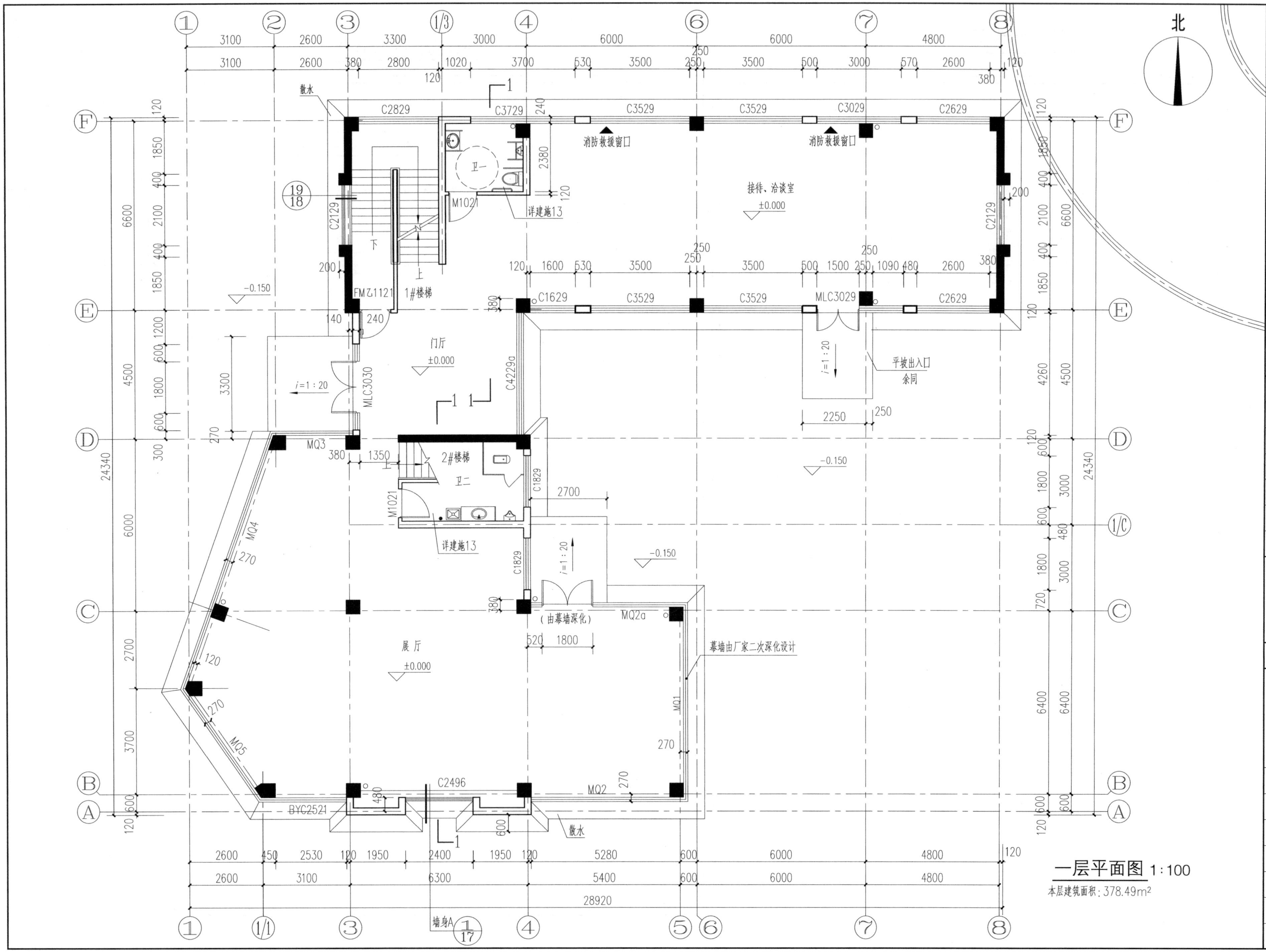

一层平面图 1:100

本层建筑面积：378.49m²

未盖出图章本图纸无效

总图区域示意

设计单位

建设单位

审 定	
审 核	
项目负责	
专业负责	
校 对	
设 计	
制 图	

项目名称

科创产业园区

工程名称 商务办公楼

图纸名称

一层平面图

工程编号	
日 期	
阶 段	施工图
版 次	
比 例	1:100
图 别	建施
图 号	05

北

10

二层平面图

C2877　C1677　C1677　C1577　C1577　C1577　C1577　C1577　C1077　C1177　C1077

卫三

M1021

消防救援窗口　　　消防救援窗口

创业团队室
▽4.200

财务室

墙身D
⑩/17

TC2161

轻钢雨篷由厂家二次深化设计
余同

1#楼梯

楼板预留50X150空调孔

C1677　C1577　C1577　C1577　C1577　C1077　C1177　C1077

C2927

4.000
2%

4.000

C4227

墙身C
⑦/17

轻钢雨篷由厂家二次深化设计
余同

C1877

4.000
2%

轻钢雨篷由厂家二次深化设计
余同

楼板预留150X150空调孔

C1877

墙身H
㉒/18

C2835

开敞办公室
▽4.200

领导办公室

墙身E
⑬/17

墙身G
⑰/18

C3335

墙身F
⑮/18

墙身A
②/17

C2496

C1212

TLM1536

C1212

露台

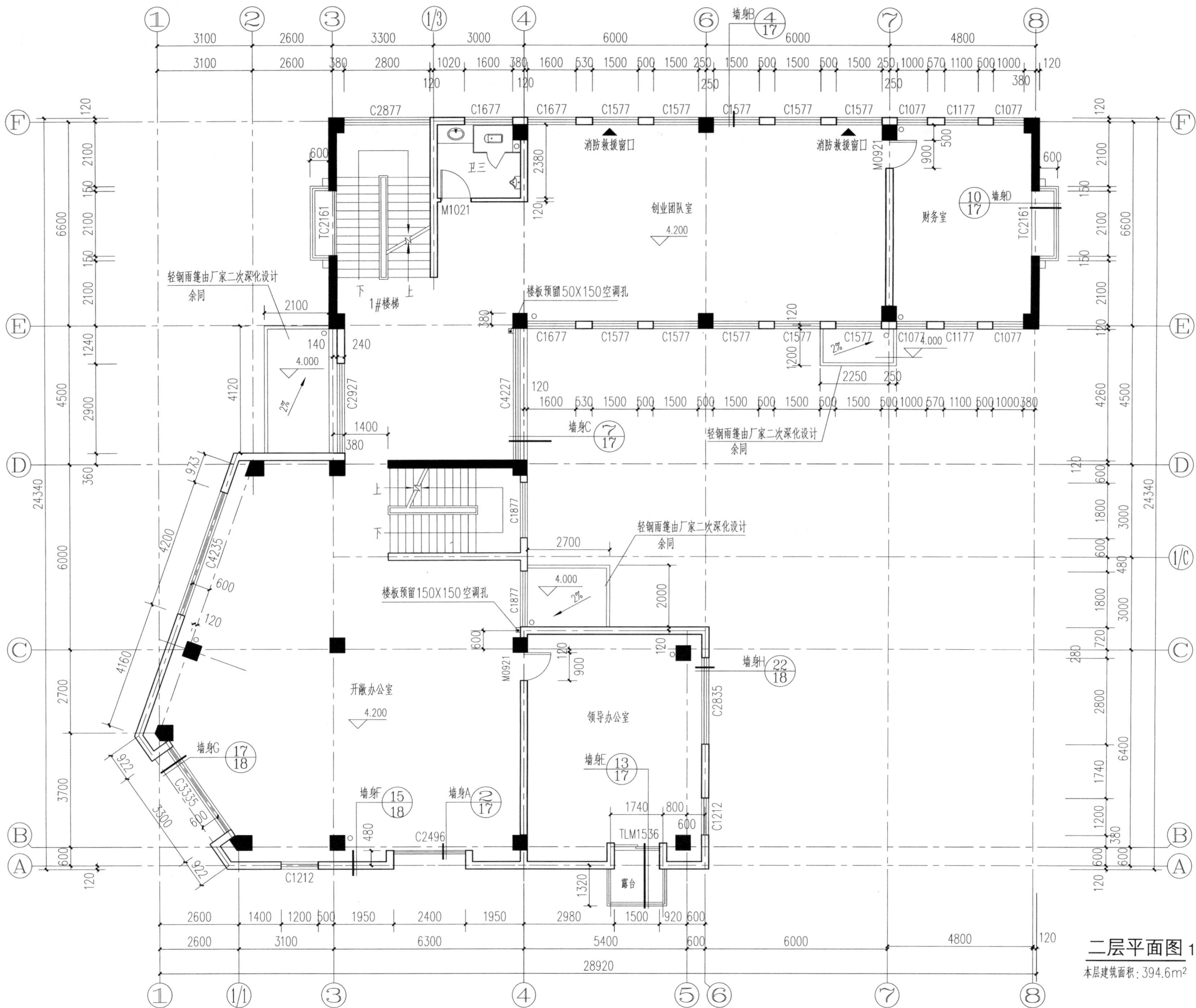

二层平面图 1:100
本层建筑面积：394.6m²

总图区域示意

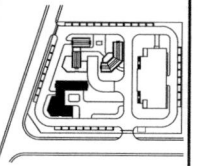

设计单位

建设单位

审 定	
审 核	
项目负责	
专业负责	
校 对	
设 计	
制 图	

项目名称

科创产业园区

工程名称 **商务办公楼**

图纸名称

二层平面图

工程编号	
日 期	
阶 段	施工图
版 次	
比 例	1:100
图 别	建施
图 号	06

商务办公
8.400

董事长办公室

卫三

M1021

消防救援窗口

消防救援窗口

M0921

商务办公
8.400

楼板预留空调孔
150X150

墙身C

墙身B

参墙身B

上人屋面(植草)
结构面标高8.000
完成面标高8.450

咖啡、茶吧
8.400

楼板预留空调孔
150X150

上层接至此处

参照

墙身H

墙身G

墙身F

墙身A

墙身E

C2877 C1677 C1677 C1577 C1577 C1577 C1577 C1577 C1077 C1177 C1077

C1677 C1577 C1577 C1577 C1577 C1577 C1077 C1177 C1077

TC2161 TC2161

C2927 C4227 C1827 C1877 C1877 C1027 C1027 C1027 BLM1834 TC2110

9.750

9.750

9.750

2%

1%

三层平面图 1:100
本层建筑面积: 256.08m²

28920

24340

总图区域示意

设计单位

建设单位

审定
审核
项目负责
专业负责
校对
设计
制图

项目名称
科创产业园区

工程名称 商务办公楼

图纸名称
三层平面图

工程编号
日期
阶段 施工图
版次
比例 1:100
图别 建施
图号 07

12

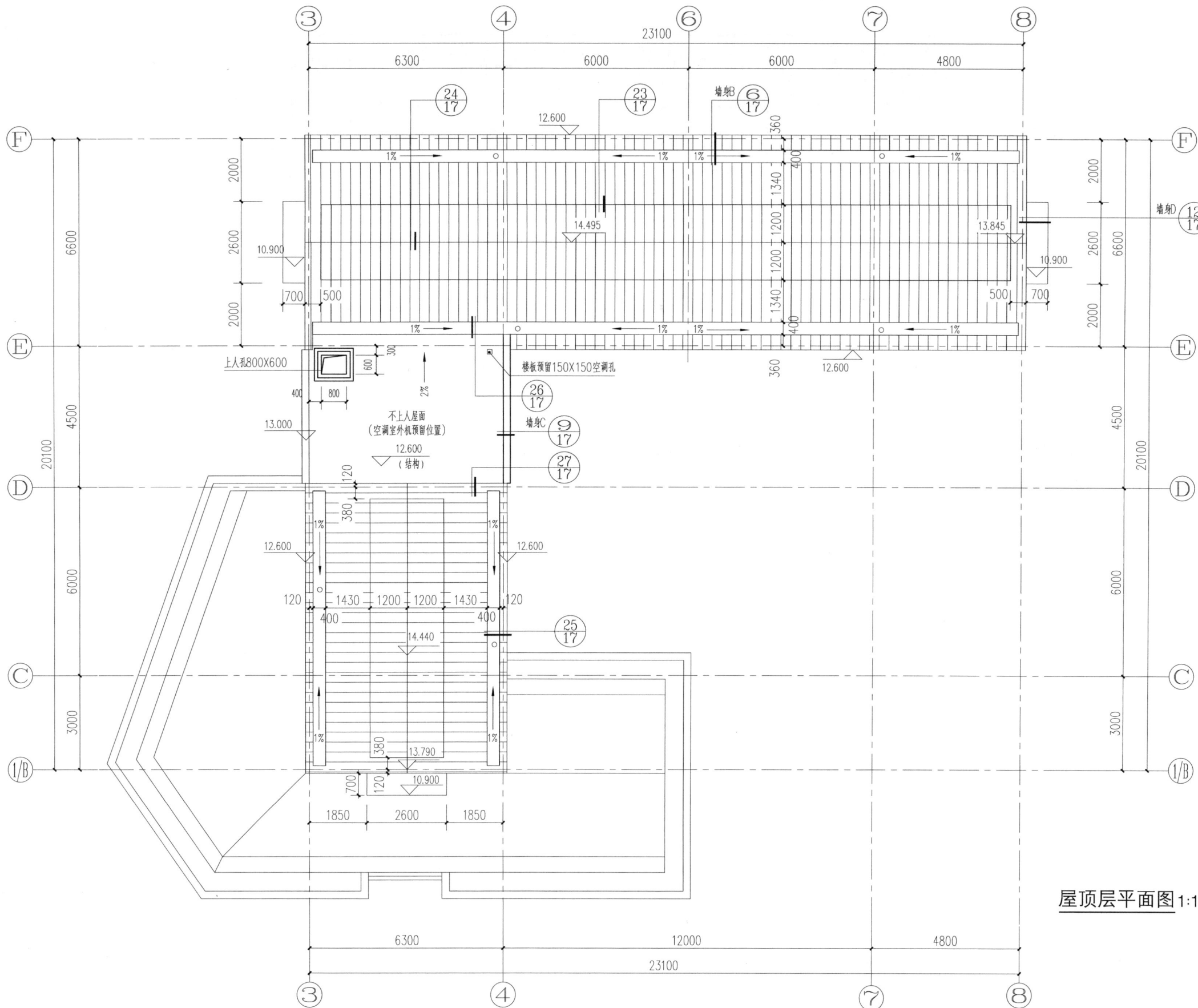

屋顶层平面图 1:100

总图区域示意

设计单位

建设单位

审 定	
审 核	
项目负责	
专业负责	
校 对	
设 计	
制 图	

项目名称

科创产业园区

工程名称　商务办公楼

图纸名称

屋顶层平面图

工程编号	
日 期	
阶 段	施工图
版 次	
比 例	1:100
图 别	建施
图 号	08

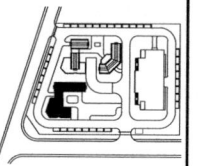

上人孔800X600

楼板预留150X150空调孔

不上人屋面
(空调室外机预留位置)

墙身B
墙身C
墙身D

12.600
14.495
13.845
10.900
13.000
12.600
(结构)
14.440
13.790
14.440

1%　2%

23100
6300　6000　6000　4800
23100
6300　12000　4800

13

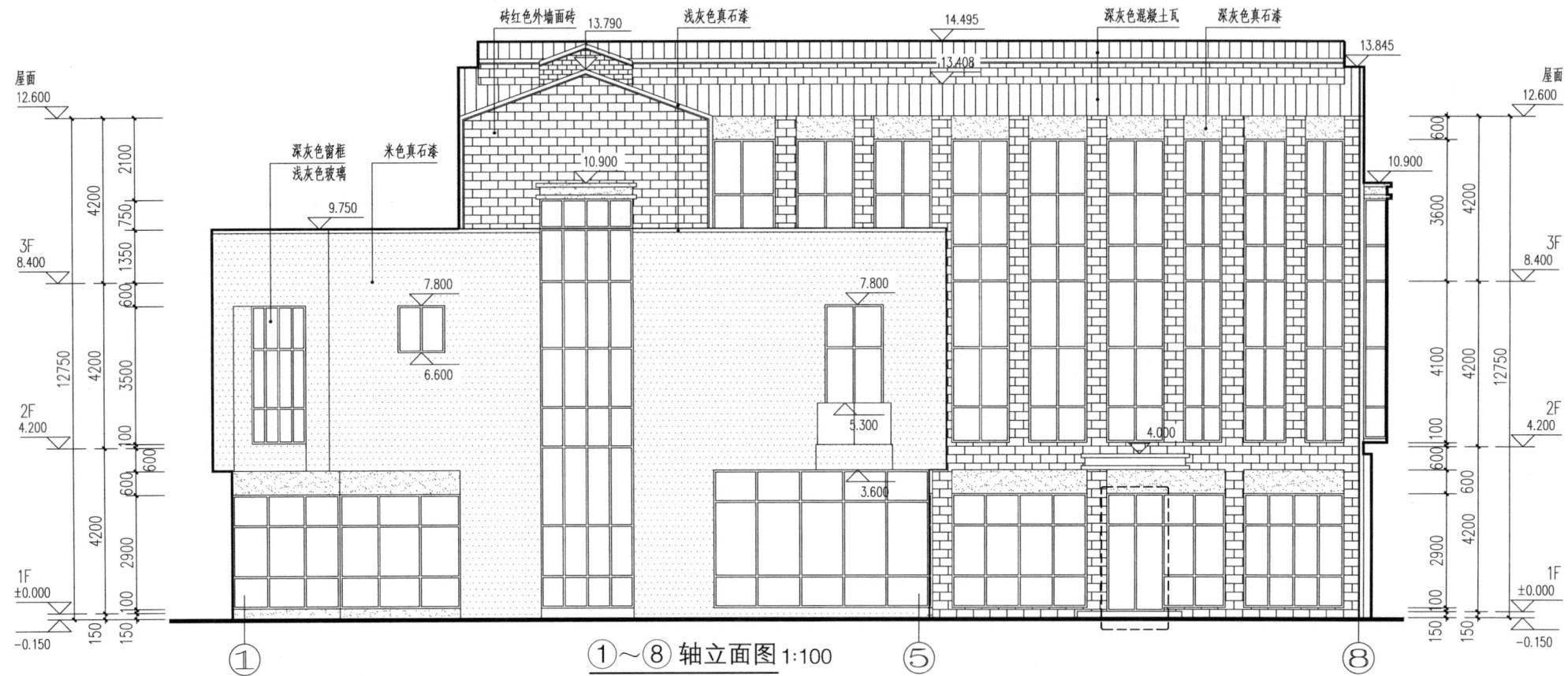

①～⑧轴立面图 1:100

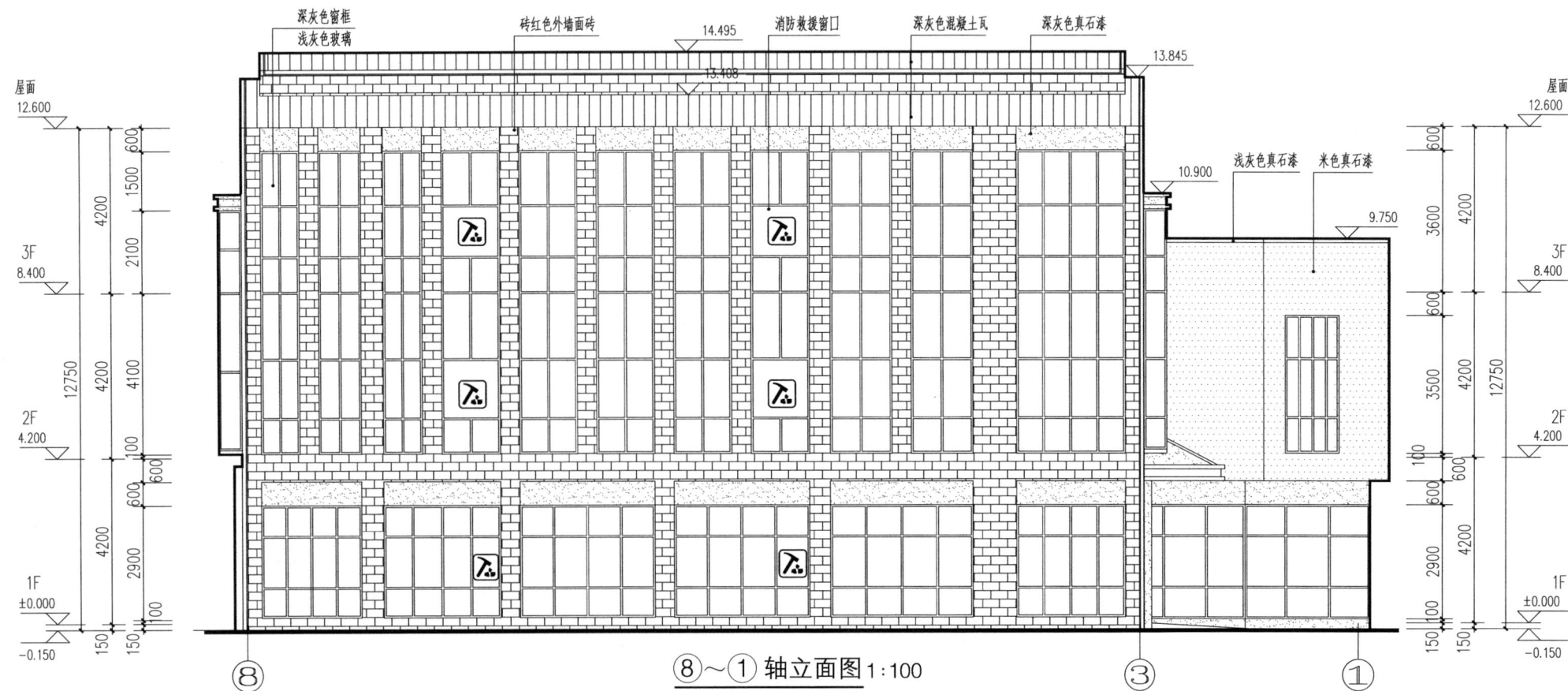

⑧～①轴立面图 1:100

未盖出图章本图纸无效

总图区域示意

设计单位

建设单位

审 定	
审 核	
项目负责	
专业负责	
校 对	
设 计	
制 图	

项目名称

科创产业园区

工程名称	商务办公楼

图纸名称

①～⑧轴立面图
⑧～①轴立面图

工程编号

日 期	
阶 段	施工图
版 次	
比 例	1:100
图 别	建施
图 号	09

14

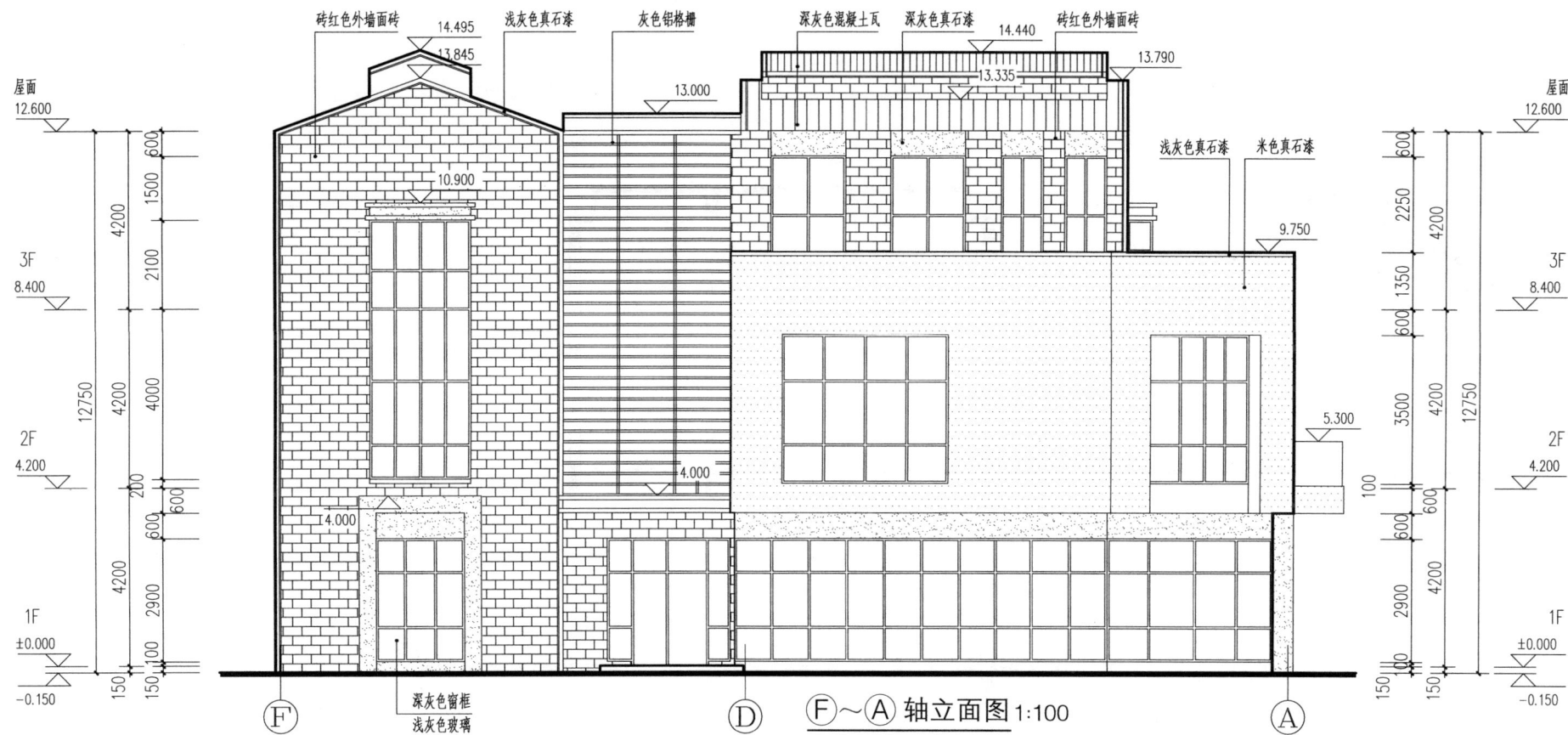

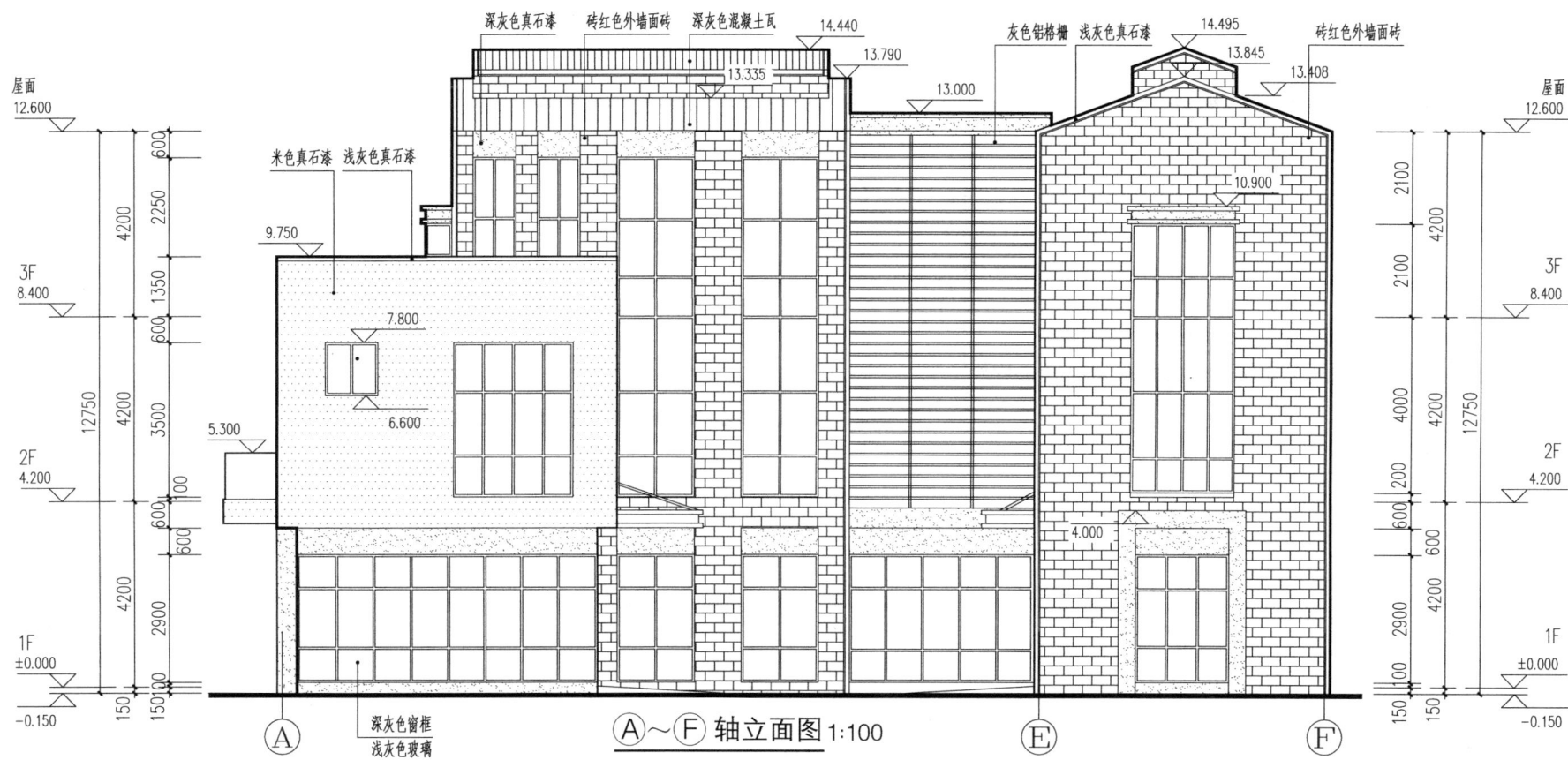

砖红色外墙面砖　14.495　浅灰色真石漆　灰色铝格栅　深灰色混凝土瓦　深灰色真石漆　14.440　砖红色外墙面砖
13.845　　　　　　　　　　　　　　　　　13.000　　　13.335　　　13.790

浅灰色真石漆　米色真石漆

10.900

9.750

屋面
12.600

3F
8.400

2F
4.200

5.300

4.000

14.000

1F
±0.000

-0.150

深灰色窗框
浅灰色玻璃

Ⓕ　　　　　　　　　　Ⓓ　　Ⓕ～Ⓐ 轴立面图 1:100　　　Ⓐ

深灰色真石漆　砖红色外墙面砖　深灰色混凝土瓦　14.440　　　　灰色铝格栅　浅灰色真石漆　14.495　砖红色外墙面砖
　　　　　　　　　　　　　　　　13.335　13.790　　　　13.000　　　　　　13.845　13.408

米色真石漆　浅灰色真石漆

10.900

9.750

7.800

5.300

6.600

4.000

屋面
12.600

3F
8.400

2F
4.200

1F
±0.000

-0.150

Ⓐ　深灰色窗框
　　浅灰色玻璃　Ⓐ～Ⓕ 轴立面图 1:100　　Ⓔ　　　　Ⓕ

总图区域示意	
设计单位	
建设单位	
审 定	
审 核	
项目负责	
专业负责	
校 对	
设 计	
制 图	
项目名称	科创产业园区
工程名称	商务办公楼
图纸名称	Ⓕ～Ⓐ 轴立面图 Ⓐ～Ⓕ 轴立面图
工程编号	
日 期	
阶 段	施工图
版 次	
比 例	1:100
图 别	建施
图 号	10

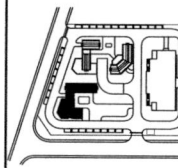

15

1-1剖面图 1:100

未盖出图章本图纸无效

| 总图区域示意 |

| 设计单位 | |

| 建设单位 | |

审定	
审校	
项目负责	
专业负责	
校对	
设计	
制图	

项目名称	
科创产业园区	
工程名称	商务办公楼
图纸名称	
1-1剖面图	

工程编号	
日期	
阶段	施工图
版次	1:100
比例	建筑
图别	建施
图号	11

卫生间 8.350
商务办公
楼梯间
咖啡、茶吧
上人屋面

卫生间 4.150
创业团队室
楼梯间
开敞办公室

卫生间 -0.015
接待、洽谈室
门厅 ±0.000
卫生间 -0.050
展厅

覆土
覆土

车库
专用通道
水泵房
消防水池

F E D C B

6600 4500 3000 3000 3000 3400

23500

1#楼梯地下室平面图 1:50

300X8=2400

−4.050

−5.400

60

上

FMZ1121

1#楼梯−2.700标高平面图 1:50

300X8=2400

−4.050

−2.700

60

60

下

上

1#楼梯一层平面图 1:50

300X8=2400

−1.350

270X12=3240

下

上

±0.000

FMZ1121

a

a

1#楼梯二层平面图 1:50

2.100

270X12=3240

TC2161

下

上

4.200

1#楼梯三层平面图 1:50

6.300

270X12=3240

TC2161

下

上

8.400

a−a剖面图 1:50

8.400

950

120

161.5X13=2100

6.300

270X12=3240

1460   1540

4.200

360   1460   270X12=3240   1540

2.100

−0.150

−1.350

−1.650

270X12=3240

1460   1540

±0.000

161.5X13=2100

161.5X13=2100

161.5X13=2100

4200

4200

A/13

B/13

150X9=1350

150X9=1350

150X9=1350

150X9=1350

5400

−2.700

−4.050

−5.400

120   1700   300X8=2400   2260   120

6600

未盖出图章本图纸无效

总图区域示意

设计单位

建设单位

审 定
审 核
项目负责
专业负责
校 对
设 计
制 图

项目名称

科创产业园区

工程名称　商务办公楼

图纸名称

1#楼梯详图

工程编号

日 期

阶 段　施工图

版 次

比 例　1:100

图 别　建施

图 号　12

17

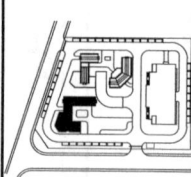

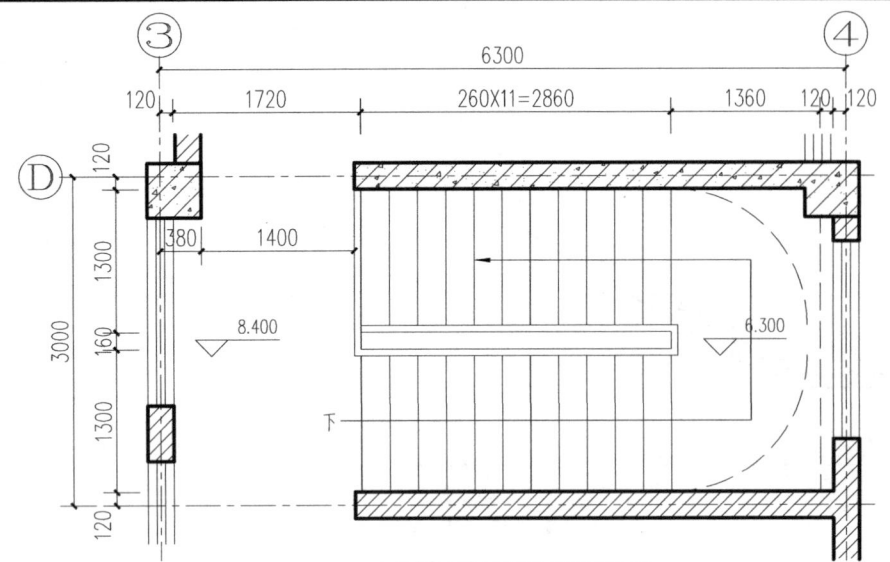

2#楼梯三层平面图 1:50

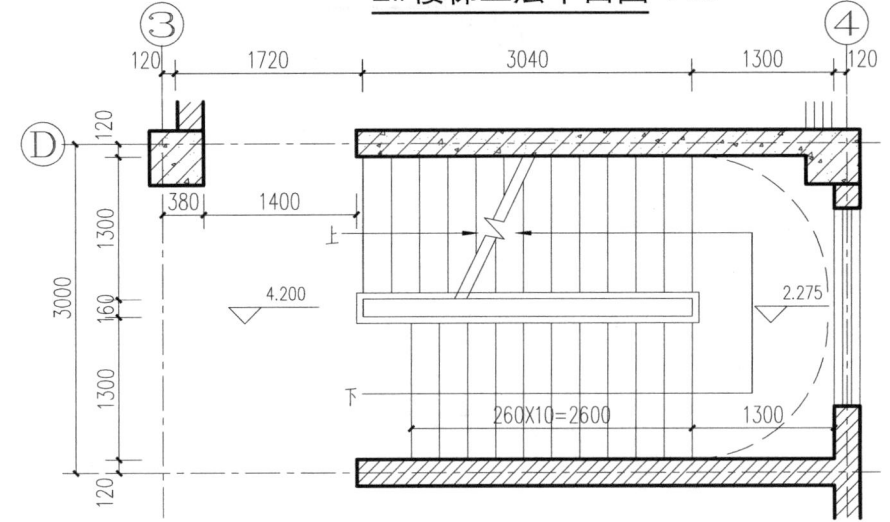

2#楼梯二层平面图 1:50

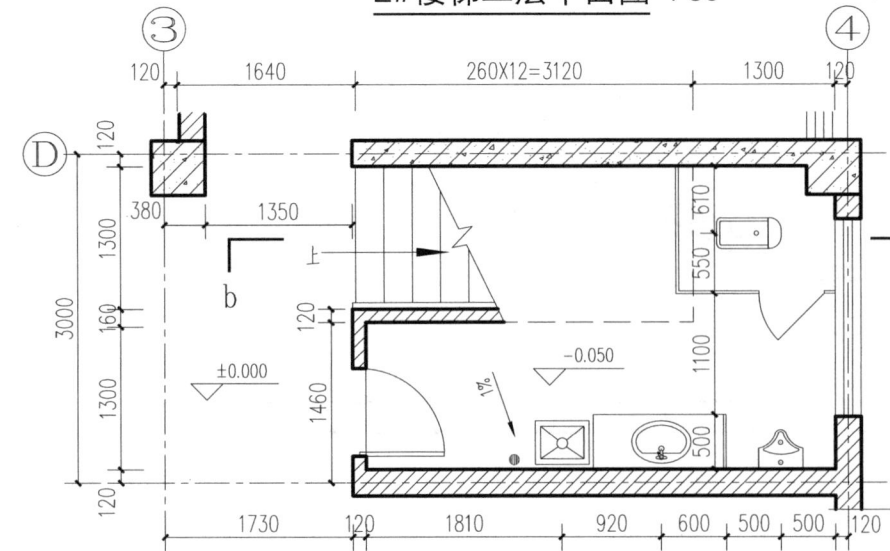

2#楼梯一层平面图 1:50

卫二大样图 1:50

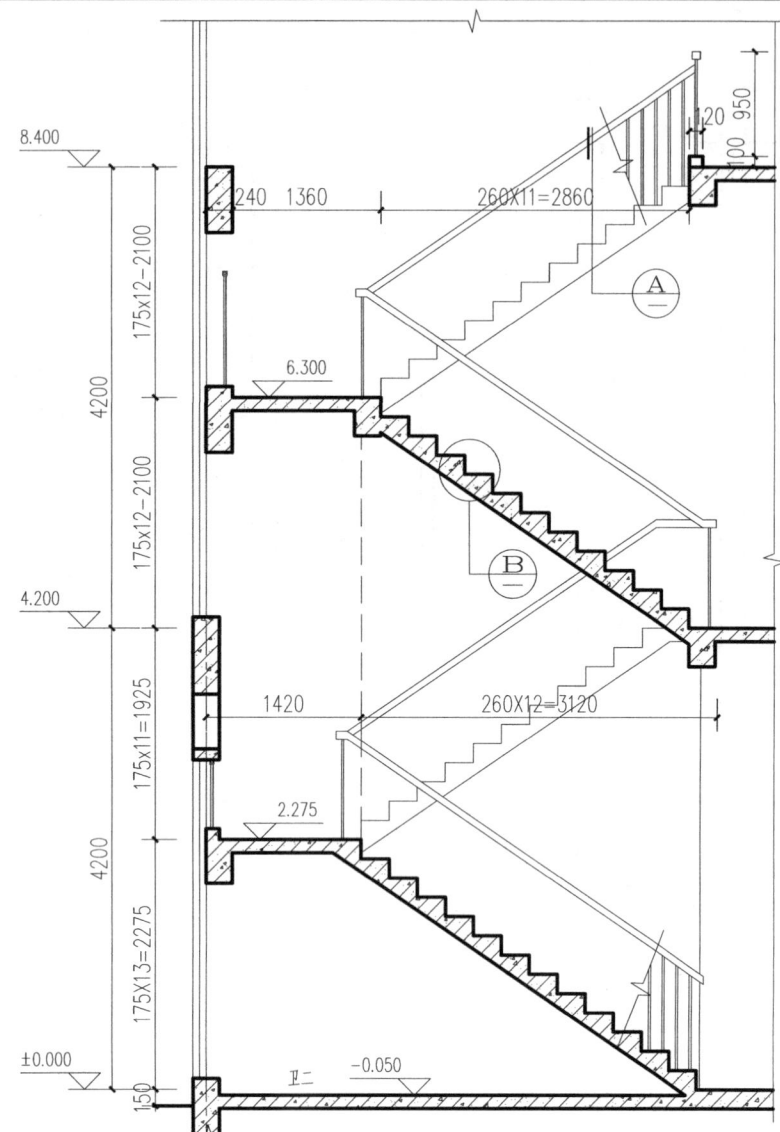

b-b剖面图 1:50

Ⓐ 1:10

石材凹槽防滑条

Ⓑ 踏步详图 1:5

楼梯说明:
1. 楼梯扶手高度自踏步前缘线量起为1000mm,
   水平扶手长度≥0.5m时,栏杆扶手高度为1050mm。
2. 楼梯栏杆仅示意,具体做法见二次装修。

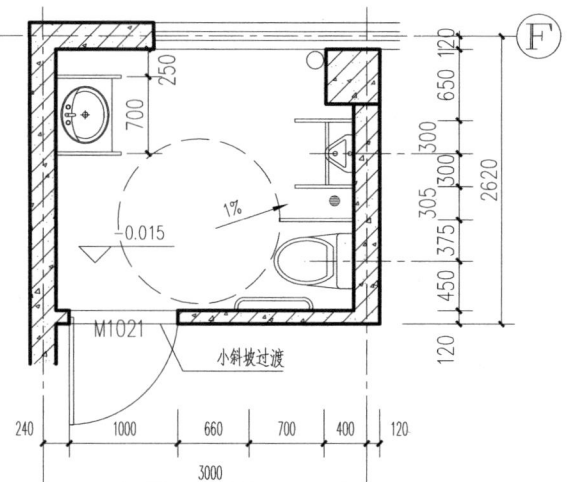

卫一大样图 1:50

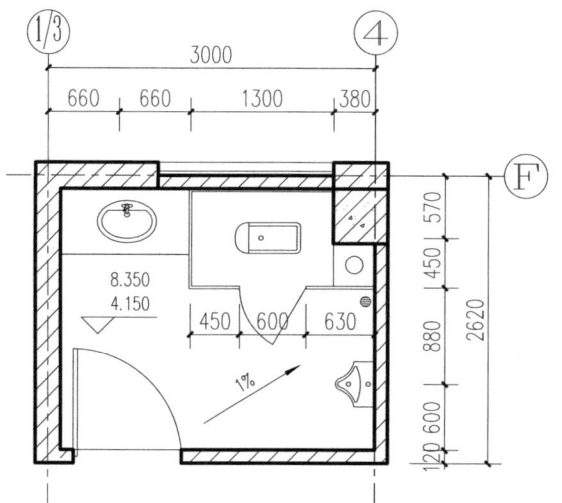

卫三大样图 1:50

注:
1. 蹲便器、小便器隔板做法参国标16J914-1
   公共卫生间采用成品节水型卫生器具。
2. 无障碍设施安装详见12J926的要求。

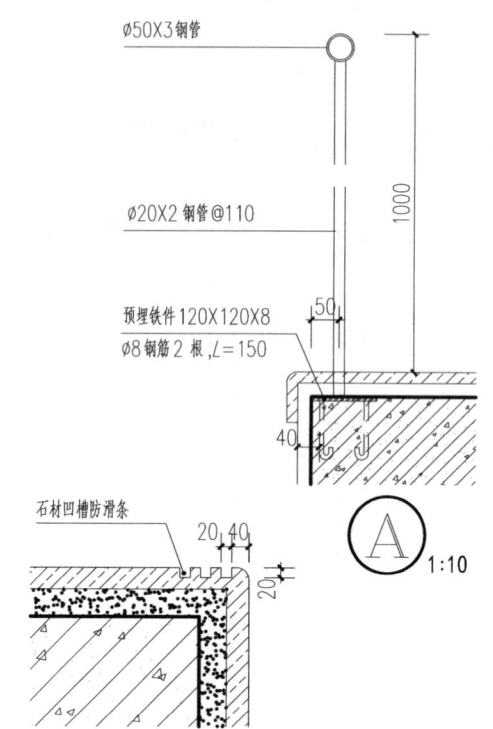

未盖出图章本图纸无效

总图区域示意

设计单位

建设单位

审定
审核
项目负责
专业负责
校对
设计
制图

项目名称
科创产业园区

工程名称 商务办公楼

图纸名称
2#楼梯详图
卫生间详图

工程编号
日期
阶段 施工图
版次
比例
图别 建施
图号 13

门窗表

类型	设计编号	洞口尺寸(mm)		各层樘数				总樘数	备注
		宽	高	-1层	1层	2层	3层		
门	M0921	900	2100			2	1	3	平开夹板门
	M1021	900	2100		2	1	1	4	
	M1521	1500	2100	2				2	
	BLM1835	1800	3500			1		1	玻璃门平开
	MLC3029	3090	2900		1			1	玻璃门连窗
	MLC3030	3000	3000		1			1	
	TLM1536	1500	3600			1		1	玻璃推拉门
防火门	FM乙1121	1100	2100	4	1			5	
	FM甲1221	1200	2100	1				1	防火门窗
	FM甲1521	1500	2100	2				2	图集12J609
	FM乙1521	1500	2100	6				6	
	FJM3624	3600	2400	1				1	防火卷帘
	FJM6324	6300	2400	1				1	
窗	C2496	2400	9650		1			1	窗台高100
	C2829	2800	2900		1			1	
	C3729	3700	2900		1			1	
	C3529	3500	2900		4			4	
	C2629	2600	2900		2			2	
	C3029	3000	2900		1			1	
	C1629	1600	2900		1			1	
	C2129	2100	2900		2			2	
	C1829	1800	2900		2			2	
	C4229a	4260	2900		1			1	
	C2877	2800	7700			1		1	
	C1077	1000	7700			4		4	
	C1577	1500	7700			10		10	
	C1677	1600	7700			3		3	
	C1177	1100	7700			2		2	
	C1877	1800	7700			2		2	
	C2927	2900	2700			1	1	2	窗台高900
	C4227	4260	2700			1	1	2	
	C1212	1200	1200			2		2	窗台高2400
	C4235	4200	3500		1			1	窗台高100
	C3335	3300	3500		1			1	
	C2835	2800	3500		1			1	
	C1027	1000	2700				4	4	窗台高900
	C1827	1800	2700				1	1	
	TC2110	2100	1000				1	1	窗台高1100
	TC2161	2100	6100			2		2	窗台高100
百叶窗	BYC2521	2530	2100		1			1	窗台高900
玻璃幕墙	MQ1	6700	2900		1			1	
	MQ2	5430	2900		1			1	离地高100
	MQ3	2930	2900		1			1	幕墙均由厂家深化设计
	MQ4	9560	2900		1			1	
	MQ5	7920	2900		1			1	展开长度

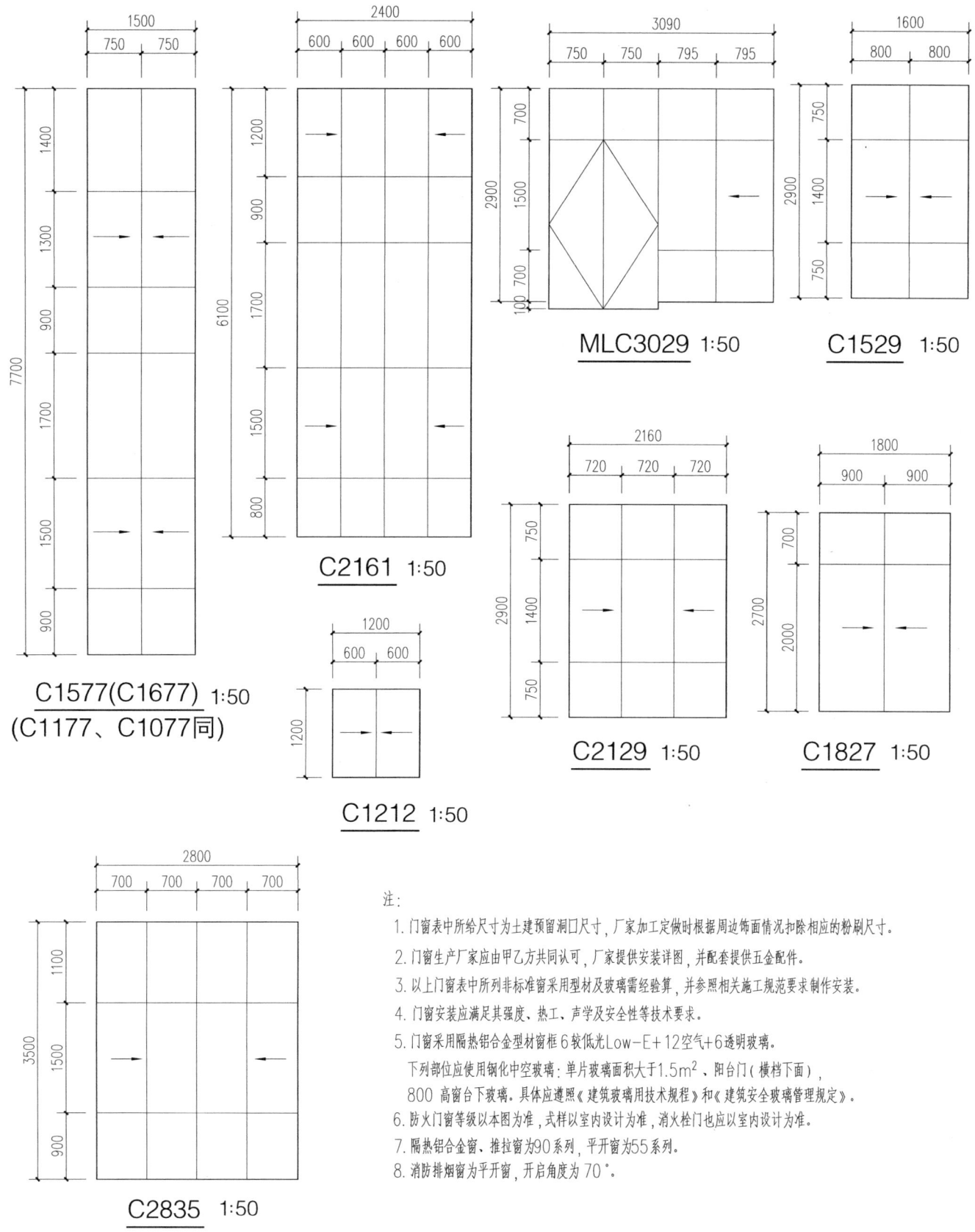

C1577(C1677) 1:50
(C1177、C1077同)

C2161 1:50

C1212 1:50

MLC3029 1:50

C1529 1:50

C2129 1:50

C1827 1:50

C2835 1:50

注：
1. 门窗表中所给尺寸为土建预留洞口尺寸，厂家加工定做时根据周边饰面情况扣除相应的粉刷尺寸。
2. 门窗生产厂家应由甲乙方共同认可，厂家提供安装详图，并配套提供五金配件。
3. 以上门窗表中所列非标准窗采用型材及玻璃需经验算，并参照相关施工规范要求制作安装。
4. 门窗安装应满足其强度、热工、声学及安全性等技术要求。
5. 门窗采用隔热铝合金型材窗框6较低光Low-E+12空气+6透明玻璃。
   下列部位应使用钢化中空玻璃：单片玻璃面积大于1.5m²、阳台门（横档下面）、
   800 高窗台下玻璃。具体应遵照《建筑玻璃用技术规程》和《建筑安全玻璃管理规定》。
6. 防火门窗等级以本图为准，式样以室内设计为准，消火栓门也应以室内设计为准。
7. 隔热铝合金窗、推拉窗为90系列，平开窗为55系列。
8. 消防排烟窗为平开窗，开启角度为70°。

总图区域示意

设计单位

建设单位

审定
审核
项目负责
专业负责
校对
设计
制图

项目名称　科创产业园区

工程名称　商务办公楼

图纸名称　门窗表、门窗详图

工程编号
日期
阶段　施工图
版次
比例
图别　建施
图号　14

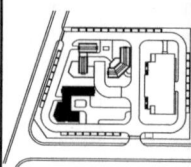

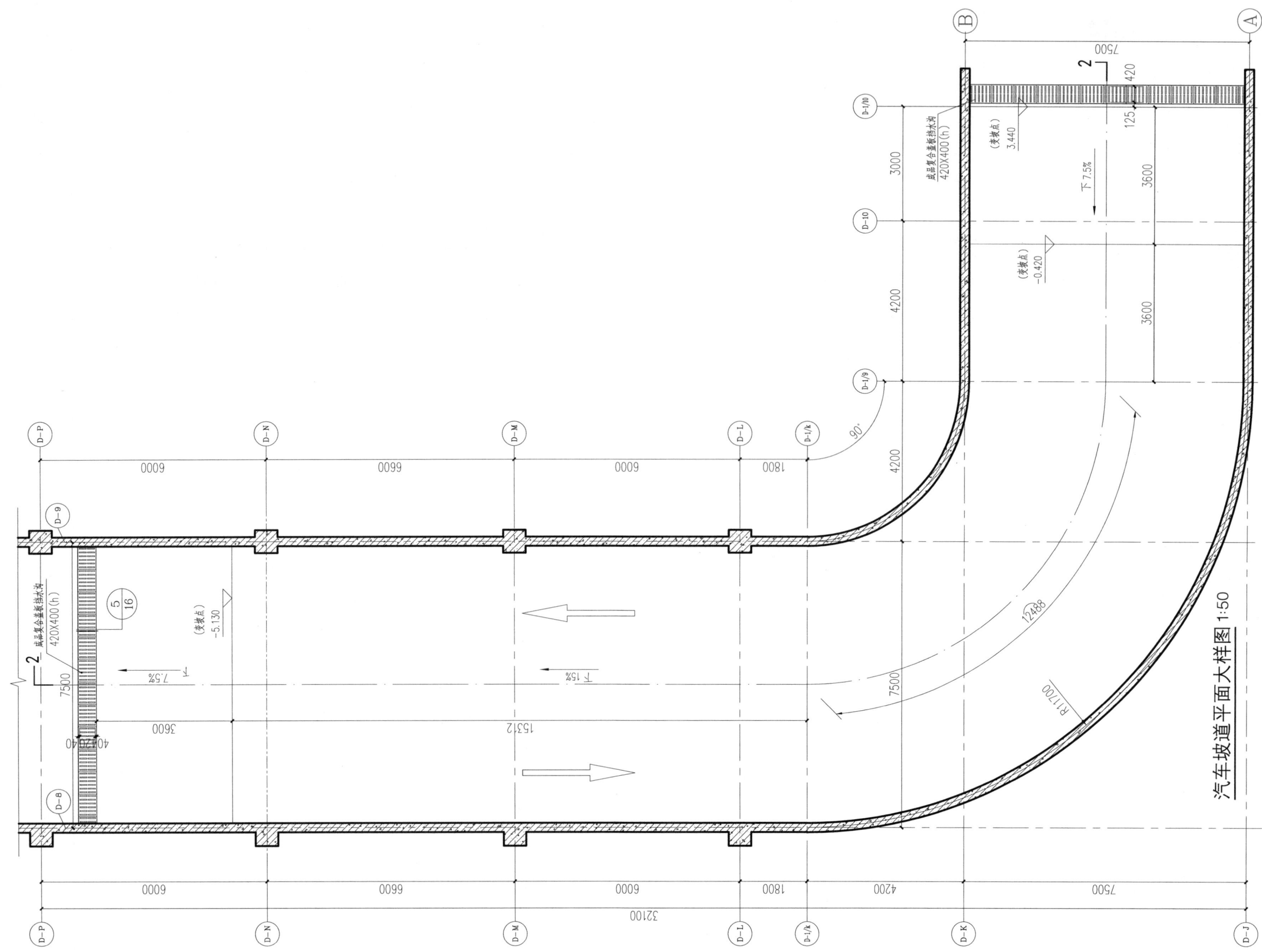

汽车坡道平面大样图 1:50

未盖出图章本图纸无效

总图区域示意

设计单位

建设单位

审 定	
审 核	
项目负责	
专业负责	
校 对	
设 计	
制 图	

项目名称	科创产业园区
工程名称	商务办公楼
图纸名称	汽车坡道平面大样图

工程编号	
日 期	
阶 段	施工图
版 次	
比 例	
图 别	建施
图 号	15

20

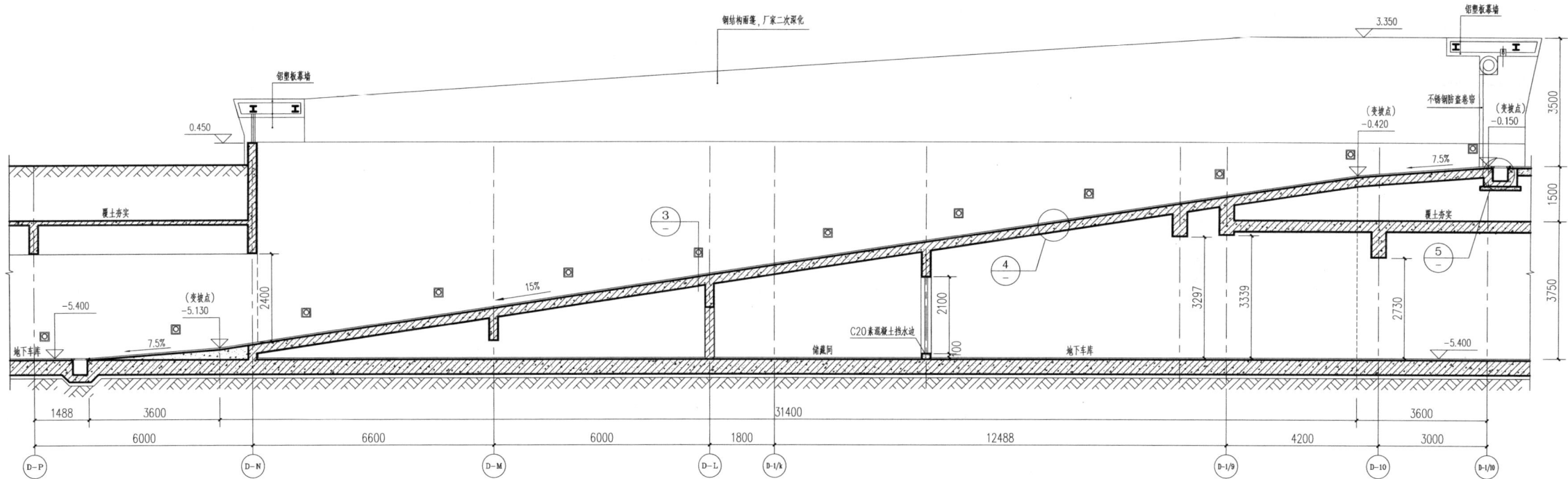

汽车坡道b-b剖面图(车道中心线展开图) 1:50

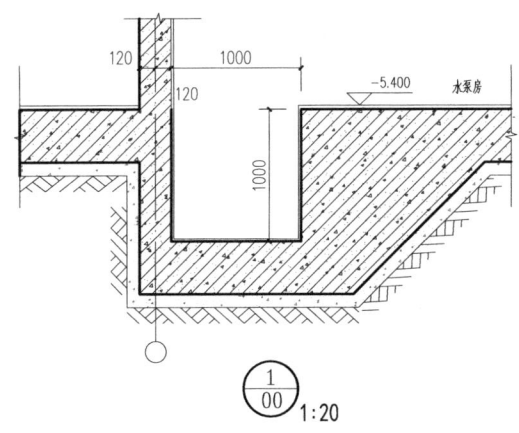

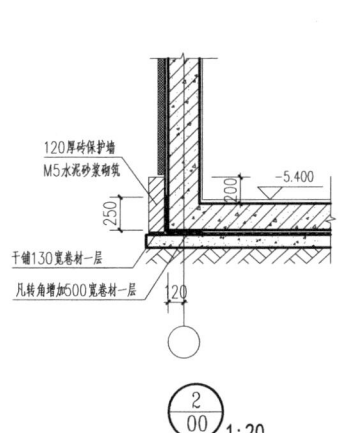

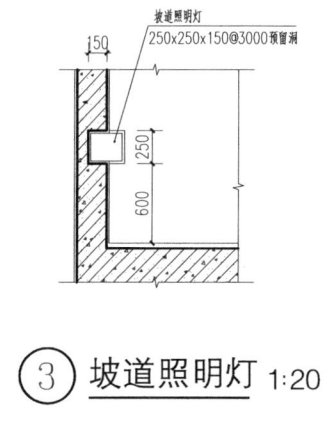

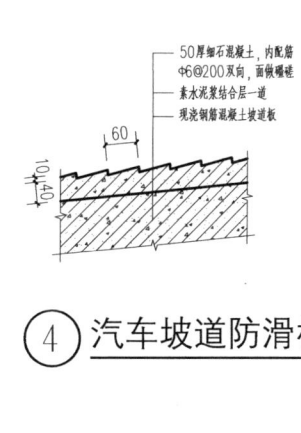

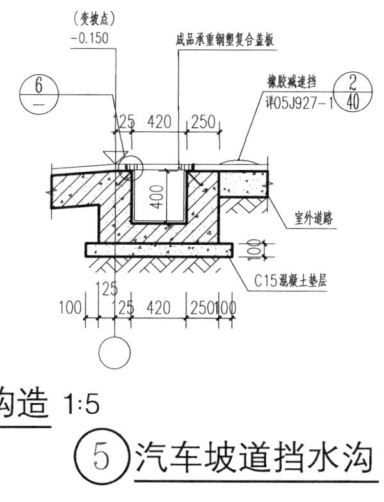

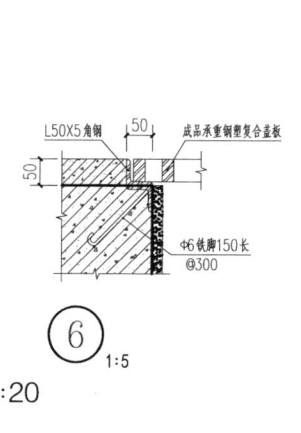

① 1:20

② 1:20

③ 坡道照明灯 1:20

④ 汽车坡道防滑构造 1:5

⑤ 汽车坡道挡水沟 1:20

⑥ 1:5

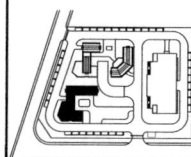

总图区域示意

设计单位

建设单位

审定

审核

项目负责

专业负责

校对

设计

制图

项目名称

科创产业园区

工程名称　商务办公楼

图纸名称

汽车坡道2-2剖面图
坡道节点详图

工程编号

日期

阶段　施工图

版次

比例

图别　建施

图号　16

21

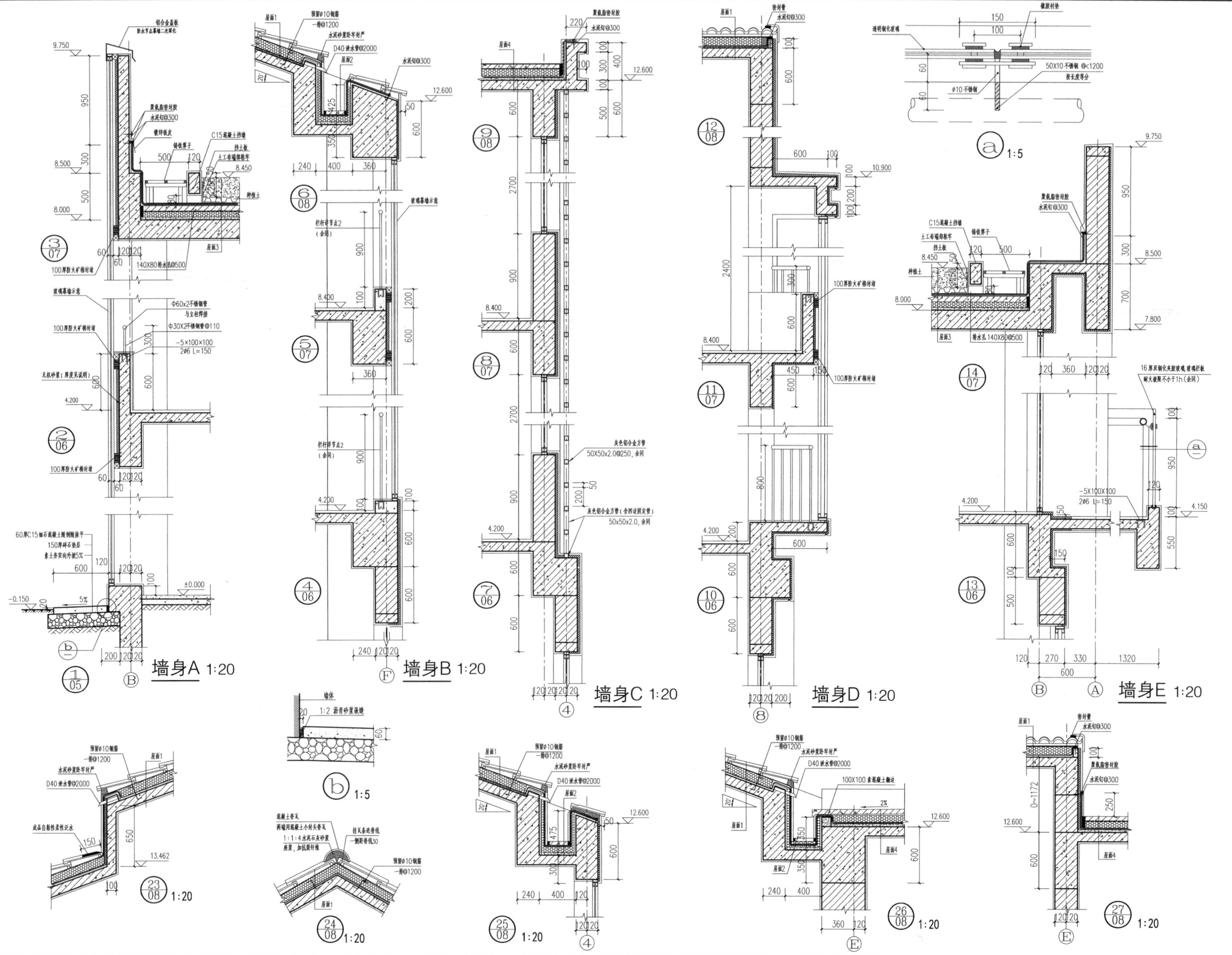

墙身A 1:20

墙身B 1:20

墙身C 1:20

墙身D 1:20

墙身E 1:20

节点详图一

未盖出图章本图纸无效

总图区域示意

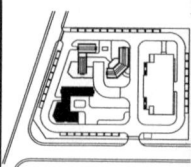

设计单位

建设单位

审定	
审核	
项目负责	
专业负责	
校对	
设计	
制图	

项目名称

科创产业园区

| 工程名称 | 商务办公楼 |

图纸名称

节点详图一

工程编号	
日期	
阶段	施工图
版次	
比例	
图别	建施
图号	17

22

未盖出图章本图纸无效

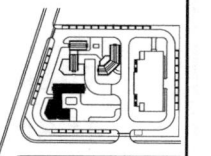

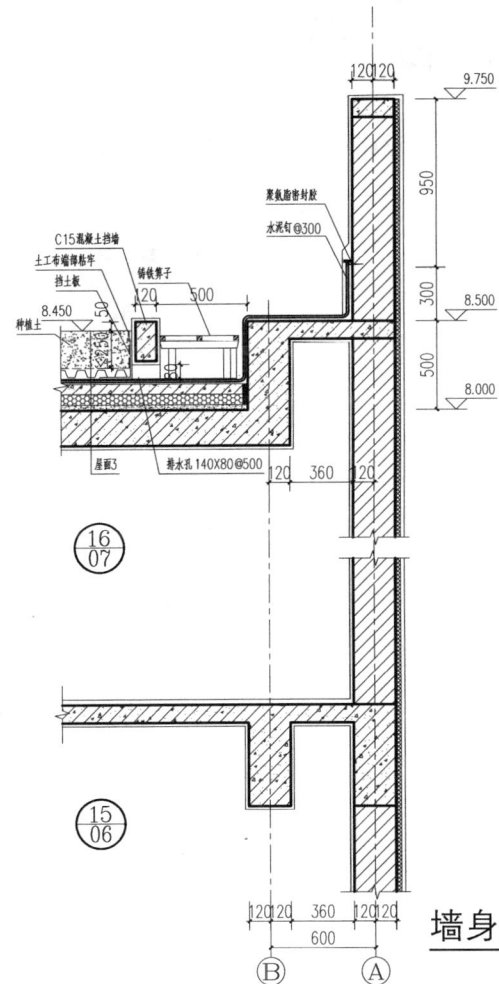
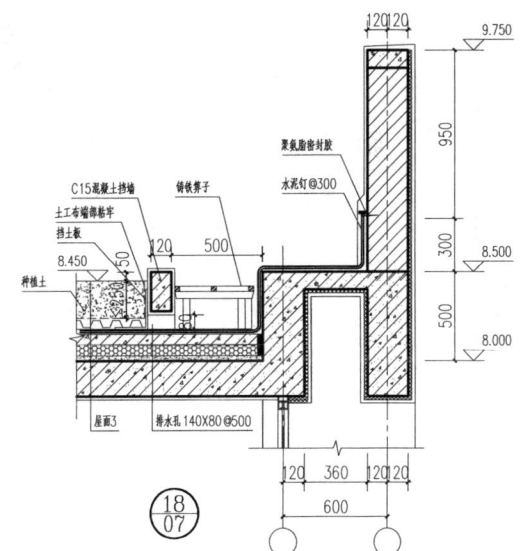
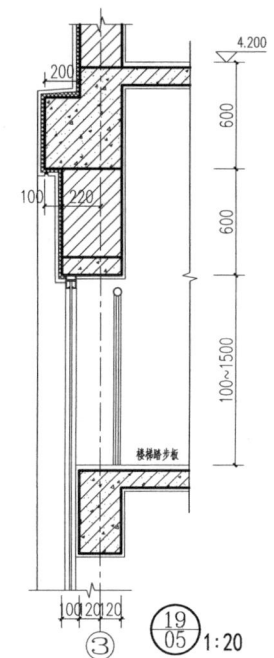
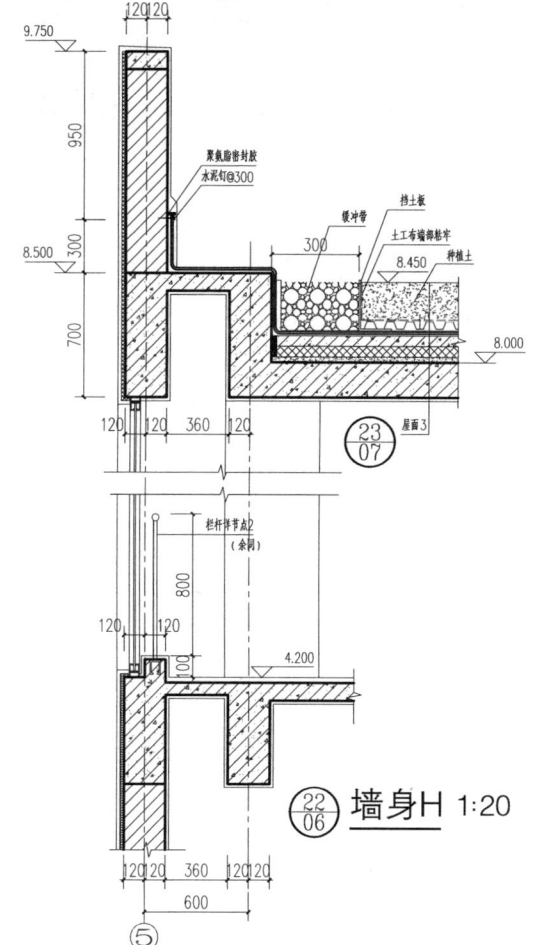

墙身G 1:20

墙身F 1:20

墙身H 1:20

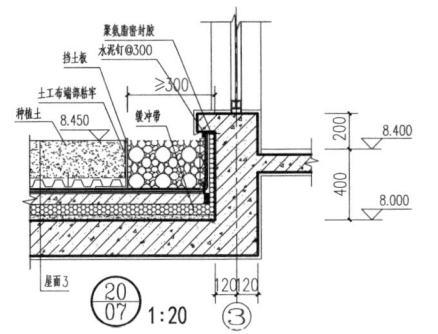

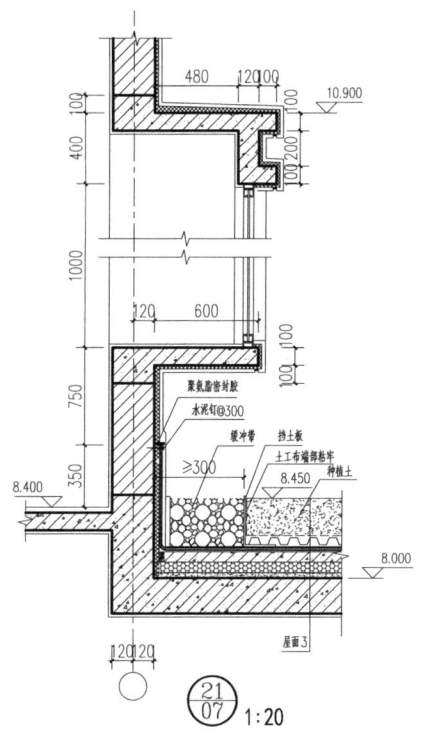

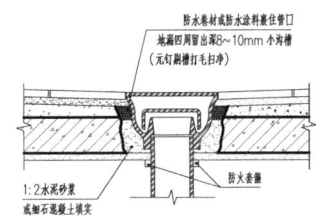

地漏安装详图 1:10

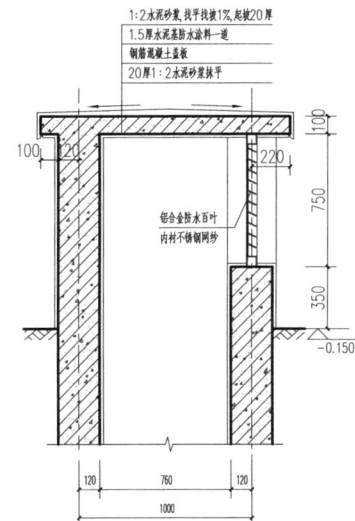

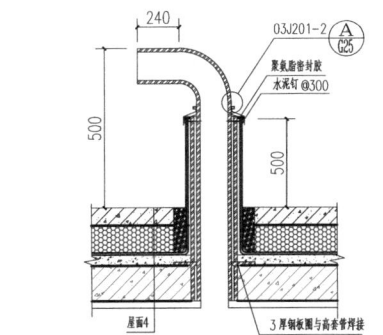

管道套管穿屋面详图 1:10

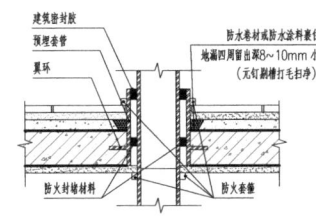

管道套管穿楼板详图 1:10

设计单位	
建设单位	
审 定	
审 核	
项目负责	
专业负责	
校 对	
设 计	
制 图	
项目名称	科创产业园区
工程名称	商务办公楼
图纸名称	节点详图二
工程编号	
日 期	
阶 段	施工图
版 次	
比 例	
图 别	建施
图 号	18

23

图 纸 目 录

项目名称	科创产业园区		设计阶段	施工图	专业	结 构
工程名称	商务办公楼				共 2 页	第 1 页

序号	图号	图 名	图幅	备注
01	结施-01	结构设计总说明(一)	A2	
02	结施-02	结构设计总说明(二)	A2	
03	结施-03	结构设计总说明(三)	A2	
04	结施-04	结构设计总说明(四)	A2	
05	结施-05	结构设计总说明(五)	A2	
06	结施-06	预制桩基础设计说明	A2	
07	结施-07	地下室桩位平面布置图	A1	
08	结施-08	地下室承台平面布置图	A1	
09	结施-09	承台大样详图	A2	
10	结施-10	地下室底板平面布置图	A1	
11	结施-11	地下室地梁配筋图	A1	
12	结施-12	汽车坡道平面图 地沟详图	A1	
13	结施-13	汽车坡道2-2剖面图 侧壁详图	A1	
14	结施-14	地下室基础~顶板墙、柱平面图	A1	
15	结施-15	地下室墙柱构件表	A2	
16	结施-16	地下室顶板平面布置图	A1	
17	结施-17	地下室顶板梁配筋图	A1	
18	结施-18	-0.050~4.170墙、柱平面图	A2	
19	结施-19	4.170~8.370墙、柱平面图	A2	
20	结施-20	8.370~屋面墙、柱平面图	A2	
21	结施-21	竖向构件详图	A2	
22	结施-22	二层结构平面图	A2	

备注:

审核		校对		设计		日期	

图 纸 目 录

项目名称	科创产业园区		设计阶段	施工图	专业	结 构
工程名称	商务办公楼				共 2 页	第 2 页

序号	图号	图 名	图幅	备注
23	结施-23	二层梁配筋图	A2	
24	结施-24	三层结构平面图	A2	
25	结施-25	三层梁配筋图	A2	
26	结施-26	屋面结构平面图	A2	
27	结施-27	屋面梁配筋图	A2	
28	结施-28	1#楼梯详图	A2	
29	结施-29	2#楼梯详图	A2	
30	结施-30	节点详图1	A2	
31	结施-31	节点详图2	A2	

审核		校对		设计		日期	

结构设计总说明(一)

一、工程概况

1. 项目概况

   商务办公楼

   结构形式:现浇钢筋混凝土框架-剪力墙结构,地上3层(局部2层),地下1层,建筑房屋总高度13.70m。

2. 建筑结构安全等级及设计使用年限

   (1)建筑结构安全等级:二级

   (2)设计使用年限:50年

   (3)建筑抗震设防类别:丙类

   (4)地基基础设计等级:乙级

   (5)桩基设计等级:乙级

   (6)框架抗震等级:四级;剪力墙抗震等级:三级

3. 本工程图纸必须经审图机构审查通过后,并经设计交底方可施工。

4. 本工程应按建筑图中注明的功能使用,并进行正常维护。在设计使用年限内,未经技术鉴定或设计许可,不得改变结构的用途和使用环境。

5. 结构施工图中未补充说明的均以本说明为准。

6. 工程结构设计采用中国建筑科学研究院PKPMCAD工程部所编的2020年版的计算分析软件进行结构分析计算。

二、设计依据

1. 自然条件

   (1)基本风压: $w_0 = 0.45 \mathrm{kN/m^2}$ 地面粗糙度类别:B类

   (2)基本雪压: $s_0 = 0.45 \mathrm{kN/m^2}$

   (3)场地地震基本烈度:7度

   抗震设防烈度:7度(0.10g)设计地震分组第一组;建筑场地类别:Ⅲ类

   (4)场地的工程地质条件:

   建设单位提供的《XX村村级留用地商业、办公地块项目(详细勘察)》(XX省工程物探勘察院)进行设计。

2. 建筑物室内地面标高±0.000相当于国家高程5.250m。

3. 采用的主要设计规范、规程及技术规定

   中华人民共和国住房和城乡建设部《建筑工程设计文件编制深度规定》(2008年版)

   中华人民共和国《工程建设标准强制性条文》房屋建筑部分(2013年版)

   《工程结构可靠性设计统一标准》 GB 50153—2018

   《建筑抗震设防分类标准》 GB 50223—2008

   《建筑抗震设计规范》 GB 50011—2010(2016年版)

   《建筑结构荷载规范》 GB 50009—2012

   《混凝土结构设计规范》 GB 50010—2010(2015年版)

   《建筑地基基础设计规范》 GB 50007—2011

   《建筑桩基技术规范》 JGJ 94—2008

   《建筑基桩检测技术规范》 JGJ 106—2014

   《地下工程防水技术规范》 GB 50108—2008

   《混凝土结构耐久性设计规范》 GB/T 50476—2008

   《混凝土结构施工图平面整体表示方法制图规则和构造详图》16G101-1

   《混凝土结构施工图平面整体表示方法制图规则和构造详图》16G101-2

   《混凝土结构施工图平面整体表示方法制图规则和构造详图》16G101-3

   《工程结构通用规范》 GB 55001—2021

   其他未列出的现行国家规范

三、设计采用的均布活荷载标准值

荷载类别	标准值(kN/m²)	荷载类别	标准值(kN/m²)
办公	2.5	疏散楼梯	3.5
卫生间	2.5	上人屋面	2.0
不上人屋面	0.5		

注:1.上表所给各项活荷载适用于一般使用条件,当使用荷载较大或情况特殊时,按实际情况采用。

2.上表各项活荷载不包括隔墙自重和二次装修荷载。

3.设备荷载按实际荷重考虑。

4.雨篷按施工和检修集中荷载1.0kN,楼梯栏杆等水平荷载1.0kN/m。

5.上表未提及荷载按规范取用。施工及使用期间的荷载均不得超过以上值。

四、结构材料

1. 混凝土

   (1)结构施工图中未注明混凝土强度等级见下表:

构件名称	主体部分	混凝土强度等级	构件名称	地下室	混凝土强度等级
梁、板、柱混凝土墙	-0.050~屋面	C30	梁、板、柱剪力墙基础	-0.050(含)以下	C35
其余构件	基础垫层	C15			
	后浇带	相对提高一级			
	非结构主要构件	C25			

注:1.地下室底板、侧墙、顶板(室外部分)混凝土抗渗等级为P6级,掺8%SY-T。后浇带采用高一级的膨胀混凝土掺10%SY-T。

2.本工程所用混凝土和砂浆皆采用商品混凝土和预拌砂浆。

   (2)大体积混凝土浇捣,必须按规范要求施工。

   (3)冬期混凝土施工时,应采取混凝土的防冻、保温措施,并加强养护。

   (4)地下室防水等级不低于二级。

   (5)地下室底板为现浇整体式钢筋混凝土筏板,后浇带之外应一次浇筑完成,施工应采取有效技术措施,减少大体积混凝土的水化热,必要时应进行混凝土内测温,防止混凝土干缩和温差裂缝,同时组织好施工方案,确保混凝土的浇筑质量。

   (6)混凝土的环境类别及耐久性要求:

部位或构件	环境类别	最大水胶比	最大氯离子含量	最大碱含量
室内正常环境中的构件	一类	0.60	0.3%	不限制
与水或土壤直接接触的构件	二a类	0.55	0.2%	3.0 kg/m³
干湿交替(雨篷、地下室外墙等)	二b类	0.50	0.15%	3.0 kg/m³

2. 钢筋及焊条

   (1)本工程采用的普通钢筋应满足下表要求:

钢筋种类	符号	抗拉抗压强度设计值(N/mm²)	弹性模量(N/mm²)	焊条型号
HPB300	Φ	270	2.1×10⁵	E43型
HRB400	Φ	360	2.0×10⁵	E50型

   (2)抗震等级为一、二、三级的框架(框架梁、框架柱)和斜撑构件(楼梯板),其纵向受力钢筋采用带E编号的钢筋,其余钢筋均采用不带E钢筋。

   (3)在施工中,当需要以强度等级较高的钢筋替代原设计中的纵向受力钢筋时,应按照钢筋受拉承载力设计值相等的原则换算,并应满足最小配筋率要求。

   (4)钢筋混凝土构造柱,其施工应先砌墙后浇构造柱。

2. 受力预埋件的锚筋应采用HPB300、HRB400级钢筋,不得采用冷加工钢筋。受力预埋件的锚板应采用Q235C级钢。

3. 吊钩应采用HPB300级钢筋制作,严格禁止采用冷加工钢筋。

4. 凡外露钢铁件必须在除锈后涂红丹两道,刷防锈漆两度,并经常注意维护。

5. 填充墙体材料的选用见下表:

部位	采用材料	块体强度等级	商品砂浆强度等级	干密度
外墙	砂加气混凝土砌块	A5.0	Mb5.0专用砂浆砌筑	B07
内墙	砂加气混凝土砌块	A5.0	Mb5.0专用砂浆砌筑	B05
埋置在土中墙体	混凝土实心砖	MU20	M10水泥砂浆	

   内隔墙位置及做法详见建施。

6. 建筑立面幕墙及装饰挂件应由专业单位设计,并由相关部门审查批准后方可安装。

7. 建筑立面幕墙及装饰挂件应由专业单位设计,并由相关部门审查批准后方可安装。

五、混凝土保护层、钢筋锚固与连接

1. 混凝土保护层

   (1)钢筋的混凝土保护层厚度(最外层钢筋的外缘至混凝土表面的距离)。

   (2)构件中受力钢筋的混凝土保护层厚度除应满足上表外,还不应小于受力钢筋的公称直径。

   (3)处于二类环境中的悬臂板表面应另加10~15mm防水水泥砂浆保护或采取其他措施。

   (4)当梁、柱、混凝土墙中的受力钢筋的保护层厚度大于50mm时,应在保护层内设置φ6@150钢筋网片或采用其他有效的抗裂构造措施。

   根据构件所处环境类别确定的混凝土结构最外层钢筋保护层厚度(mm):

环境类别	构件名称	混凝土强度等级	
		≤C25	C30
一	墙、板	20	15
	梁、柱	25	20
二a	墙、板	25	20
	梁、柱	30	25
二b	墙、板	30	25
	梁、柱	40	35

注:1.基础中纵向受力钢筋的混凝土保护层厚度不应小于40mm,当无垫层时不应小于70mm。

2.桩基承台、桩基筏板保护层厚度不应小于50mm。

3.地下室外墙迎水面保护层为50mm。当采取可靠的外墙面防水措施时可取30mm。

4.最外层钢筋包括箍筋、构造筋、分布筋、拉筋等。

未盖出图章本图纸无效

总图区域示意

设计单位	
建设单位	
审定	
审核	
项目负责	
专业负责	
校对	
设计	
制图	
项目名称	科创产业园区
工程名称	商务办公楼
图纸名称	结构设计总说明(一)
工程编号	
日期	
阶段	施工图
版次	
比例	
图别	结施
图号	01

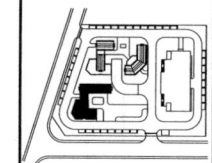

结构设计总说明(二)

2. 钢筋的锚固

(1)受拉钢筋基本锚固长度l_{ab}和抗震基本锚固长度l_{abE}、受拉钢筋锚固长度l_a和抗震锚固长度l_{aE},本工程受拉钢筋基本锚固长度按下列表采用,d为钢筋直径(钢筋并筋时此处d相应采用并筋后等效直径d_{eq}):

钢筋种类	抗震等级	混凝土强度等级			
		C25	C30	C35	C40
HPB300	三级(l_{abE})	$36d$	$32d$	$29d$	$26d$
	四级、非抗震(l_{ab})	$34d$	$30d$	$28d$	$25d$
HRB400	三级(l_{abE})	$42d$	$37d$	$34d$	$30d$
	四级、非抗震(l_{ab})	$40d$	$35d$	$32d$	$29d$

注:1.受拉钢筋的锚固长度$l_{a(E)} = l_{ab(E)}$×锚固长度修正系数ζ_a,但任何情况下,不应小于200mm。

2.HRB400钢筋$d>25$,锚固长度修正系数ζ_a取1.10。其他情况下的锚固长度修正系数ζ_a的取值详见混凝土规范8.3.2条。

3.本工程柱子纵筋采用焊接或机械连接。

4.除表中注明外,梁、柱、墙的钢筋构造做法详见标准图集16G101-1中P57、P58。

(2)任何情况下,受拉钢筋的锚固长度l_a不应小于200mm,l_{aE}不应小于230mm(一、二级抗震)及210mm(三级抗震)。

(3)当钢筋在混凝土施工过程中易受扰动时,表中锚固长度l_a、l_{aE}应乘以修正系数1.1,环氧树脂涂层带肋钢筋,表中l_a、l_{aE}应乘以修正系数1.25。

(4)纵向受拉普通钢筋末端采用弯钩或机械锚固措施时,包括弯钩或锚固端头在内的锚固长度可取0.6l_{ab}。

(5)纵向受压钢筋的最小锚固长度l_a不应小于标准图集表中数字的0.7倍。

3. 受力钢筋的连接

(1)钢筋的连接要求,详见平法标准图集16G101-1相关表格及说明。

(2)受力钢筋的连接接头宜设置在受力较小处,在同一根受力钢筋上宜少设接头,抗震设计时,宜避开梁端、柱端箍筋加密区范围。

(3)钢筋的连接可采用绑扎搭接、机械连接和焊接连接。机械连接接头的类型和质量应符合国家现行有关标准的规定(柱子钢筋采用电渣压力焊)。

(4)同一连接区段内受力钢筋的接头面积允许百分率见下表:

接头型式	接头面积允许百分率(%)			连接区段长度
	受拉区		受压区	
	梁、板、墙	柱		
绑扎搭接接头	宜≤25,应≤50	宜≤50	宜≤50	1.3倍搭接长度
机械连接接头	宜≤50		不限制	35d为纵向受力钢筋的较小直径
焊接接头	应≤50		不限制	35d(d为纵向受力钢筋的较小直径)且不小于500mm

(5)纵向受拉钢筋的绑扎搭接长度应根据位于同一连接区段内的钢筋搭接接头面积百分率按下列公式计算:

纵向受拉钢筋搭接长度: $l_l = l_a \times \xi_l$

纵向受拉钢筋抗震搭接长度: $l_{lE} = l_{aE} \times \xi_l$

纵向受拉钢筋搭接长度修正系数ξ_l见下表:

纵向受拉钢筋搭接接头面积百分率(%)	≤25	50	100
纵向受拉钢筋搭接长度修正系数ξ_l	1.20	1.40	1.60

(6)任何情况下,纵向受拉钢筋的绑扎搭接接头的搭接长度不应小于300mm。

(7)纵向受压钢筋当采用搭接连接时,其受压搭接长度不应小于纵向受拉钢筋搭接长度的0.7倍,且任何情况下不应小于200mm。

(8)轴心受拉及小偏心受拉杆件(如大悬臂构件的暗桁架)的纵向受力钢筋不得采用绑扎搭接。

(9)当受拉钢筋直径$d>25$mm及受压钢筋的直径$d>28$mm时,应采用机械连接,不应采用绑扎搭接。

(10)除满足以上规定外,本工程结构构件受力钢筋采用的连接方式见下表:

构件	抗震等级或部位	受力钢筋连接方式
地下室底板		宜采用机械连接、焊接连接或绑扎连接
框架柱	一、二级抗震等级 三级抗震等级的底层	采用机械连接或焊接连接
	三级抗震等级的其他层及四级抗震等级	采用机械连接或焊接连接
框架梁	一级抗震等级	宜采用机械连接
	二、三、四级抗震等级	可采用绑扎搭接连接或焊接连接
框支梁、框支柱	二级抗震等级	宜采用机械连接

六、基础及地下室工程

1. 基础类型

(1)本工程采用预应力混凝土管桩,钢筋混凝土独立承台。

2. 基坑开挖、回填

(1)基坑开挖应有详细的施工组织设计,基坑围护应专门设计并需经有关单位审核,基坑开挖前基坑围护必须达到相应的设计强度。

(2)基坑开挖时,不应扰动土的原状结构,如需扰动,应挖除扰动部分,选用级配砂石等进行回填处理,级配砂石要求压实系数应大于0.97。基坑开挖应分层进行,分段时层与层的高差不宜大于800mm。

(3)开挖过程中应采取措施组织好基坑排水以及防止地面雨水的流入,开挖基坑及降水时应考虑到对周围建筑物及管线等的影响,并采取相应的安全措施。

(4)地下室外墙外侧回填土应分层压实,压实后的压实系数应≥0.94。回填土应尽早进行,以减少基础暴露时间。对局部存在的河塘,应清除河底淤泥后用砂石垫层或按1:2台阶步用灰土换填。

(5)机械挖土时应按地基基础设计规范有关要求分层进行,坑底应保留300mm土层用人工开挖。

(6)基础混凝土施工前应会同设计、勘察、监理等进行验槽,土质如与地质报告不符,应共同协商处理。

(7)基坑开挖和地下室施工过程中,应做好降水工作。停止降水时,应确保结构不

会因水浮力而上浮。除注明外,一般应在地下室顶板覆土完成、上部结构主体结构时,方可完全停止降水。如需提前停止降水,应征得设计单位同意。

3. 基础(地下室)施工

(1)应在完成基槽检验、工程桩最终验收合格后,方可进行承台、基础梁和地下室底板的施工。

(2)基础垫层做法为:100厚C15素混凝土垫层,垫层每边扩出基础边缘100,基础侧面采用240厚实心砖模,1:2水泥砂浆抹面。

(3)地下室底板、承台、侧墙等应尽可能一次性浇灌,或依据后浇带划分区,按每区一次性浇灌,若施工单位因施工需要,须设施工缝,其构造做法详图6.1。

(4)防水混凝土终凝后应立即进行养护,养护时间不得少于14天。切忌施工时模板提早拆除。

(5)地下室外墙施工应加强保湿养护,切忌施工时模板提早拆除。

(6)地下室底板,侧板的二层钢筋间应该用拉结筋连系,其构造做法详图6.2。

(7)地下室的设备管道及留洞位置应配合水、电、暖通等设备施工图做好预埋工作,有关土建及安装施工单位应校对相关图纸,以免遗漏及差错。

(8)避雷接地要求部分梁、柱钢筋电焊,请详电施图。

4. 穿墙管(盒)

(1)穿墙管应在浇筑混凝土前预埋套管,穿墙管与内墙角、凹凸部位的净距应≥250mm,管与管的间距应大于300mm。穿墙单管防水构造详图6.3。

(2)当穿墙管线较多时,可采用穿墙盒方法。穿墙盒的封口钢板与墙上预埋角钢焊严,并从钢板上的预留浇筑孔注入改性沥青柔性密封材料或细石混凝土。穿墙群管防水构造详图6.4。

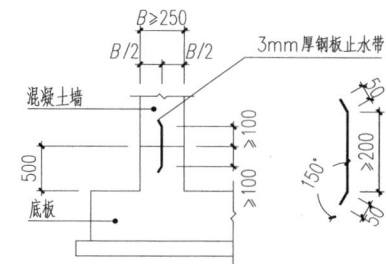

图6.1 地下室底板与外墙交接处做法

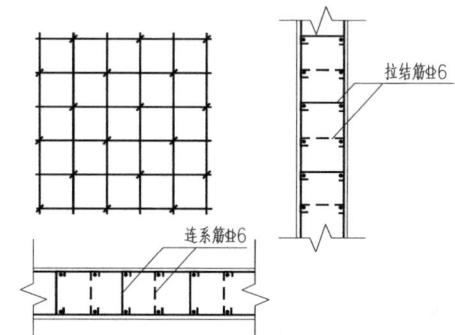

图6.2 底板、侧板连系筋、拉结筋示意

未盖出图章本图纸无效

总图区域示意

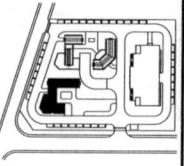

设计单位

建设单位

审定
审核
项目负责
专业负责
校对
设计
制图

项目名称 科创产业园区

工程名称 商务办公楼

图纸名称 结构设计总说明(二)

工程编号
日期
阶段 施工图
版次
比例

图别 结施
图号 02

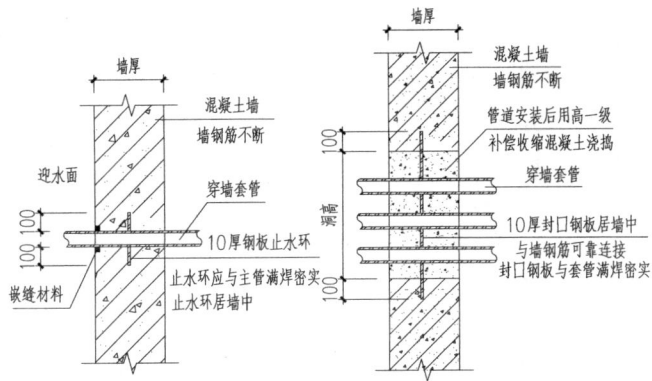

图6.3 穿墙单管防水构造

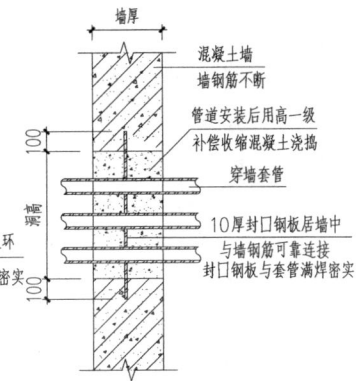

墙厚
混凝土墙
墙钢筋不断
迎水面
穿墙套管
10厚钢板止水环
止水环应与主墙满焊焊实
嵌缝材料

图6.4 穿墙群管防水构造一

墙厚
混凝土墙
墙钢筋不断
管道安装后用高一级
补偿收缩混凝土浇捣
穿墙套管
10厚封口钢板居中
止水环居中
封口钢板与套管满焊密实

七、现浇钢筋混凝土框架、剪力墙、楼板的构造要求

1. 梁柱的构造要求见国标《混凝土结构施工图平面整体表示法制图规则和构造详图》16G101-1及本工程梁柱详图。抗震构造要求见下表:

构件	序号	构造	图集页码	备注
框架	1	楼层框架梁、屋面框架梁纵向钢筋构造详图	第84、85页	
	2	楼层框架梁和屋面框架梁在中间支座纵向钢筋构造图	第87页	
	3	楼层框架梁和屋面框架梁箍筋构造详图	第88页	
	4	纯悬挑梁及各类梁的悬臂端配筋详图	第92页	
	5	非框架梁配筋构造和主次梁斜交截面构造详图	第88、89页	
	6	不伸入支座的梁下部纵向配筋断点位置构造详图	第90页	
	7	抗震框架柱纵向配筋连接构造详图	第63~68页	
	8	抗震框架柱箍筋加密区范围及矩形箍筋复合方式详图	第64、70页	
	9	封闭箍筋及拉筋弯钩构造、梁柱纵筋间距要求、螺旋箍筋构造详图	第62页	
	10	抗震墙上柱、梁上柱纵筋构造及箍筋加密区范围示意	第65页	

2. 框架梁

(1) 梁内箍筋采用封闭形式,并做成135°弯钩,弯钩端头直段长度不应小于10倍箍筋直径和75mm的较大值。当梁的上部钢筋为多排时,弯钩在二排或三排钢筋以下弯折,见图7.1。

(2) 受力梁集中荷载作用处设置的吊筋及附加箍筋构造详见图7.2。吊筋的弯起段应伸至梁上边缘。

(3) 当梁与柱(或混凝土墙)边平时,梁主筋应弯折后伸入柱(墙)纵筋内侧,同时增设架立筋,详见图7.3。

(4) 主次梁高相同时,次梁下部纵向钢筋应置于主梁下部纵向钢筋之上。

(5) 柱两侧框架梁平面错位或梁宽改变时,如两边纵筋直径相同,则应尽量拉通,不能拉通的钢筋在柱内锚固≥l_{aE},梁纵向钢筋的锚固详见图7.6。

(6) 梁上起柱节点见图7.4所示。梁上留孔做法见图7.5。

(7) 除另有说明外,对跨度大于等于4m,或悬挑大于等于2m的梁应起拱2‰~3‰。

(8) 悬臂梁及跨度大于8m的梁的底部支撑须待混凝土强度达到100%设计强度后方可拆除。其余构件的底模及其支架拆除时混凝土强度应符合GB 50204的要求。

3. 框架柱

(1) 柱子与圈梁、钢筋混凝土腰带、现浇过梁相连时,均应按建筑图中墙位置以及相子与圈梁、腰带、过梁位置由柱子留出相应的钢筋,配筋说明见图纸,钢筋长度为柱子内外各40d。

(2) 在梁柱节点区,当梁柱混凝土强度等级相差1个等级(C5)时,可按低级混凝土施工;当相差2个等级(含)时,应按高等级混凝土施工,见图7.7。

4. 剪力墙(抗震墙)

(1) 除注明外,墙体水平钢筋放置在外侧,竖向钢筋放置在内侧。

(2) 剪力墙两侧网筋之间应用φ6拉筋连系,间距为双向600mm矩形布置,拉筋必须钩住外层钢筋。

(3) 剪力墙在屋面标高位置若无边框梁,设2φ20通长钢筋。

(4) 剪力墙边缘构件和截面高度与截面厚度之比小于5的矩形截面独立墙肢的纵向钢筋的连接同框架柱。

(5) 局部错洞墙构造见图7.8。

(6) 墙体水平钢筋不得代替暗柱的箍筋。当墙或墙的一个墙肢全长按暗柱设计时,则此墙或墙肢不再设墙体水平筋,配置暗柱箍筋即可。

(7) 连梁洞口钢筋补强构造详见图7.9。

(8) 剪力墙洞口尺寸小于200mm时钢筋绕过洞口不截断,大于200mm小于等于800mm时按图7.10进行钢筋补强。墙上孔洞必须预留,除结构施工图纸预留孔洞外,尚须根据各工种施工图纸,由各工种的施工人员核对无遗漏后才能施工。

5. 现浇板

(1) 板底部钢筋的锚固做法参照图集16101-1 P99。与核心筒抗震墙相连的楼板及核心筒内部楼板,板底钢筋应满足四级抗震等级的锚固长度。

(2) 板上部钢筋的锚固:应满足四级抗震等级受拉钢筋的锚固长度,并伸过梁的中心线。

(3) 双向板的底部钢筋,短跨钢筋置下排,长跨钢筋置上排。

(4) 当板底与梁平时,板底钢筋伸入梁内须置于梁下部第一排纵向钢筋之上。

(5) 当相邻板在支座两侧的高差Δh≤30时,配筋相同的板面钢筋可弯折后通长。Δh≥30时,应作分离处理,板面钢筋必须满足锚固长度要求,详见图7.11。

(6) 当楼板内的设备预理管上方无板厚度时,应沿预埋管走向设置板面附加钢筋网带(φ6@150x200),详见图7.12。

(7) 板上孔洞应预留,避免后凿。一般结构平面图中只表示出洞口尺寸大于300mm之孔洞,施工时各工种必须根据各专业图纸配合土建预留全部孔洞。当孔洞尺寸小于300mm时,洞边不再另加钢筋,板筋由洞边绕过,不得截断;当孔洞尺寸大于300mm且未设边梁时,应设洞边加筋,除按平面图示出的要求施工,当平面图未交代时,一律按如下要求:洞口每侧各2根,其截面积不得小于被洞口截断之钢筋截面积,且不小于2φ12,长度为单向板受力方向以及双向板的两个方向沿跨度通长,并锚入梁内,垂直单向板的受力方向洞口加筋长度为洞宽加两侧各l_a。

(8) 需封堵的水电等设备管井,板内钢筋不截断,待管道安装完成后再浇注混凝土。非受力方向楼板与混凝土墙相连时,混凝土墙内应设拉筋与梯板连接,见图7.13。

隔墙直接支承在板上时,除施工详图中注明者外,楼板板面、板底均应沿墙体方向设加筋;板跨≤3m时,加筋上下各2φ14;板跨>3m时,加筋上下各2φ16。

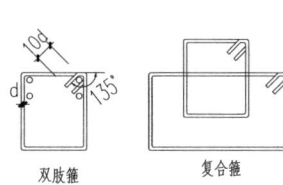

图7.1 梁箍筋及箍筋弯钩

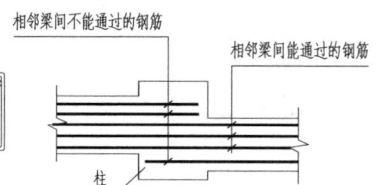

双肢箍
复合箍

图7.6 柱两侧梁平面错位时纵筋的锚固

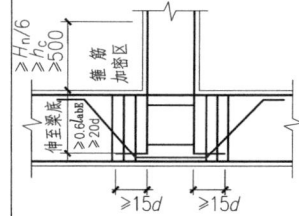

相邻梁间不能通过的钢筋
相邻梁间能通过的钢筋
柱

图7.4 梁上柱纵向钢筋构造

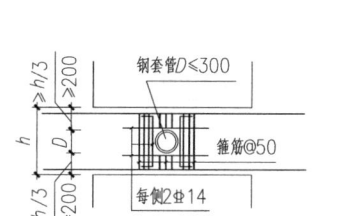

注:(1) h_c为柱长边尺寸,H_n为柱所在楼层的净高。
(2) 本图为柱根部纵筋构造,往上均与框架柱纵筋构造相同。

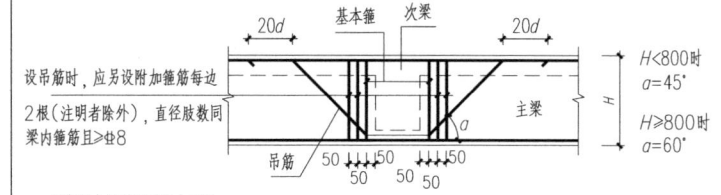

图7.9 连梁洞加补强构造

钢套管D≤300
箍筋@50
每隔2φ14
L=D+1000

图7.2 吊筋与附加箍筋

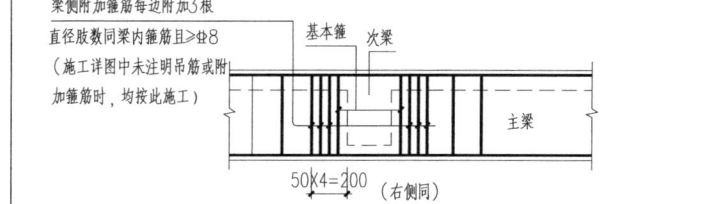

设吊筋时,应另设附加箍筋每边2根(注明者外),直径及肢数同梁内箍筋且≥φ8

H<800时 a=45°
H≥800时 a=60°

梁侧附加箍筋每边附3根,直径及肢数同梁内箍筋且≥φ8(施工详图中未注明吊筋或附加箍筋时,均按此施工)

基本箍
次梁
主梁
吊筋
50 50 50 50

50x4=200(右侧同)

图7.3 梁边与柱边齐平时的构造做法

框架梁或连梁
框架柱或砼墙
附加架立筋上下各2φ10
附加2φ10上下各一排
梁纵筋

(i=δ/a)且i<1/25
a≥800
(i=δ/a)
a≥800
L=a+2x250
a>800
(i=δ/a)且i<1/25

未盖出图章本图纸无效

总图区域示意

设计单位

建设单位

审定
审核
项目负责
专业负责
校对
设计
制图

项目名称
科创产业园区

工程名称 商务办公楼

图纸名称
结构设计总说明(三)

工程编号

日期

阶段 施工图

版次

比例

图别 结施

图号 03

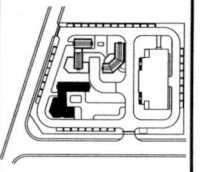

27

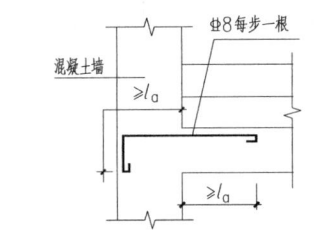

图7.5 梁上孔洞加强筋构造

注: 1. 开孔应在梁高的中部范围,孔尽量做成圆形。
2. 多孔并列时,孔中心至孔直径的3倍,且净距不得小于梁高的1/3及200mm。
3. 梁高小于450mm时,梁上不得开洞。
4. ①号筋:梁宽 b≤300为2±16, 300<b≤600为3±16, 600<b≤900为4±16。

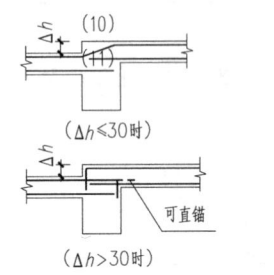

图7.7 梁柱节点混凝土浇捣

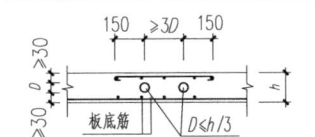

图7.11 板面标高不同时的钢筋构造

图7.13 楼梯板与混凝土墙的连接　　图7.12 板内预埋管附加钢筋构造

洞口边长(mm)	洞口每边加筋
200≤a≤400	2±18
400<a≤600	2±20
600<a≤800	2±22

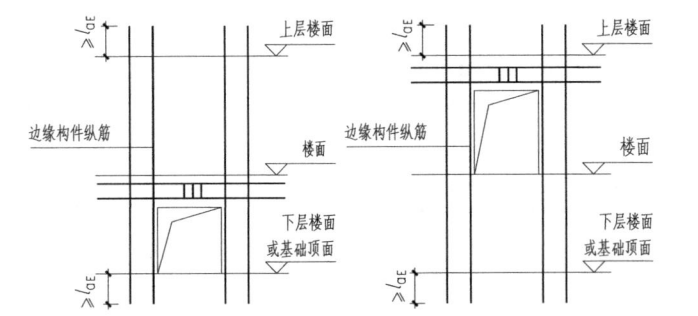

图7.8 剪力墙局部错洞构造

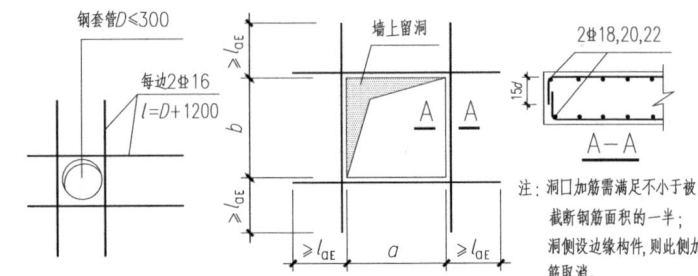

图7.10 剪力墙洞加补强构造

注:洞口加筋需满足不小于被截断钢筋面积的一半;洞侧边设边缘构件,则此侧加筋取消。

八、砌体填充墙

1. 填充墙构造柱的设置位置、断面尺寸见各层建筑平面及相关结施图纸。除有关图纸已注明者外,构造柱应在墙体转角、不同厚度墙体交接处、较大洞口两侧(洞口宽度≥2100mm)、悬臂墙端部布置。构造柱间距≤4m,且不大于层高2倍。断面尺寸可据墙身厚度按图8.1选用。构造柱应先砌墙后浇筑混凝土,砌筑时构造与墙体连接应设加设拉筋(拉筋,详2-2)。构造柱上部与梁板连接处应加插筋,见图8.1。

2. 240墙墙高大于4m或120墙墙高大于3m时均在门窗顶标高处或墙体半高处设水平系梁(图8.1a);

3. 柱及混凝土墙与砌体的连接应沿墙柱高度每500mm预理2±6(锚入长度不小于180mm),沿墙全长贯通或伸至洞口边,楼梯间和人流通道的填充墙粉刷层中增设Φ0.8钢丝网片加强,并用塑料锚栓固定,锚栓纵横向间距均为500mm。

4. 填充墙与钢筋混凝土柱、墙连接构造。填充墙(120mm、200mm厚)与框架柱或剪力墙连接处设拉接筋详见图8.2~图8.7,浇捣框架柱或剪力墙时,应配合建施有关图纸按图中要求位置预留±6@500插筋。

5. 过梁、圈梁与钢筋混凝土柱、墙连接构造过梁或圈梁当一端支承在柱或剪力墙时,应预留插筋,见图8.8,位置及标高参见建施有关图纸。

6. 填充墙上的门窗过梁和筒体墙上门洞过梁除已有详图注明外断面及配筋按图8.9及过梁断面及配筋表选用,位置及过梁底标高见有关建施图纸。表中过梁荷重仅考虑1/3l₀ 高度墙体自重,当超过或梁上作用有其他荷载时另详。

7. 填充墙上的窗台梁,梁高100mm,配筋为3±8+±6@200,梁伸入墙内250mm。

8. 砌体结构施工质量控制等级为B级。

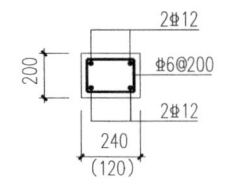

图8.1a
兼作过梁处按过梁配筋

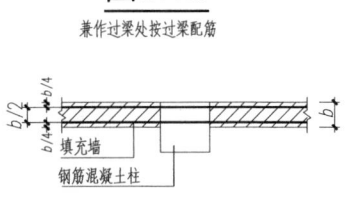

图8.2

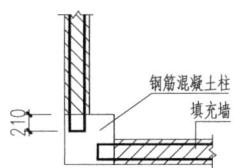

图8.3

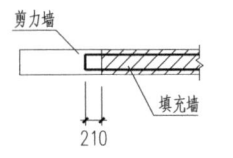

图8.5

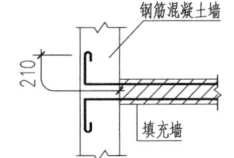

图8.4

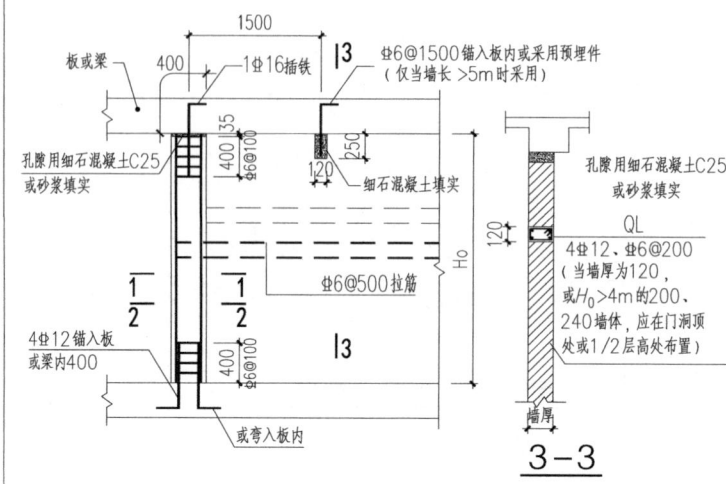

3-3

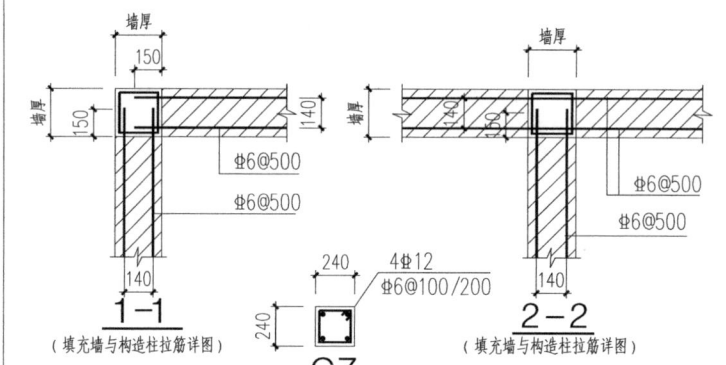

1-1
(填充墙与构造柱拉筋详图)

2-2
(填充墙与构造柱拉筋详图)

GZ
(构造柱断面)

图8.1

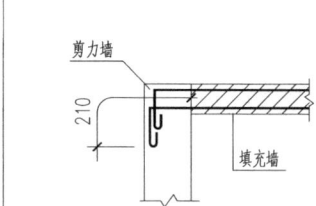

图8.7

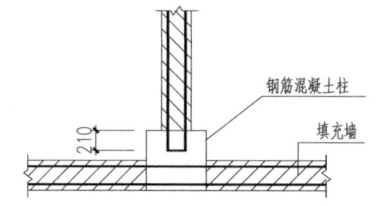

图8.6

未盖出图章本图纸无效

总图区域示意

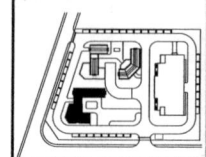

设计单位

建设单位

审定
审核
项目负责
专业负责
校对
设计
制图

项目名称　科创产业园区

工程名称　商务办公楼

图纸名称　结构设计总说明(四)

工程编号
日期
阶段　施工图
版次
比例
图别　结施
图号　04

未盖出图章本图纸无效

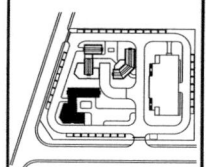

总图区域示意

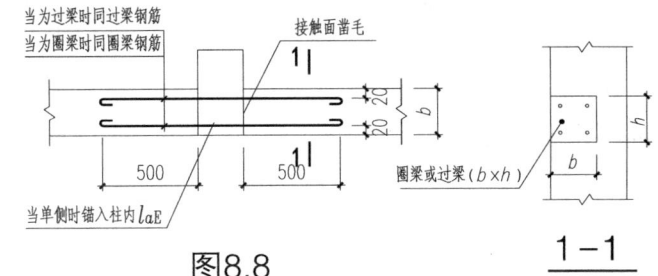

图8.8

1-1

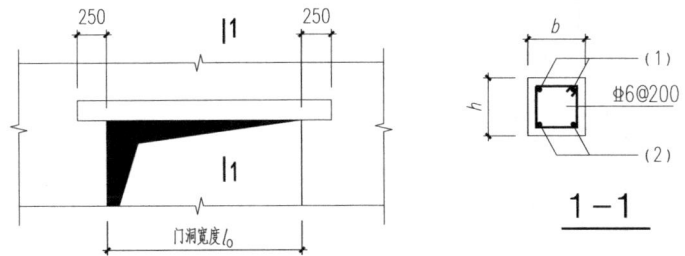

图8.9

过梁断面及配筋表

墙厚b l_0	b=120			b=240		
	(1)	(2)	h	(1)	(2)	h
≤1200	2Φ8	2Φ10	120	2Φ8	2Φ10	120
≤1500	2Φ8	2Φ12	150	2Φ8	2Φ12	150
≤1800	2Φ10	2Φ12	180	2Φ10	2Φ12	180
≤2400	2Φ10	2Φ14	180	2Φ10	2Φ14	180
≤3000	2Φ12	3Φ14	240	2Φ12	3Φ14	240
≤3600	2Φ12	3Φ16	300	2Φ12	3Φ14	300
≤5000	2Φ14	3Φ18	400	2Φ14	3Φ16	400
≤7000	2Φ16	3Φ20	500	2Φ16	3Φ18	500
≤8000	2Φ18	3Φ22	600	2Φ18	3Φ20	600

九、其他说明

1. 总说明所规定的内容若在施工图中已另有说明,则以施工图为准。

2. 沉降观测:底层应设置沉降观测点(图9.1)。沉降观测自完成±0.000层开始,
   每施工一层观测一次,结顶后每月观测一次,竣工验收后第一年观测次数不少于4次,
   第二年不少于2次,以后每年不少于1次,直至建筑物沉降稳定。若发现沉降异常,
   应及时通知设计单位。

3. 后浇带混凝土浇捣完成并达到设计强度前,该跨下部模板支架不应拆除。

4. 卫生间、厨房、开水间及出屋面建筑物四周在墙内部分均做混凝土翻边,翻边高以
   建筑为准,宽同墙宽,板内钢筋弯入翻边。

5. 电梯定货必须符合本施工图预留的洞口尺寸。定货后应提供电梯施工详图给设计
   单位,以便进行尺寸复核、预留机房孔洞及设置吊钩等。

6. 所有预留孔洞、预埋套管,应根据各专业图纸,由各工种施工人员核对无误后方可施
   工。结构图纸中标注的预留孔洞等与各专业图纸不符时,应事先通知设计人员处理。

7. 预埋件的设置:建筑幕墙、吊顶、门窗、楼梯栏杆、电缆桥架、管道支架以及电梯
   导轨等与主体结构连接时,各工种应密切配合进行预埋件的埋设,不得随意采用膨
   胀螺栓固定。建筑幕墙与主体结构的连接必须采用预埋件连接。

8. 预埋件的锚筋(锚固角钢)不得与构件中的主筋相碰,并应放置在构件最外层主筋
   的内侧。预埋件不应突出于构件表面,也不应大于构件的外形尺寸,锚板尺寸较大
   时应在钢板上开设排气孔(ϕ30),确保混凝土浇捣密实。预埋件的外露部分应
   在除锈后涂以防锈漆。

9. 本总说明未做详尽规定或未及之处按现行有关规范、规程执行。

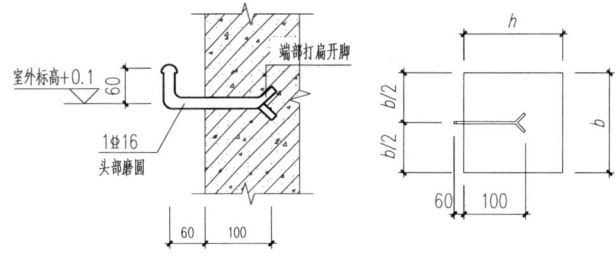

图9.1 沉降观测点

设计单位

建设单位

审定

审核

项目负责

专业负责

校对

设计

制图

项目名称 **科创产业园区**

工程名称 **商务办公楼**

图纸名称

结构设计总说明(五)

工程编号

日期

阶段 **施工图**

版次

比例

图别 **结施**

图号 **05**

预制桩基础设计说明

1. 本工程地下室±0.000相当于85国家高程5.250m（须与建筑核对），地下室抗浮设计水位为85国家高程4.200m。
2. 本工程基础设计根据XX工程勘测设计有限公司20XX年X月提供的《XX储出[20XX]X号地块项目岩土工程详细勘察报告》（工程编号：KC20XX-XXX）进行设计，本工程地基基础设计等级为乙级，桩基设计等级为乙级。
3. 本工程桩基采用先张法预应力混凝土管桩，型号选自XX省建筑标准设计图集《先张法预应力混凝土管桩》（2010XGXX）。主楼下管桩均为承压桩，车库区域管桩均为抗拔桩。不设桩尖（详图集《2010XGXX》XX页）。
4. 管桩的桩身结构配筋图均见图集，桩的原材料与构造要求、生产制作、检验及验收要求、运输、吊装与堆放、沉桩等施工要求以及本说明中未提到的均见图集及《建筑桩基技术规范》JGJ 94-2008 的第7章。
5. 工程桩的施工控制要求如下：
   a. 预制桩的沉桩方式采用静压沉桩，选用足够沉桩能力的施工机械，施工时应注意沉桩时的挤土作用，要求桩施工时采用间隔法，应预先设置一定数量的应力释放孔，并宜采用自中央向边缘的沉桩顺序，且应控制打桩速率和日打桩量，24小时内休止时间不应少于8小时。
   b. 以桩长控制为主，贯入度控制为辅，实行双控。
   c. 桩施工过程中均应对桩顶和地面土体竖向和水平位移进行系统观测，若发现异常，应采取复打、复压、引孔、设置排水措施及调整沉桩速率等措施。
6. 图中桩定位标注相对轴线的偏向与桩同，未定位桩均沿轴线居中；未注明桩顶标高均为-6.450。
7. 桩顶嵌入承台内长度为50mm。承压管桩不截桩顶与承台连接详图见图集（2010XGXX）的第XX页，连接主筋锚入承台长度≥35d，且承压管桩顶填芯混凝土高度为1.5m，且应在填芯混凝土中掺入微膨胀剂；抗拔管桩截桩桩顶与承台连接详图见图集（2010XGXX）的第XX页，连接主筋锚入承台长度≥45d，且压管桩顶填芯混凝土高度为2.5m，且应在填芯混凝土中掺入微膨胀剂；抗拔桩与承台连接详图见本图大样。
8. 本工程应先进行试桩，确定打桩参数后，方可正式施工；并进行静载荷试验（采用堆载法），待静载合格后再施工工程桩。
9. 本工程预制桩按建筑总平面放线定位，在沉桩过程中必须用经纬仪在两个方向定位测量，以控制沉桩过程中的桩位和垂直度，桩插入时垂直度偏差应控制在0.5%。
10. 沉桩宜连续进行，防止因停歇时间久难以沉入。
11. 本工程地下水会对预制桩基施工产生影响，会对土体产生剪切破坏，使土的有效应力降低，孔隙水压力增加，并产生浮桩等现象，桩基施工时，应对此特别重视，控制打桩速率及打桩顺序，并在桩基施工完毕后，对主楼区域的承压桩进行跑桩工作，以减少浮桩等现象。
12. 桩基工程质量检查和验收必须符合《建筑基桩技术规范》JGJ 94—2008第9章的要求。桩基工程质量检查和验收须符合《建筑基桩检测技术规范》JGJ 106—2014进行桩承载力及桩身完整性检测，检测数量、方法须符合规范的要求；在进行竖向承载力检测时，检测桩数不少于同条件下总桩数的1%，且不少于3根。在进行桩身完整性检测时，检测桩数不少于总桩数的20%，且不得少于10根；且每个柱下承台不少于1根。
13. 桩基施工期间应加强对邻近建筑物、地下管线等的观测，采取有效措施保证邻近建筑的安全和正常使用，特别是东北角位置与现成小区交界处应采取开挖应力释放沟等措施减少挤土效应的影响。
14. 管桩采用的材料、构造要求以及施工、质量检测与验收均应满足《预应力混凝土管桩技术标准》JGJ/T 406—2017 中相应章节要求。

管桩抗拔桩桩顶与承台连接详图

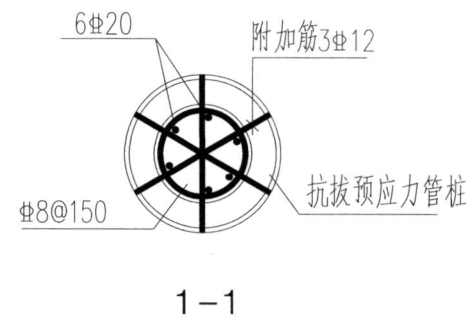

- 6Φ20 锚入承台 ≥45d
- 附加筋3Φ12
- ≥75
- 桩顶标高
- 50
- 混凝土强度等级比承台提高一级，内掺微膨胀剂
- 承台或基础梁、板
- 2500
- Φ8@150
- 3厚圆薄钢板
- 预应力管桩

- 6Φ20
- 附加筋3Φ12
- Φ8@150
- 抗拔预应力管桩

1-1

工程桩参数一览表：

	桩型		桩径(mm)	桩端持力层	有效桩长	单桩竖向承载力特征值(kN)	单桩抗拔承载力特征值 R'_a (kN)	根数	备注(进入持力层深度1d)
预应力管桩 ⊕	主楼	PC 600 AB 100 -L	600	5-2粉质黏土(2d)	10m	1500(承压)		79个	当无持力层5-2层或者5-2层合计厚小于1m时采用5-3含粉质黏土角砾作为持力层
预应力管桩 ◐	车库	PC 600 AB 110 -L	600	5-3含粉质黏土角砾(1d)	15m		270(试桩确定)	355个	

注：单桩承载力特征值和桩长由静荷载试验确定。

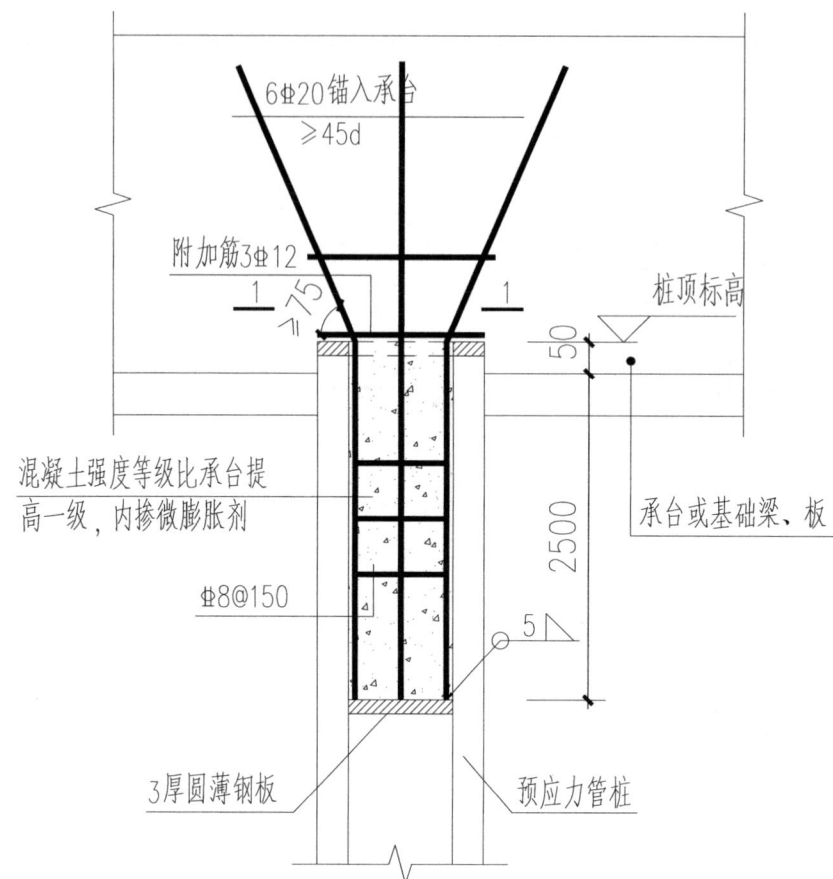

未盖出图章本图纸无效

总图区域示意

设计单位

建设单位

审定
审核
项目负责
专业负责
校对
设计
制图

项目名称 科创产业园区

工程名称 商务办公楼

图纸名称 预制桩基础设计说明

工程编号
日期
阶段 施工图
版次
比例
图别 结施
图号 06

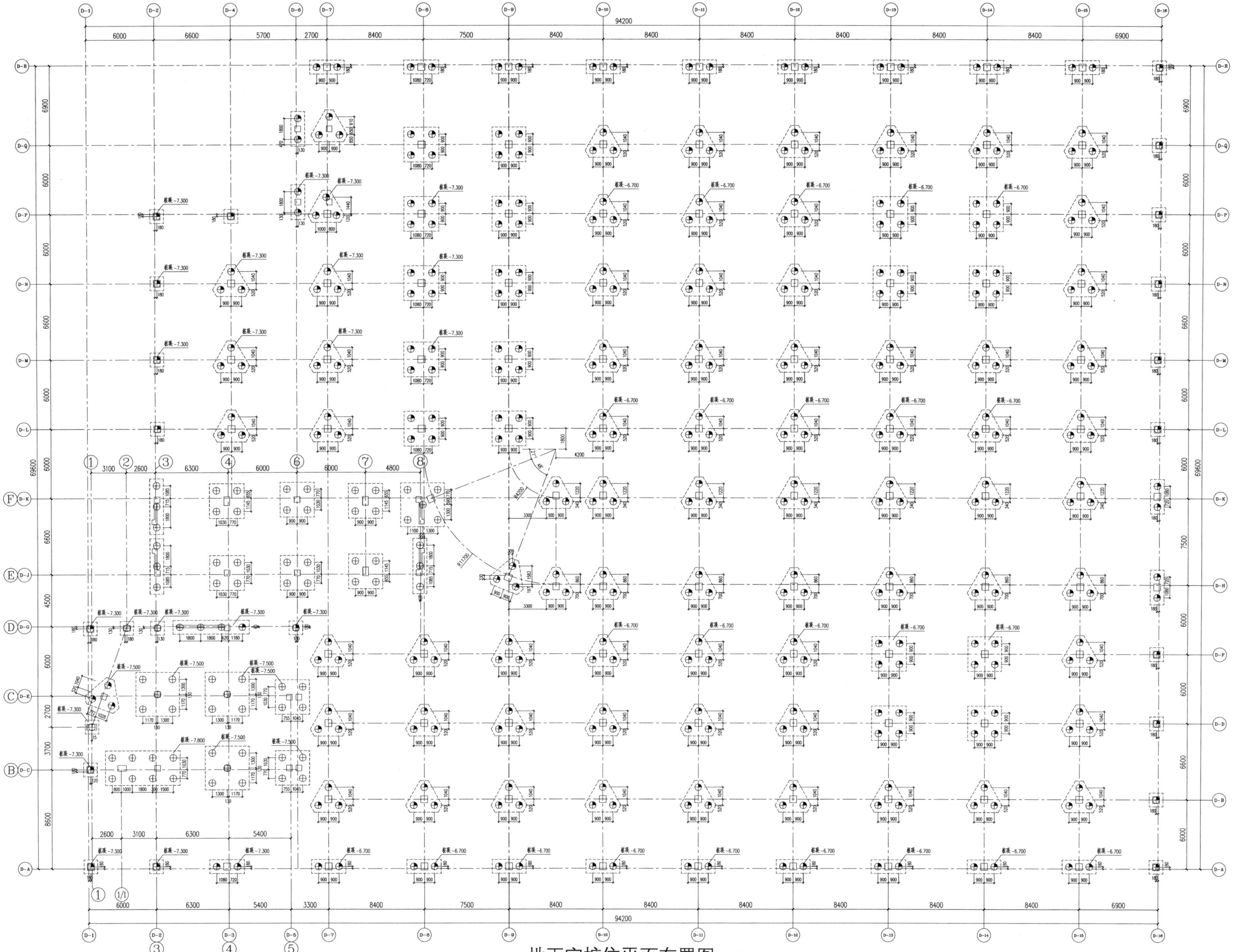

地下室桩位平面布置图 1:150

说明：1.桩基基础设计等级及桩基试验详见预制桩基础设计说明
2.除注明外，桩定位均基轴线中心

未盖出图章本图纸无效

总图区域示意

设计单位

建设单位

审 定
审 核
项目负责
专业负责
校 对
设 计
制 图

项目名称
科创产业园区

工程名称　商务办公楼

图纸名称
地下室桩位平面布置图

工程编号
日 期
阶 段　施工图
版 次
比 例　1:150
图 别　结施
图 号　07

31

总图区域示意

设计单位

建设单位

审 定	
审 核	
项目负责	
专业负责	
校 对	
设 计	
制 图	

项目名称

科创产业园区

工程名称	商务办公楼
图纸名称	地下室承台平面布置图

工程编号	
日 期	
阶 段	施工图
版 次	
比 例	1:150
图 别	结施
图 号	08

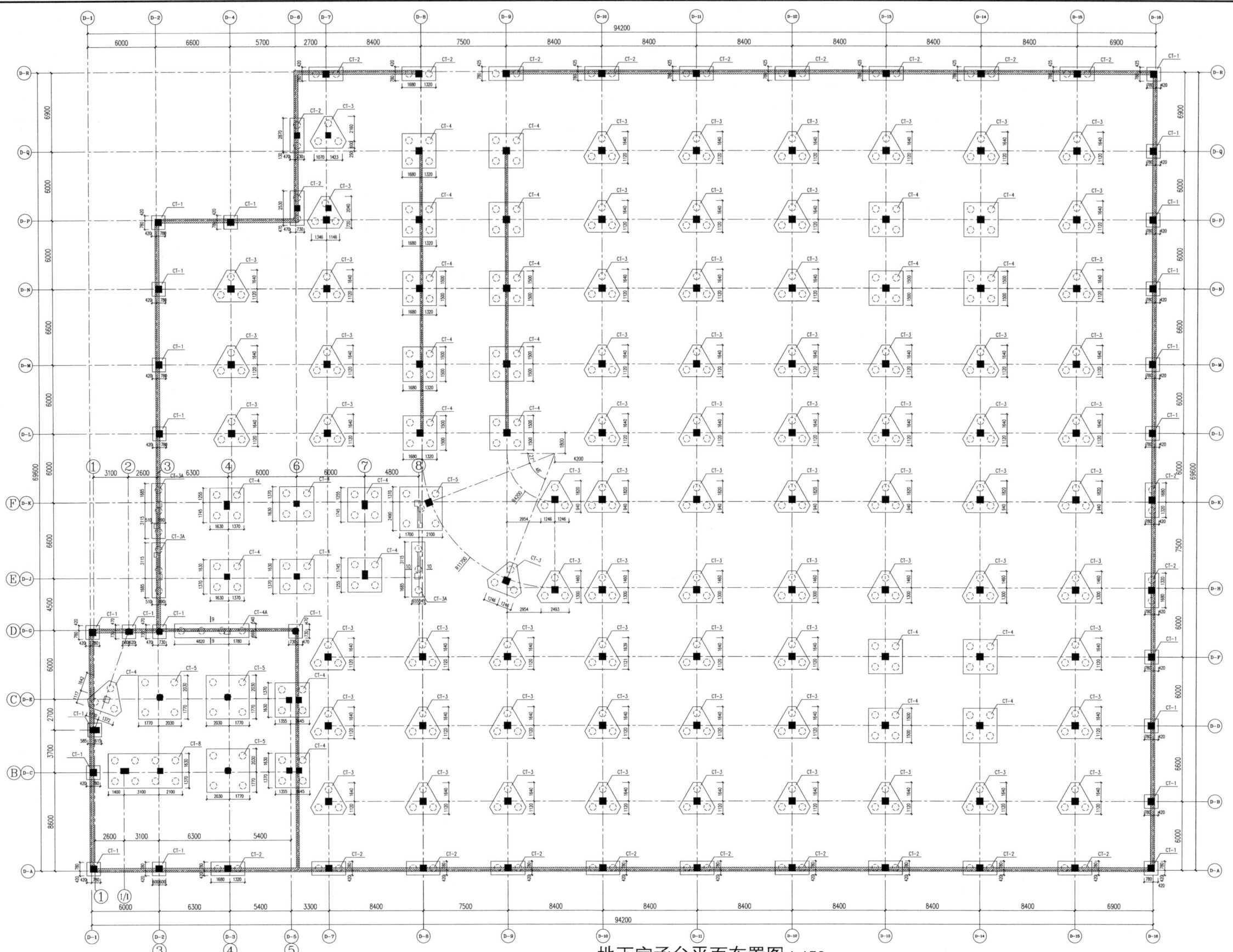

地下室承台平面布置图 1:150

说明：1. 未注明承台顶标高均以板顶标高推算为准
2. 底板、地梁及承台底100厚C15混凝土垫层
3. 基础底板、承台、侧墙及地梁混凝土强度等级为C35
4. 承台配筋及剖面详图见结施—09，未注明承台定位均为轴线中心

32

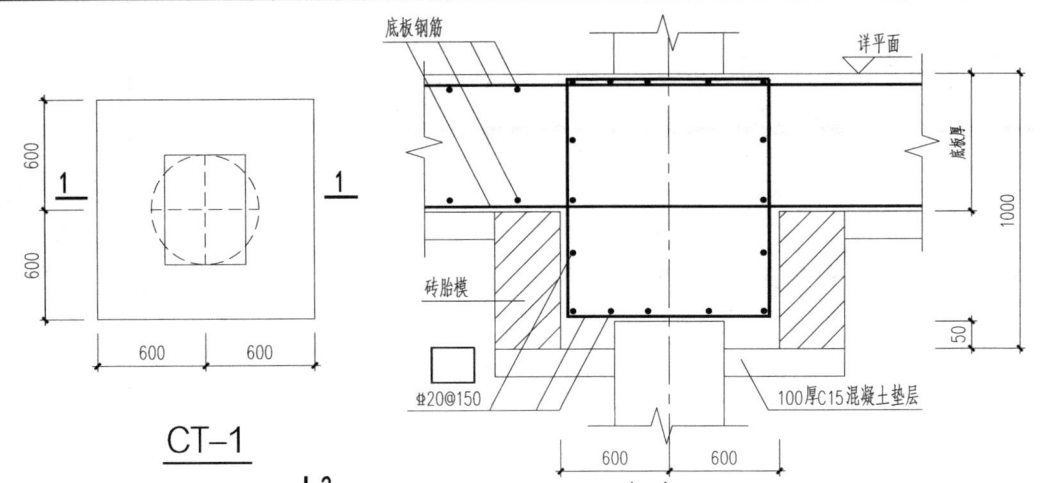
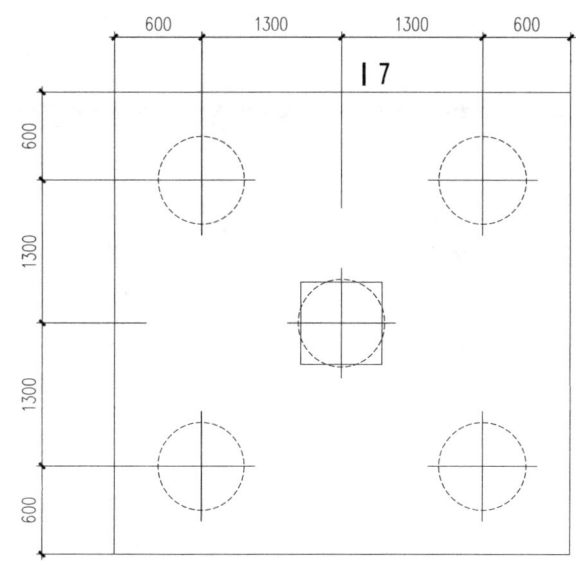
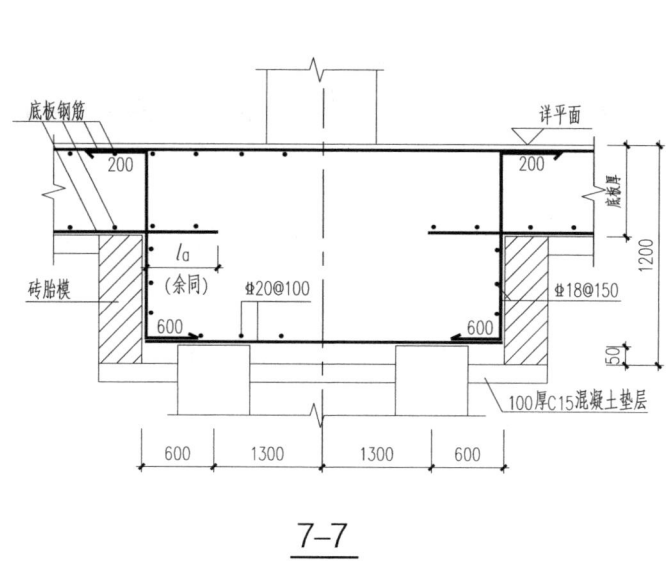
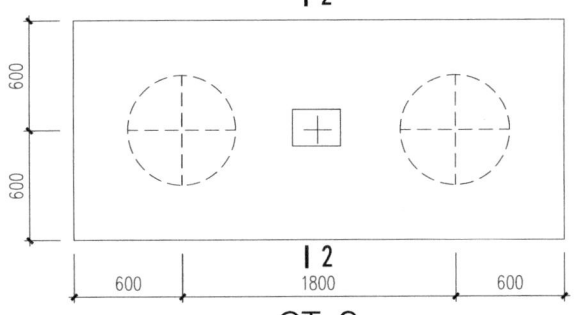
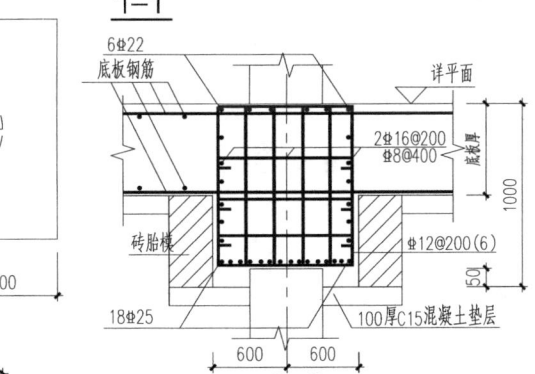
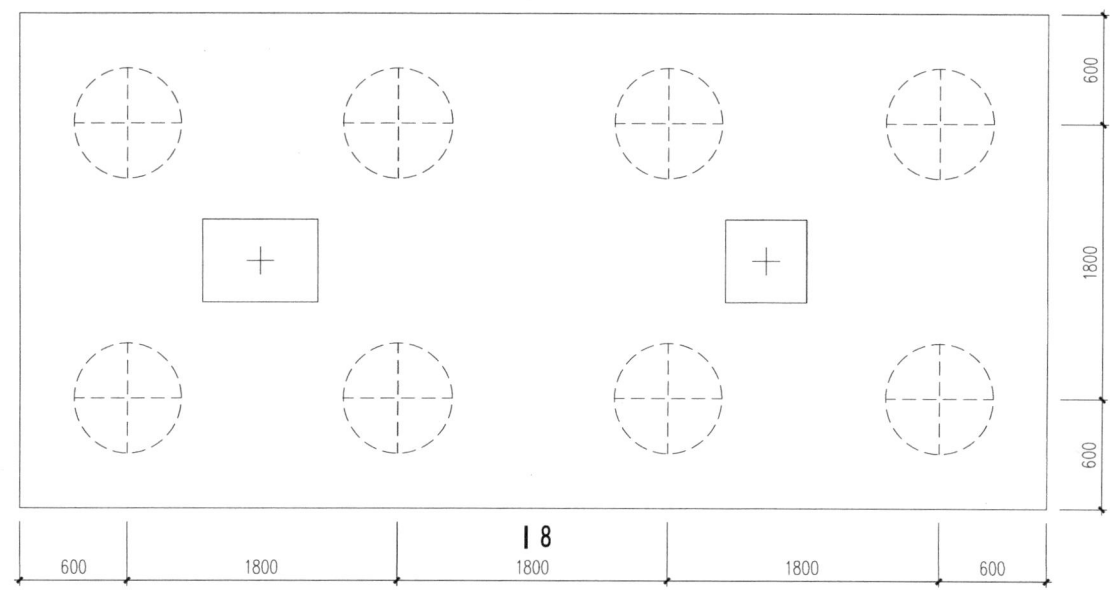
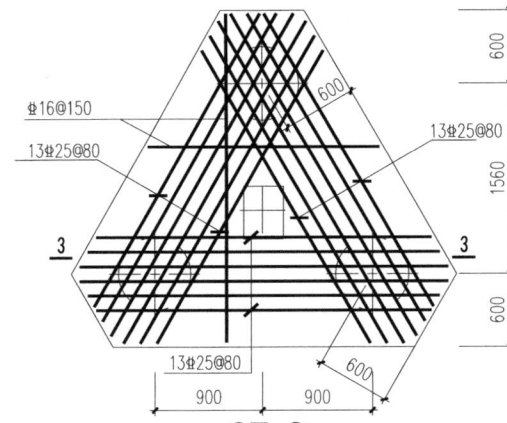
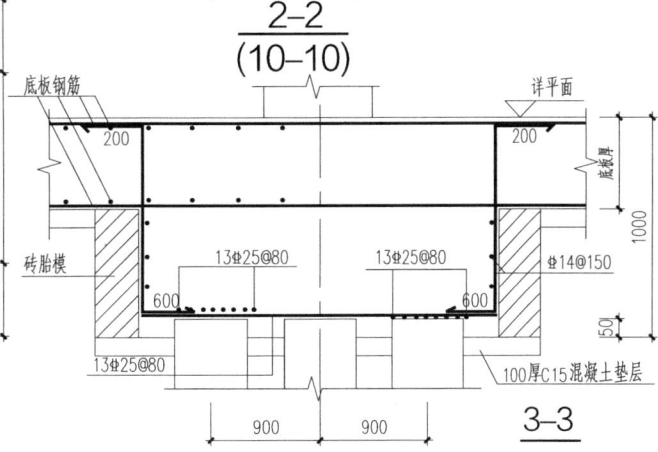
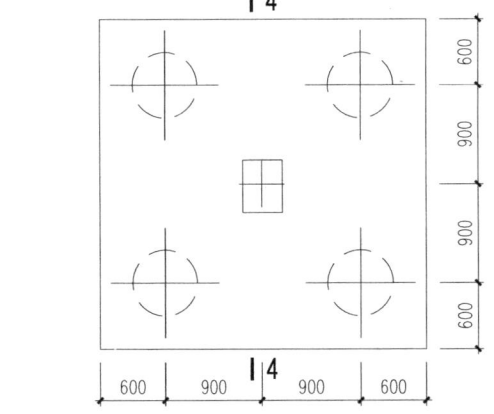
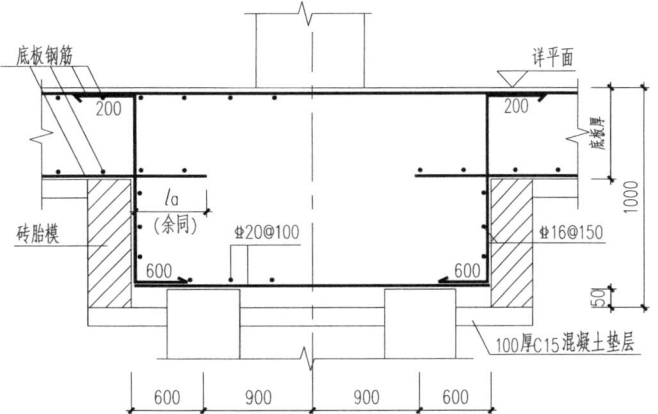
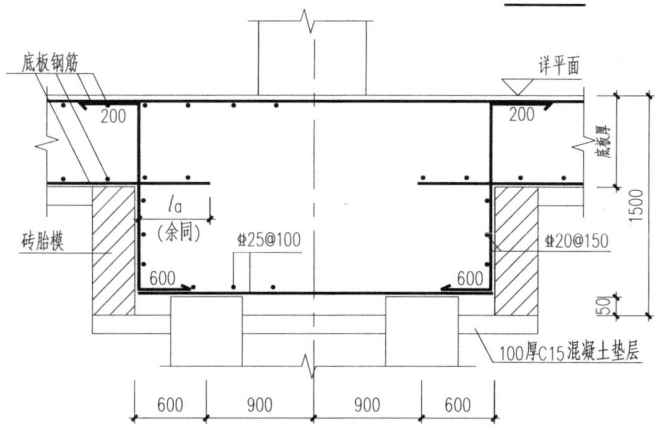
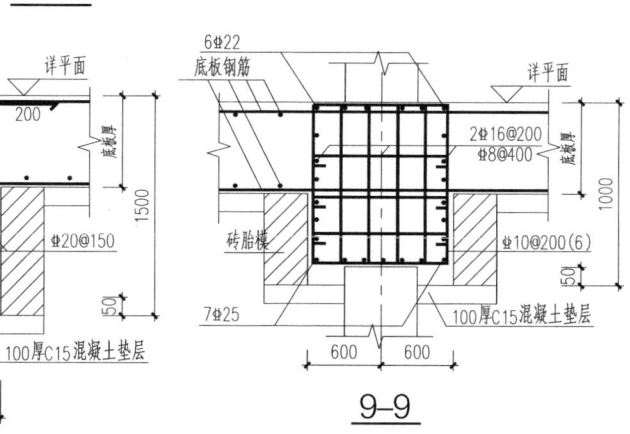

CT-1   1-1   7-7   CT-5

CT-2   2-2 (10-10)   CT-8

CT-3   3-3

CT-4   4-4   8-8   9-9

未盖出图章本图纸无效

总图区域示意

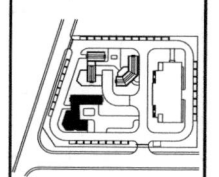

设计单位	
建设单位	
审 定	
审 核	
项目负责	
专业负责	
校 对	
设 计	
制 图	

项目名称

科创产业园区

工程名称	商务办公楼

图纸名称

承台大样详图

工程编号	
日 期	
阶 段	施工图
版 次	
比 例	
图 别	结施
图 号	09

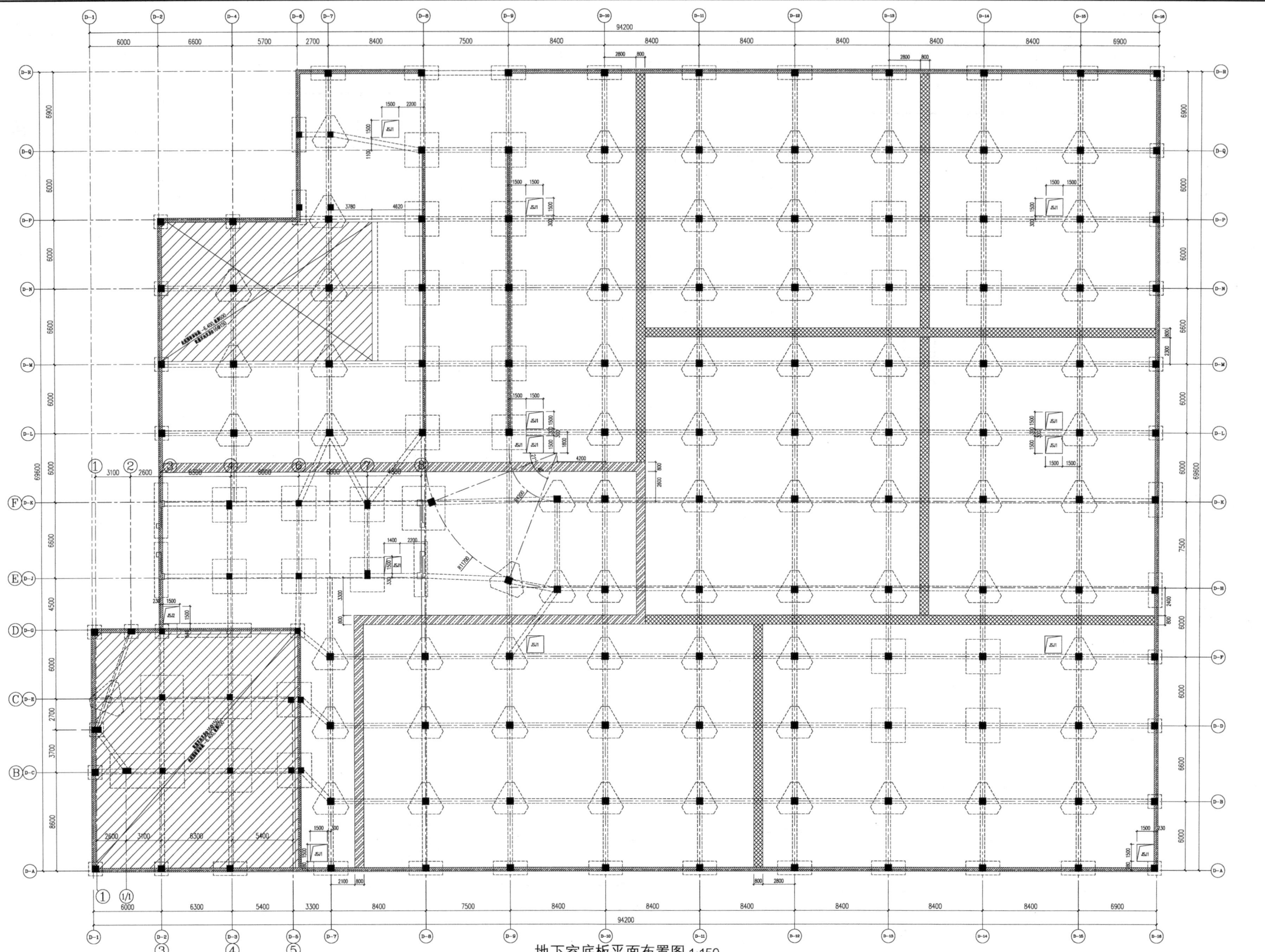

地下室底板平面布置图 1:150

说明: 1. 图中未注明板面标高均为-5.500,板厚500mm,配筋±14@150(双层双向)
2. 后浇带做法参见总说明
3. 基础底板、承台、钢柱及地梁混凝土强度等级为C35
4. 整水池验算措施-12

未盖出图章本图纸无效

总图区域示意

设计单位

建设单位

| 审 | 定 |
| 审 | 核 |
| 项目负责 |
| 专业负责 |
校	对
设	计
制	图

项目名称
科创产业园区

工程名称　**商务办公楼**

图纸名称
地下室底板平面布置图

工程编号

日 期

阶 段　**施工图**

版 次

比 例　**1:100**

图 别　**结施**

图 号　**10**

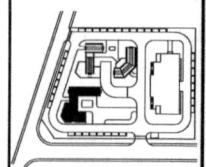

34

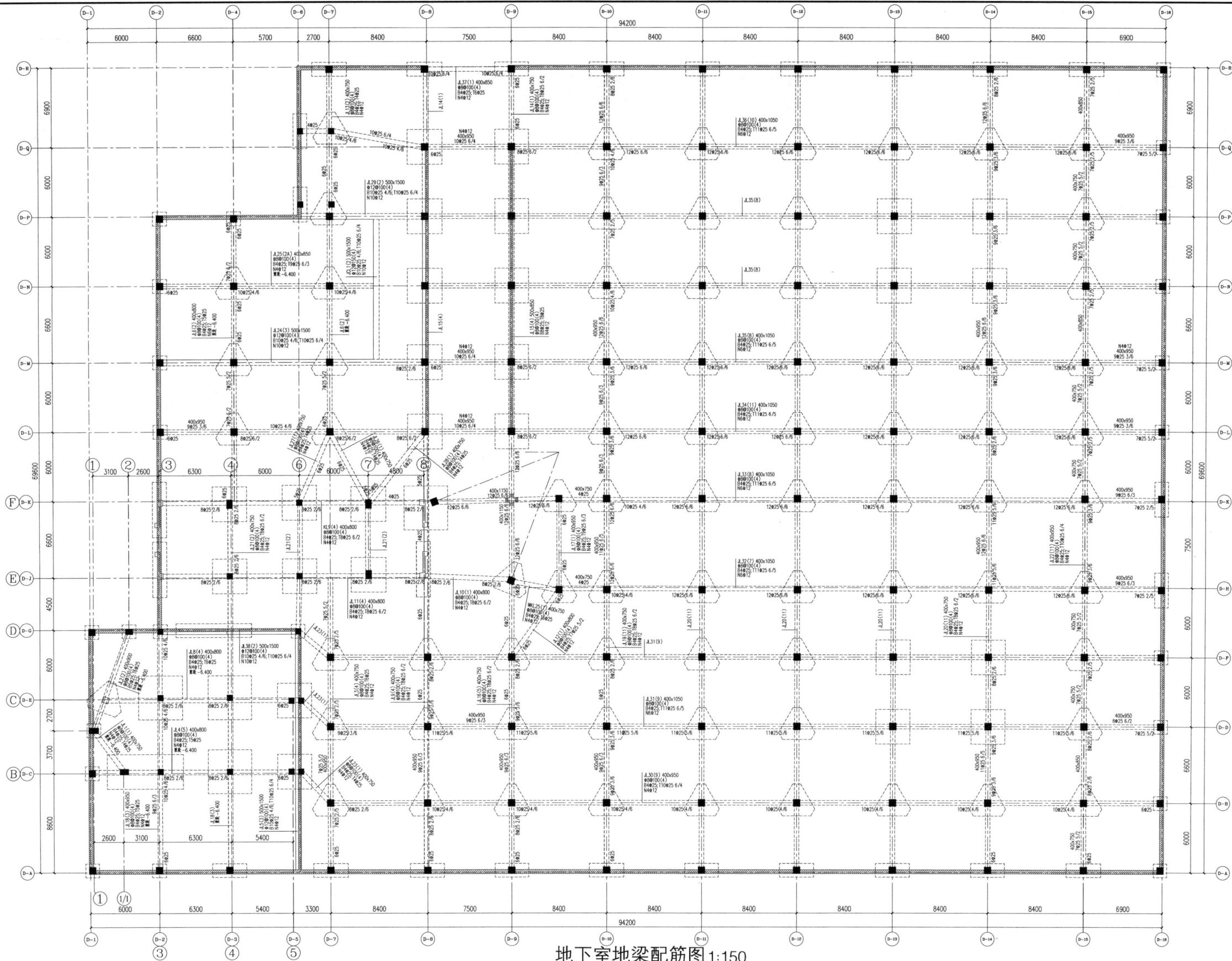

地下室地梁配筋图 1:150

说明：
1. 未注明地梁顶标高均为-5.500
2. 未注明定位尺寸的地梁均居轴中或齐柱子边
3. 主次梁交接处，主梁内设6φ12@50(2)附加箍筋
4. 底板、承台及承台垫层100厚C15混凝土垫层
5. 基础底板、承台、侧壁及地梁混凝土强度等级为C35

未盖出图章本图纸无效

总图区域示意

设计单位

建设单位

审　定
审　核
项目负责
专业负责
校　对
设　计
制　图

项目名称
科创产业园区

工程名称　商务办公楼

图纸名称
地下室地梁配筋图

工程编号
日　期
阶　段　施工图
版　次
比　例　1:150
图　别　结施
图　号　11

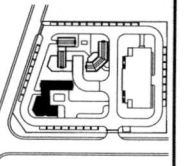

未盖出图章本图纸无效

坑或地沟通用详图(一)

基础面结构标高
沟坑宽见平面
板面配筋
底板面结构标高
基础
$\phi12@200$
同地梁区域底点筋取消
板底厚
同板面配筋
同板底配筋
l_a
l_a
用于坑或沟在基础边
（且沟深+底板厚<基础厚）
用于坑或沟在底板中
（或沟坑在地梁边缘且沟深+底板厚<沟深+底板厚）
0.5沟宽 0.5沟宽
底板厚
同板底配筋

坑或地沟通用详图(二)

基础面结构标高
基础
沟坑宽见平面
板面配筋
底板面结构标高
实深度见平面
板底厚
同板面配筋
l_a
l_a
底板厚
同板底配筋
用于坑或沟在基础边
（且沟深+底板厚>基础厚）
用于坑或沟在地梁边
（或沟坑在地梁边缘且沟深+底板厚<地梁高）
0.5沟宽 0.5沟宽
底板厚
地梁宽

集水坑详图(三)

（坑在外墙边）

同地下室底板面钢筋
见地下室墙配筋
底板面标高
地下室底板钢筋
$\phi12@200$
墙厚
C15素混凝土垫层
砖胎模
非集水坑底板边与土交界处也按此做法
集水坑按此做法
$3\phi20$
同板底配筋
100 底板构造钢筋 墙厚 坑宽 底板厚

承台面低于板面构造

板筋
板面
板面
≥150
板筋
板面
l_a
承台面
$\phi12@150$
$\phi12@150$
l_a
桩项
150

汽车坡道平面图 1:50

说明：板厚H=300mm,配筋除注明外板面钢筋加$14@150$双向拉通

总图区域示意

设计单位

建设单位

审 定
审 核
项目负责
专业负责
校 对
设 计
制 图

项目名称
科创产业园区

工程名称 商务办公楼

图纸名称
汽车坡道平面图
地沟详图

工程编号
日 期
阶 段 施工图
版 次
比 例
图 别 结施
图 号 12

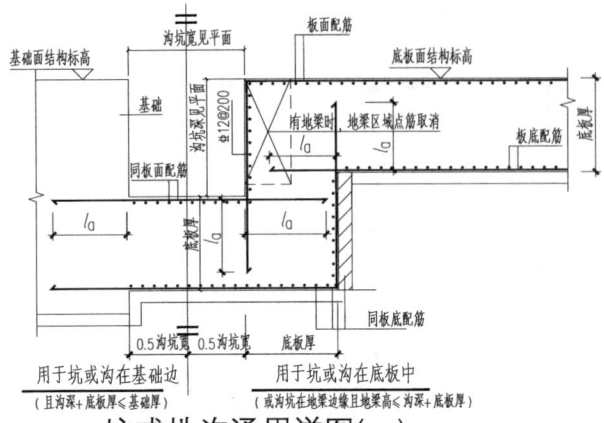

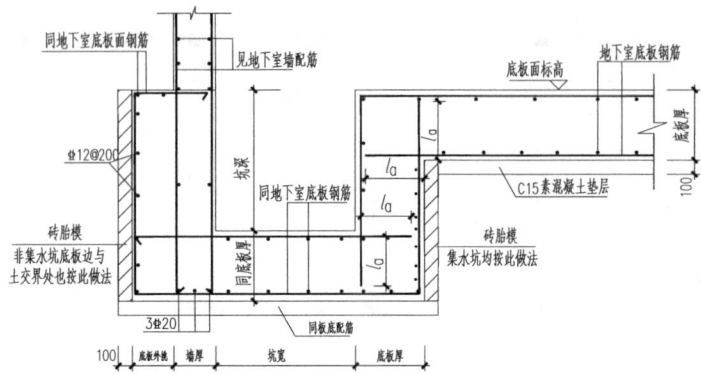

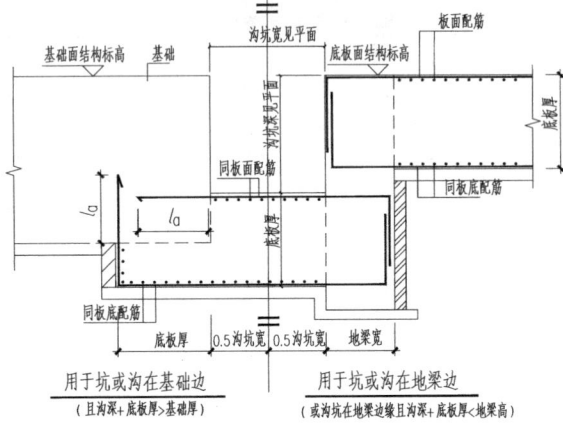

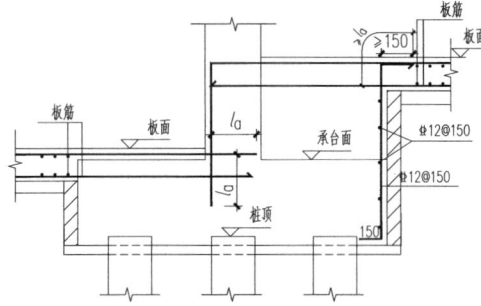

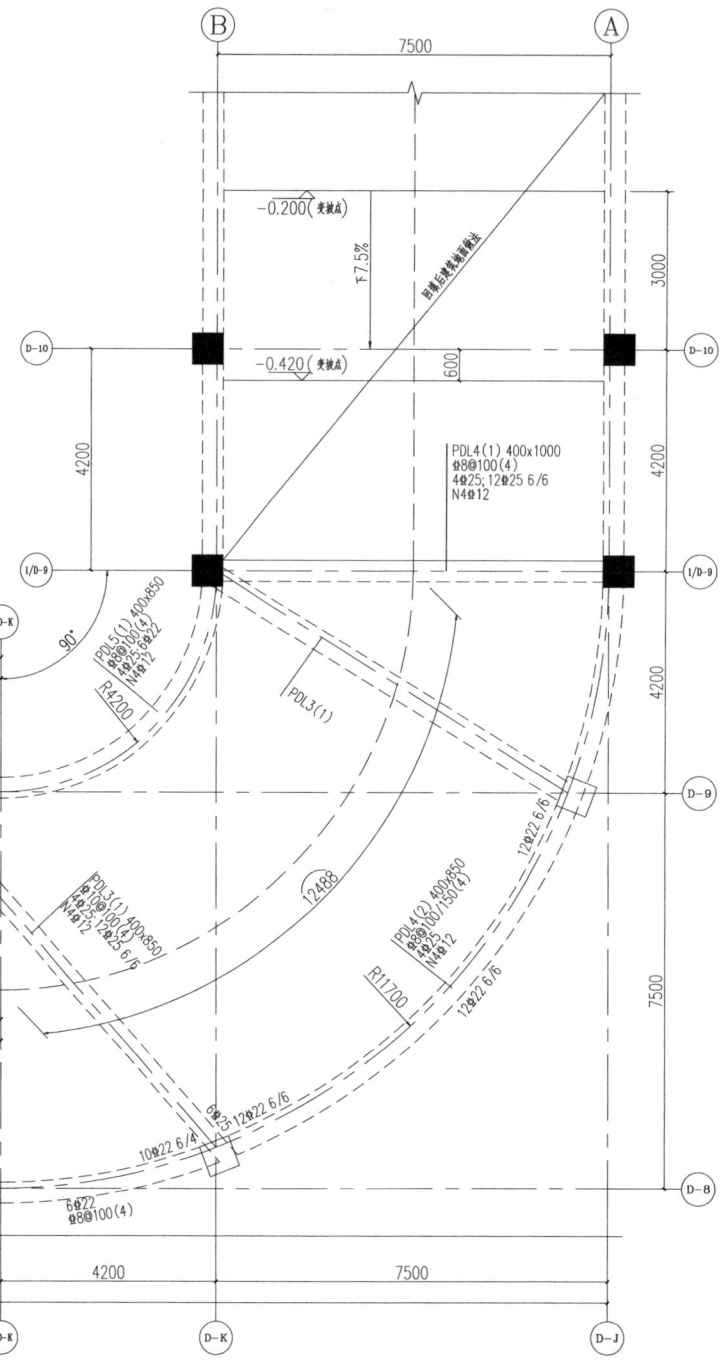

未盖出图章本图纸无效

总图区域示意

设计单位

建设单位

审 定
审 核
项目负责
专业负责
校 对
设 计
制 图
项目名称

科创产业园区

工程名称 **商务办公楼**

图纸名称

**汽车坡道2-2剖面图
侧壁详图**

工程编号
日 期
阶 段 **施工图**
版 次
比 例
图 别 **结施**
图 号 **13**

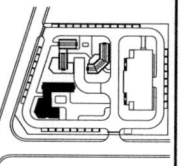

CQ-1

350
4⌀20
−1.650
300
顶板厚
⌀18@150(通长)
拉结筋φ6@450
呈梅花形布置
⌀16@150
⌀18@150(截断)
室外   室内
⌀10@150
1450
⌀18@75
−5.500
4⌀25
底板厚
la

CQ-2

350
4⌀20
−0.050
300
顶板厚
⌀22@150(通长)
拉结筋φ6@450
呈梅花形布置
⌀22@150
⌀25@150(截断)
室外   室内
⌀14@150
1450
⌀22/25@75
−5.500
4⌀25
底板厚
la

CQ-3

250
3⌀20
−1.650
300   300
顶板厚
拉结筋φ6@450
呈梅花形布置
⌀12@150
⌀12@150
⌀10@150
−5.500
3⌀25
底板厚
la

SQ-1

250
3⌀20
−1.650
300   300
顶板厚
拉结筋φ6@450
呈梅花形布置
⌀14@150
⌀12@150
水池外   水池内
⌀10@150
−5.500
3⌀25
底板厚
la

水池侧壁

SQ-2

250
3⌀20
−0.050
300   300
顶板厚
拉结筋φ6@450
呈梅花形布置
⌀18@150
⌀16@150
水池外   水池内
⌀12@150
−5.500
3⌀25
底板厚
la

水池侧壁

参坡道侧壁做法
250
0.450
−0.200(变坡点)
−0.200
−0.470(变坡点)
7.5%
125 420
1450
坡道侧壁做法(余同)
主筋⌀12@150
分布筋φ8@200
−1.650
PDL3 PDL2
回填后建筑坡面做法
WKL
15%
PDL2
PDL3
PDL1
−5.180(变坡点)
−7.5%
−5.500
−5.500
3800

1488 3600
6000   6600   6000 1800 12488   4200 3600
31400
40088
3000

D-P   D-N   D-M   D-L   1/D-K   1/D-9   D-10   1/D-10

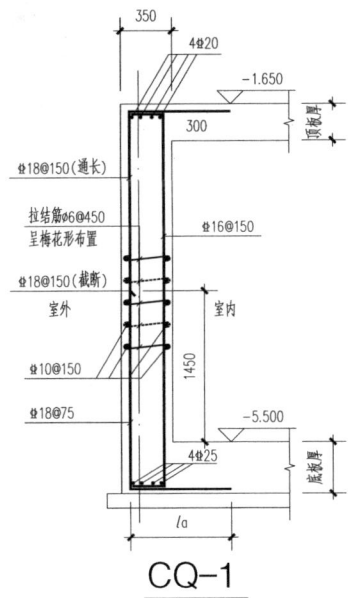

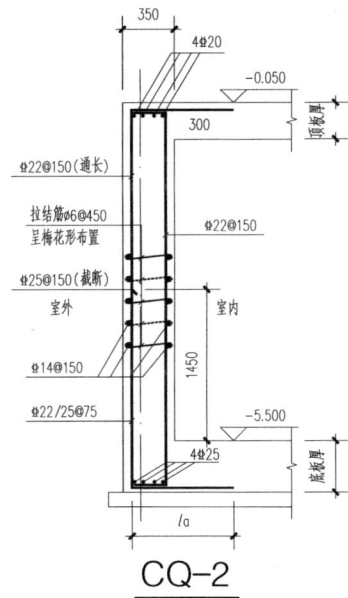

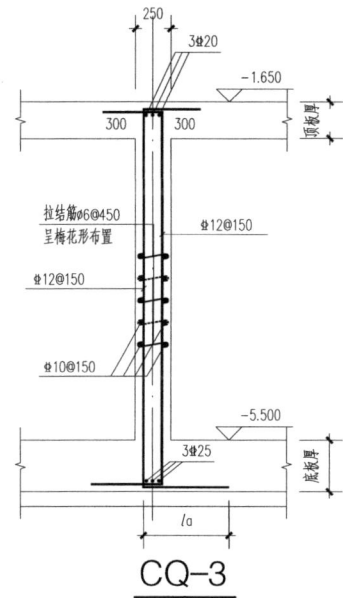

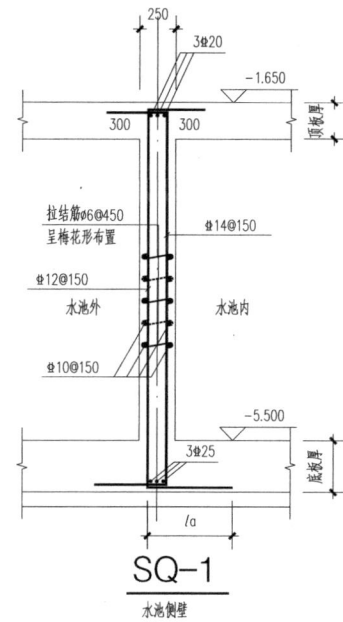

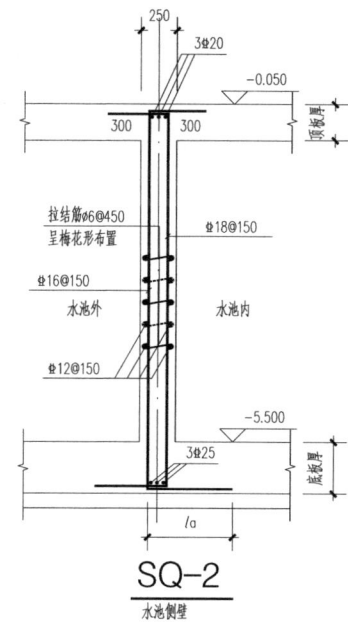

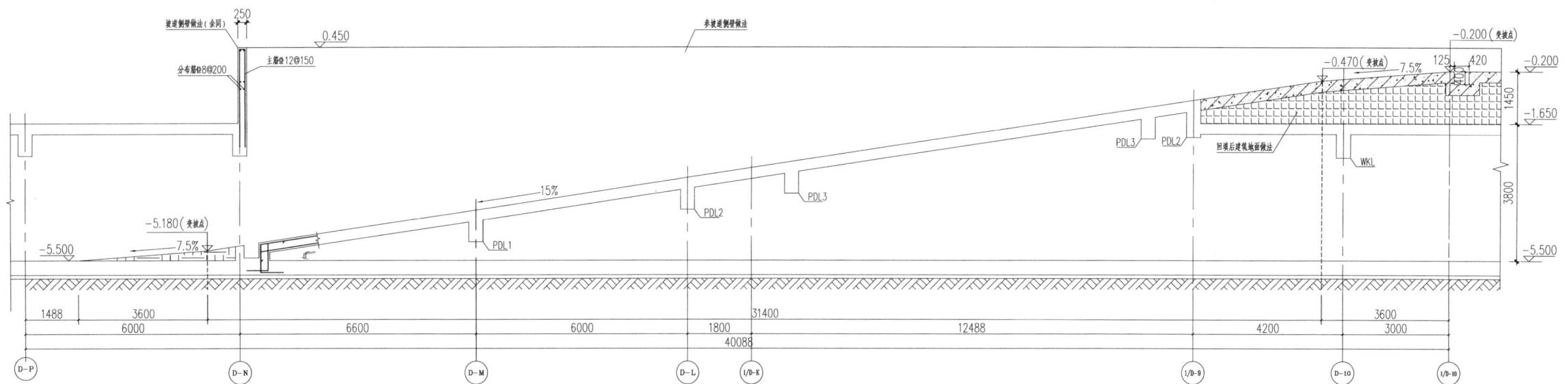

汽车坡道2-2剖面图(车道中心线展开图) 1:50

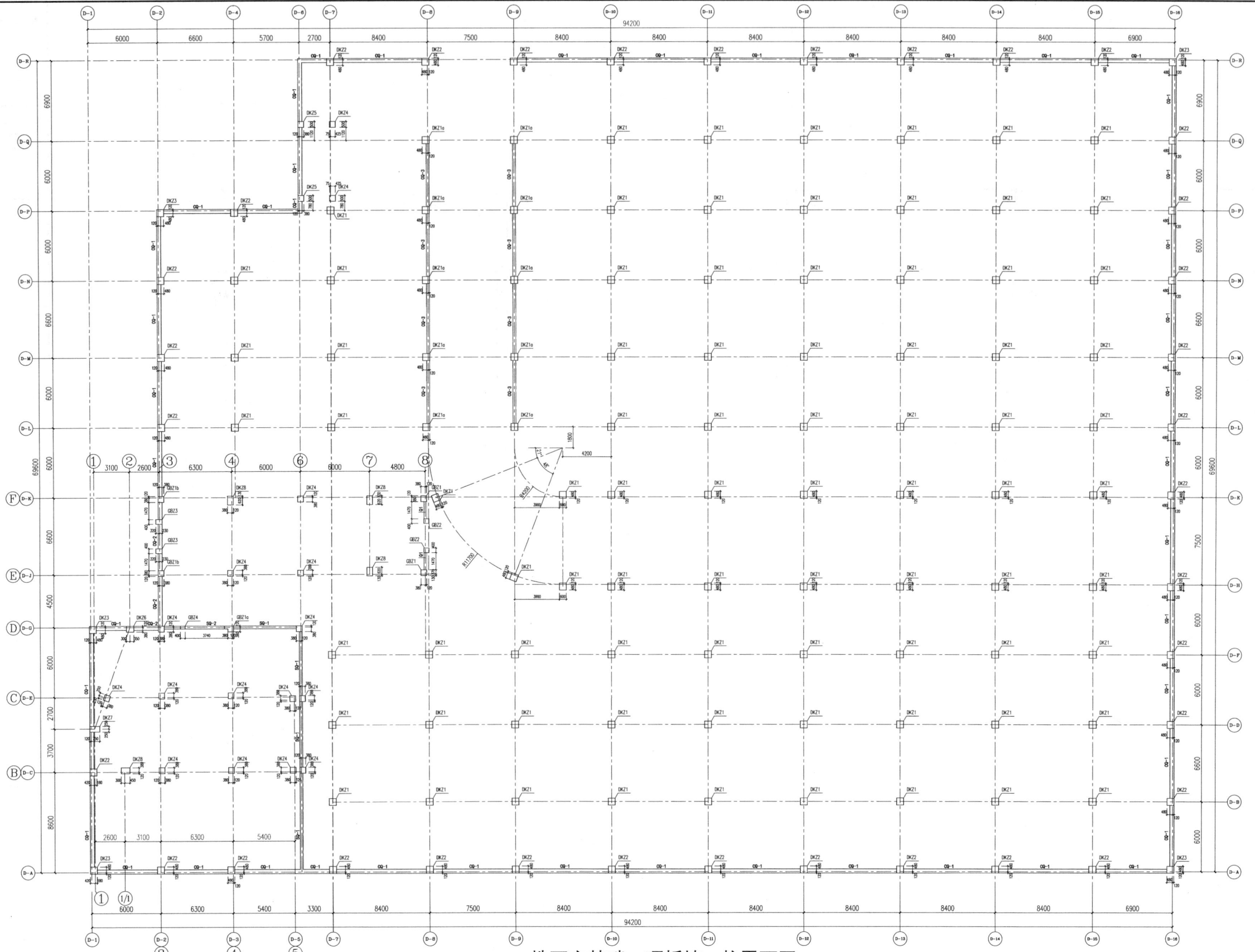

地下室基础～顶板墙、柱平面图 1:150

说明: 1.除主楼区地下室竖向构件混凝土强度等级详见主楼单体外,其余地下室柱混凝土强度等级详见柱表图中
2.柱、剪力墙配筋图及配筋表详见结施-15
3.图中柱子未注明定位以轴线居中

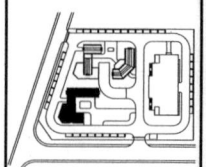

未盖出图章本图纸无效

总图区域示意

设计单位

建设单位

审　定

审　核

项目负责

专业负责

校　对

设　计

制　图

项目名称

科创产业园区

工程名称　商务办公楼

图纸名称

地下室基础～
顶板墙、柱平面图

工程编号

日　期

阶　段　施工图

版　次

比　例　1:150

图　别　结施

图　号　14

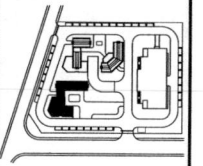

剪力墙构造边缘构件详图表

截面	[350] [250] 200 300 (250) (250) 500 / 500 / 500	240 200 400 / 400 / 440	350 200 400 / 400 / 550	250 / 400
名称	GBZ1(GBZ1a)[GBZ1b]	GBZ2	GBZ3	GBZ4
标高	基础~-0.050	基础~-0.050	基础~-0.050	基础~-0.050
纵筋	12Φ18	12Φ14	12Φ14	6Φ14
箍筋	Φ10@100	Φ8@100	Φ10@100	Φ8@100

框架柱表

柱 号	标 高	$b \times h(b_i \times h_i)$ (圆柱直径D)	角筋	b边一侧 中部筋	h边一侧 中部筋	箍筋类型号	箍 筋	混凝土强度等级
DKZ1	基础顶~地下室顶板	600x600	4Φ20	2Φ18	2Φ18	1(4x4)	Φ8@100/200	
DKZ1a	基础顶~地下室顶板	600x600	4Φ22	2Φ20	2Φ20	1(4x4)	Φ8@100/200	
DKZ2	基础顶~地下室顶板	600x600	4Φ22	3Φ22	2Φ18	2(5x4)	Φ8@100/200	
DKZ3	基础顶~地下室顶板	600x600	4Φ20	2Φ18	2Φ18	3(5x4)	Φ8@100/200	详见总说明
DKZ4	基础顶~-0.050	500x500	4Φ18	2Φ18	2Φ18	1(4x4)	Φ8@100/200	
DKZ5	基础顶~-0.050	500x500	4Φ25	3Φ22	2Φ18	2(5x4)	Φ8@100/200	
DKZ6	基础顶~-0.050	650x500	4Φ25	3Φ22	2Φ18	2(5x4)	Φ8@100/200	
DKZ7	基础顶~-0.050	500x870	4Φ22	3Φ22	4Φ16	2(5x6)	Φ8@100/200	
DKZ8	基础顶~-0.050	750x500	4Φ18	3Φ18	2Φ18	1(5x4)	Φ8@100/200	

注：当采用形式3配箍筋方式时，请仔细核对墙与柱平的方向为b

剪力墙身表

编 号	标 高	墙厚(h)	水平分布筋	垂直分布筋	拉 筋
Q1	基础~-0.050	240	Φ10@200[两排]	Φ10@200[两排]	Φ6@600
	-0.050~屋面	240	Φ10@200[两排]	Φ10@200[两排]	

注：未注明剪力墙楼层平面上均设暗梁，
暗梁内水平及垂直分布筋按剪力墙身表设置
200X400,上下各2Φ18,Φ8@200(2)

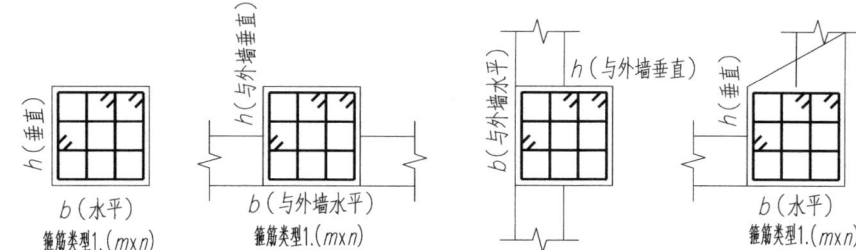

h(垂直) b(水平)
箍筋类型1.(mxn)
h(与外墙垂直) b(与外墙水平)
箍筋类型1.(mxn)
b(与外墙水平) h(与外墙垂直)
b(垂直) h(水平)
箍筋类型1.(mxn)

设计单位

建设单位

审 定
审 核
项目负责
专业负责
校 对
设 计
制 图

项目名称
科创产业园区

工程名称 商务办公楼

图纸名称
地下室墙柱构件表

工程编号
日 期
阶 段 施工图
版 次
比 例
图 别 结施
图 号 15

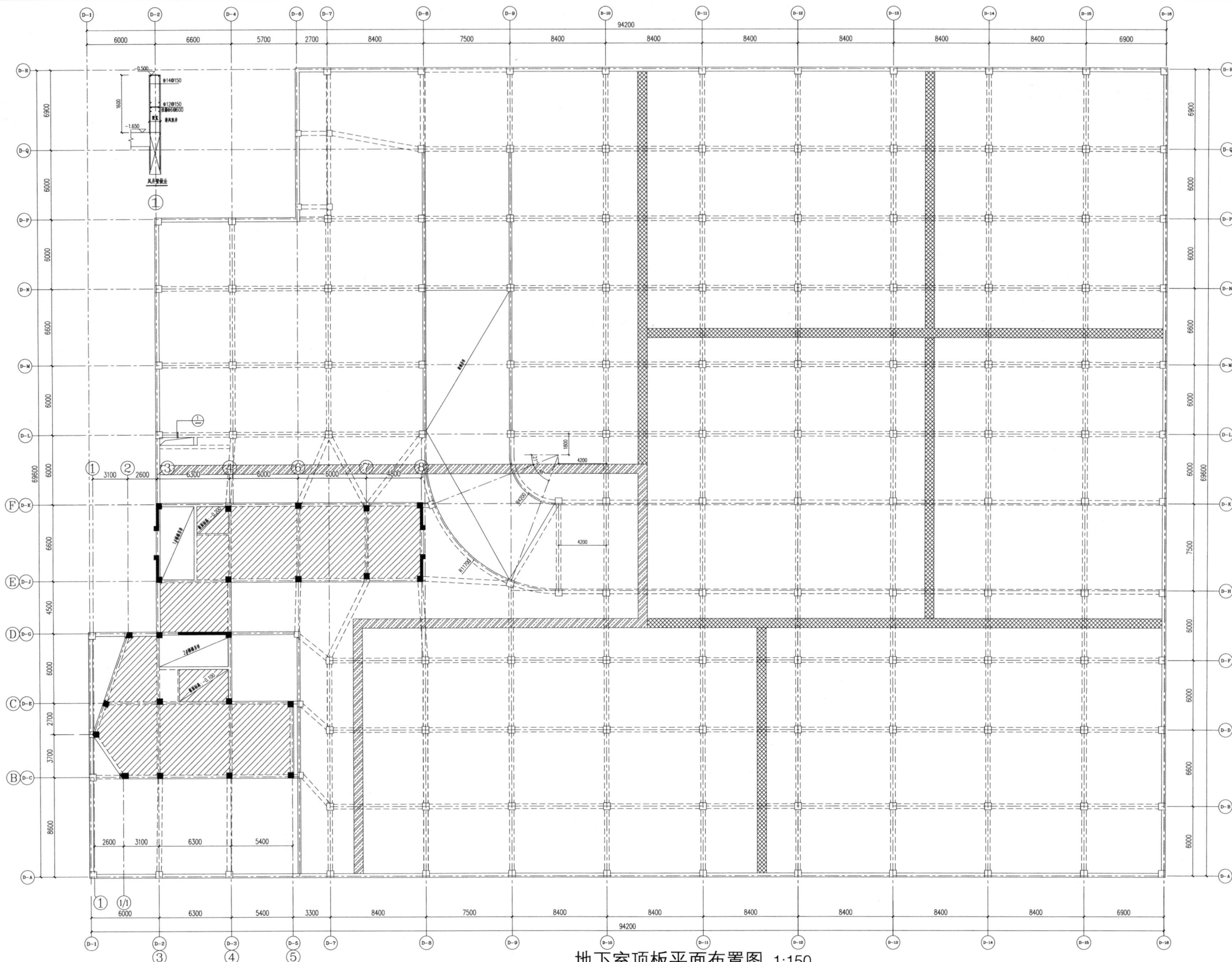

地下室顶板平面布置图 1:150

1.未注明板面标高均为-1.650，板厚H=250mm，配筋除注明外板面钢筋为Φ12@150双向拉通，板底钢筋为Φ10@150双向拉通

2.主楼范围内板，除注明外板面标高均为-0.050，板厚H=180mm，板面钢筋为Φ10@150双向拉通，板底钢筋为Φ10@180双向拉通

未盖出图章本图纸无效

总图区域示意

设计单位

建设单位

审 定	
审 核	
项目负责	
专业负责	
校 对	
设 计	
制 图	

项目名称	科创产业园区
工程名称	商务办公楼
图纸名称	地下室顶板平面布置图
工程编号	
日 期	
阶 段	施工图
版 次	
比 例	1:150
图 别	结施
图 号	16

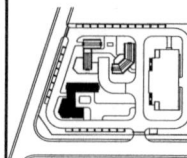

40

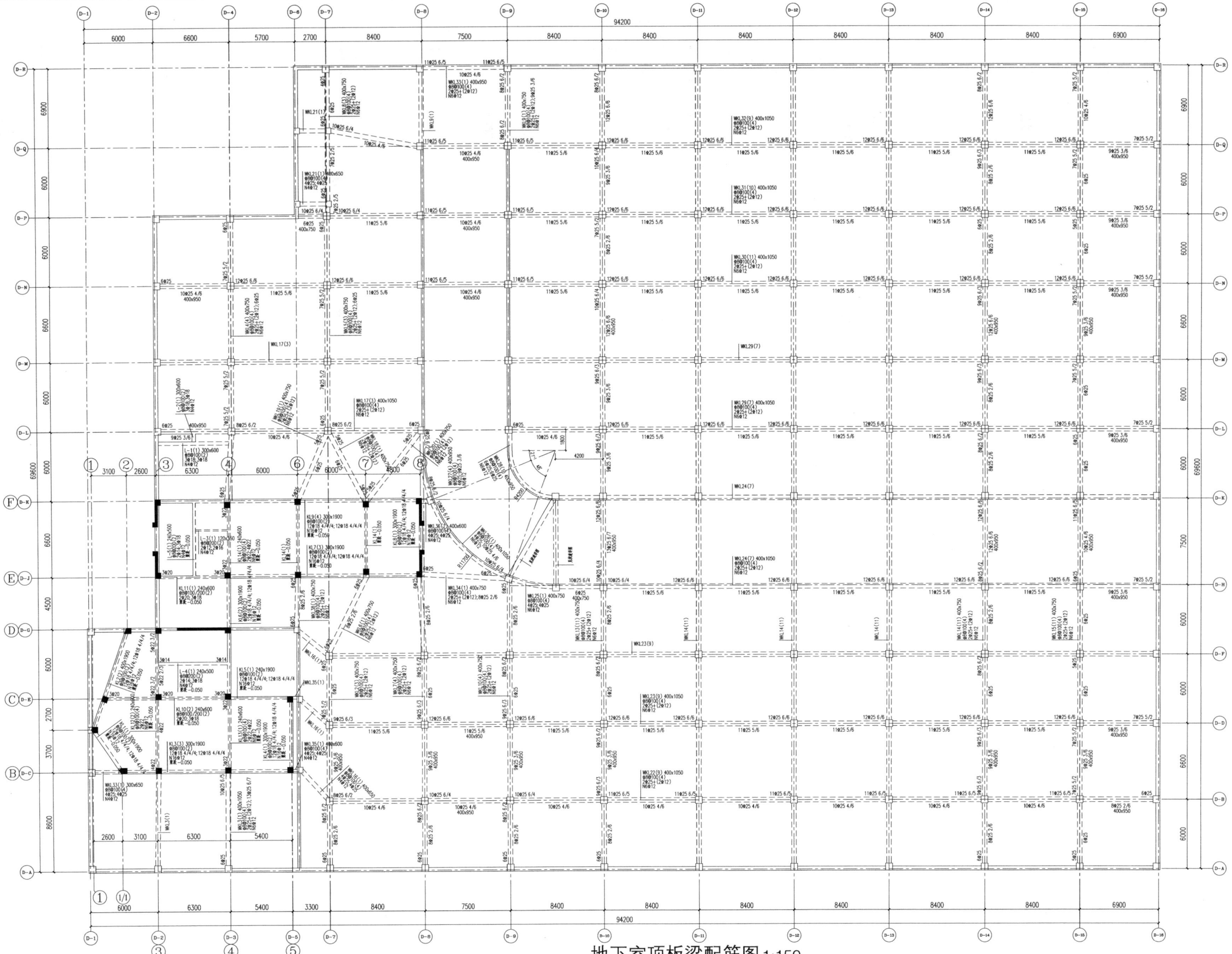

地下室顶板梁配筋图 1:150

说明: 1. 未注明定位的梁居轴中, 或与柱边平, 未注明梁顶标高均为-1.650
2. 主梁周置次梁位置应设附加箍筋, 附加箍筋每边各3道, 箍筋直径及肢数同梁段

未盖出图章本图纸无效

总图区域示意

设计单位

建设单位

审　定
审　核
项目负责
专业负责
校　对
设　计
制　图

项目名称
科创产业园区

工程名称　商务办公楼

图纸名称
地下室顶板梁配筋图

工程编号
日　期
阶　段　施工图
版　次
比　例　1:150
图　别　结施
图　号　17

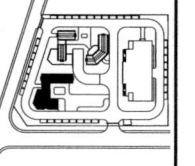

41

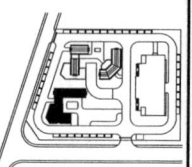

−0.050～4.170墙、柱平面图

▲ 表示沉降观测点，做法按总说明

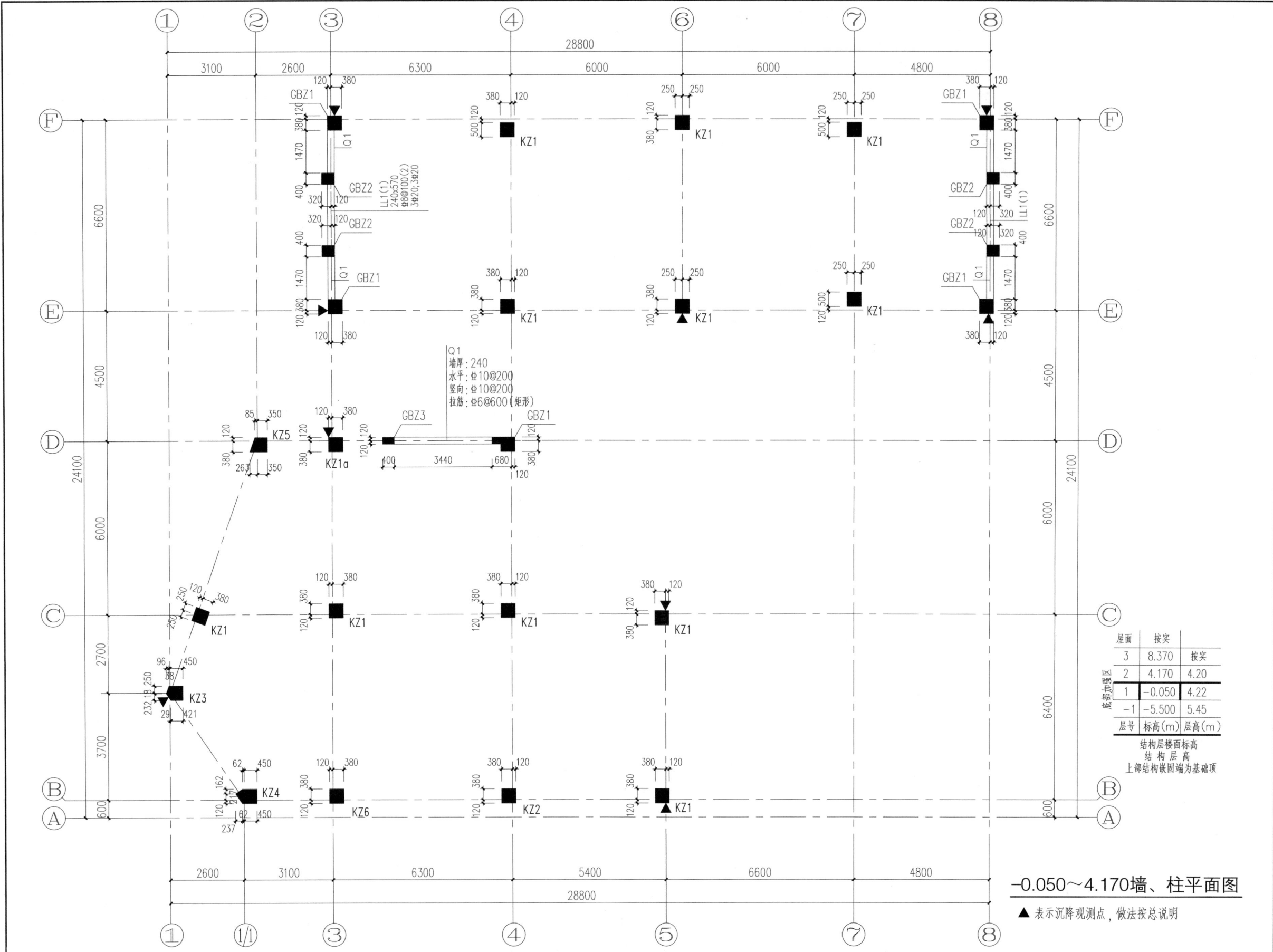

屋面		按实	
3	8.370		按实
2	4.170		4.20
1	−0.050		4.22
−1	−5.500		5.45
层号	标高(m)		层高(m)

结构层楼面标高
结构层高
上部结构嵌固端为基础顶

未盖出图章本图纸无效	
总图区域示意	
设计单位	
建设单位	
审 定	
审 核	
项目负责	
专业负责	
校 对	
设 计	
制 图	
项目名称	科创产业园区
工程名称	商务办公楼
图纸名称	−0.050～4.170墙、柱平面图
工程编号	
日 期	
阶 段	施工图
版 次	
比 例	
图 别	结施
图 号	18

未盖出图章本图纸无效

28800

3100 2600 6300 6000 6000 4800

Q1
墙厚：240
水平：±10@200
竖向：±10@200
拉筋：±6@600（矩形）

GBZ1
GBZ4
GBZ4
GBZ1
GBZ3
GBZ1

KZ1
KZ2
KZ3
KZ4
KZ5
KZ6

LL1(1)
240×570
⊕8@100(2)
3⊕20;3⊕20

24100

2700 6000 4500 6600 6400 600

2600 3100 6300 5400 6600 4800

28800

4.170～8.370墙、柱平面图

层号	标高(m)	层高(m)
屋面3	8.370	按实
2	4.170	4.20
1	−0.050	4.22
−1	−5.500	5.45

结构层楼面标高
结 构 层 高
上部结构嵌固端为基础顶

总图区域示意

设计单位

建设单位

审 定
审 核
项目负责
专业负责
校 对
设 计
制 图

项目名称
科创产业园区

工程名称 **商务办公楼**

图纸名称
4.170～8.370墙、柱平面图

工程编号
日 期
阶 段 施工图
版 次
比 例

图 别 结施
图 号 19

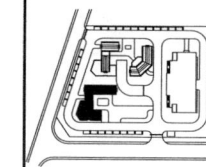

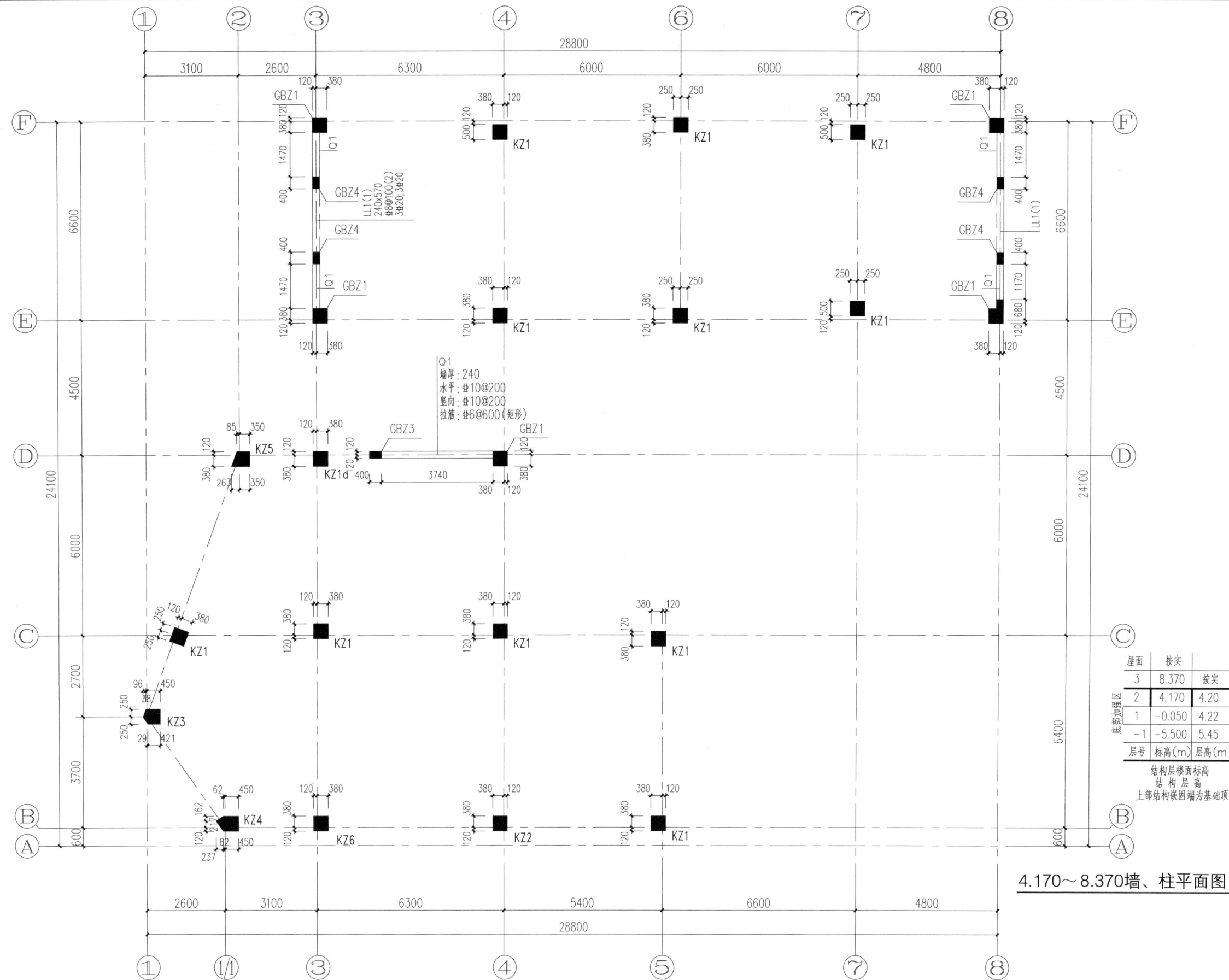

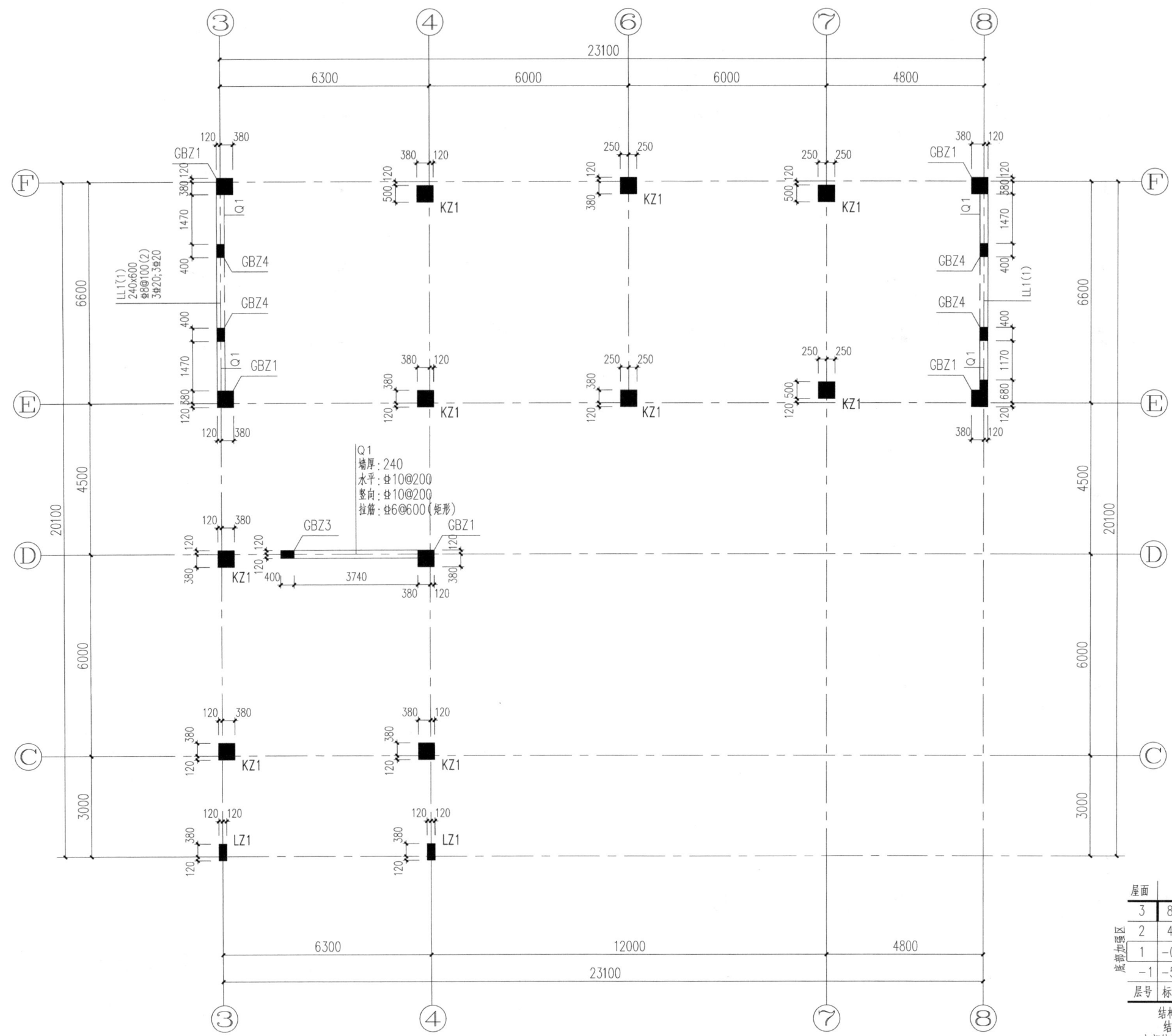

8.370～屋面墙、柱平面图

轴线尺寸：
- 23100
- 6300 6000 6000 4800
- 6600 4500 6000 3000
- 20100

柱标注：GBZ1、GBZ4、KZ1、GBZ3、LZ1

Q1
墙厚：240
水平：$\Phi10@200$
竖向：$\Phi10@200$
拉筋：$\Phi6@600$（矩形）

LL1(1)
240×600
$\Phi8@100(2)$
$3\Phi20;3\Phi20$

下部加强区 / 底部加强区

屋面	按实	
3	8.370	按实
2	4.170	4.20
1	−0.050	4.22
−1	−5.500	5.45
层号	标高(m)	层高(m)

结构层楼面标高
结构层高
上部结构嵌固端为基础顶

总图区域示意

设计单位

建设单位

审 定
审 核
项目负责
专业负责
校 对
设 计
制 图

项目名称
科创产业园区

工程名称 **商务办公楼**

图纸名称
8.370~屋面墙、柱平面图

工程编号
日 期
阶 段 **施工图**
版 次
比 例
图 别 **结施**
图 号 **20**

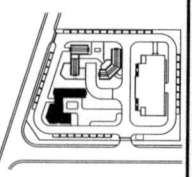

未盖出图章本图纸无效

截面图、竖向构件详图

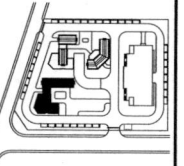

名称	GBZ1	GBZ2	GBZ3	GBZ4
标高	−0.050~屋面	−0.050~4.170	−0.050~屋面	4.170~屋面
纵筋	12⊈18	12⊈14	6⊈14	6⊈14
箍筋	⊈10@100	⊈8@100	⊈8@100	⊈8@100

编号	KZ1、KZ2、KZ6(KZ1a)	KZ3	KZ4	KZ5	编号	KZ1	LZ1
标高	基础顶~4.170	基础顶~4.170	基础顶~4.170	基础顶~4.170	标高	8.370~屋顶	8.300~屋顶
纵筋	12⊈16	14⊈16	12⊈16	12⊈16	纵筋	12⊈16	10⊈16
箍筋	⊈8@100/200(⊈8@100)	⊈8@100/200	⊈8@100/200	⊈8@100/200	箍筋	⊈8@100/200	⊈8@100/200

编号	KZ1(KZ1a)	KZ2	KZ3	KZ4	KZ5	KZ6
标高	4.170~8.370	4.170~8.370	4.170~8.370	4.170~8.370	4.170~8.370	4.170~8.370
纵筋	12⊈16	16⊈18	13⊈16	12⊈16	12⊈16	12⊈18
箍筋	⊈8@100/200(⊈8@100)	⊈8@100/200	⊈8@100/200	⊈8@100/200	⊈8@100/200	⊈8@100/200

总图区域示意

设计单位

建设单位

审定
审核
项目负责
专业负责
校对
设计
制图

项目名称 科创产业园区

工程名称 商务办公楼

图纸名称 竖向构件详图

工程编号
日期
阶段 施工图
版次
比例
图别 结施
图号 21

45

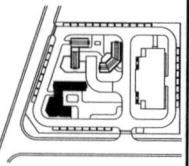

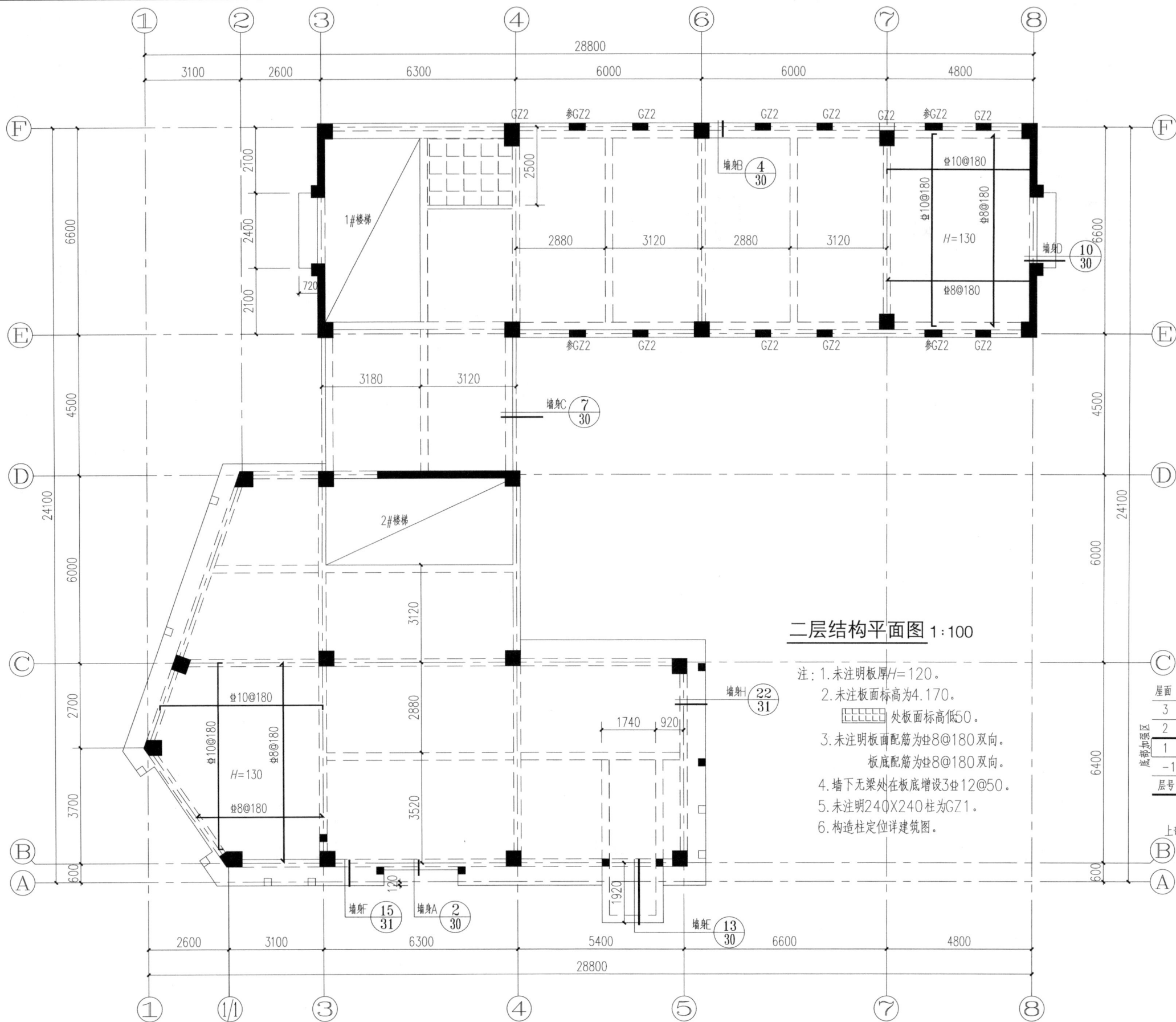

二层结构平面图 1:100

注：1. 未注明板厚 H=120。
2. 未注明板面标高为4.170。
▯▯▯▯ 处板面标高低50。
3. 未注明板面配筋为⌀8@180双向。
板底配筋为⌀8@180双向。
4. 墙下无梁处在板底增设3⌀12@50。
5. 未注明240X240柱为GZ1。
6. 构造柱定位详建筑图。

屋面		按实
3	8.370	按实
2	4.170	4.20
1	-0.050	4.22
-1	-5.500	5.45
层号	标高(m)	层高(m)

结构层楼面标高
结构层高
上部结构嵌固端为基础顶

总图区域示意

设计单位

建设单位

审 定	
审 核	
项目负责	
专业负责	
校 对	
设 计	
制 图	

项目名称

科创产业园区

工程名称 **商务办公楼**

图纸名称

二层结构平面图

工程编号

日 期

阶 段 **施工图**

版 次

比 例 **1:100**

图 别 **结施**

图 号 **22**

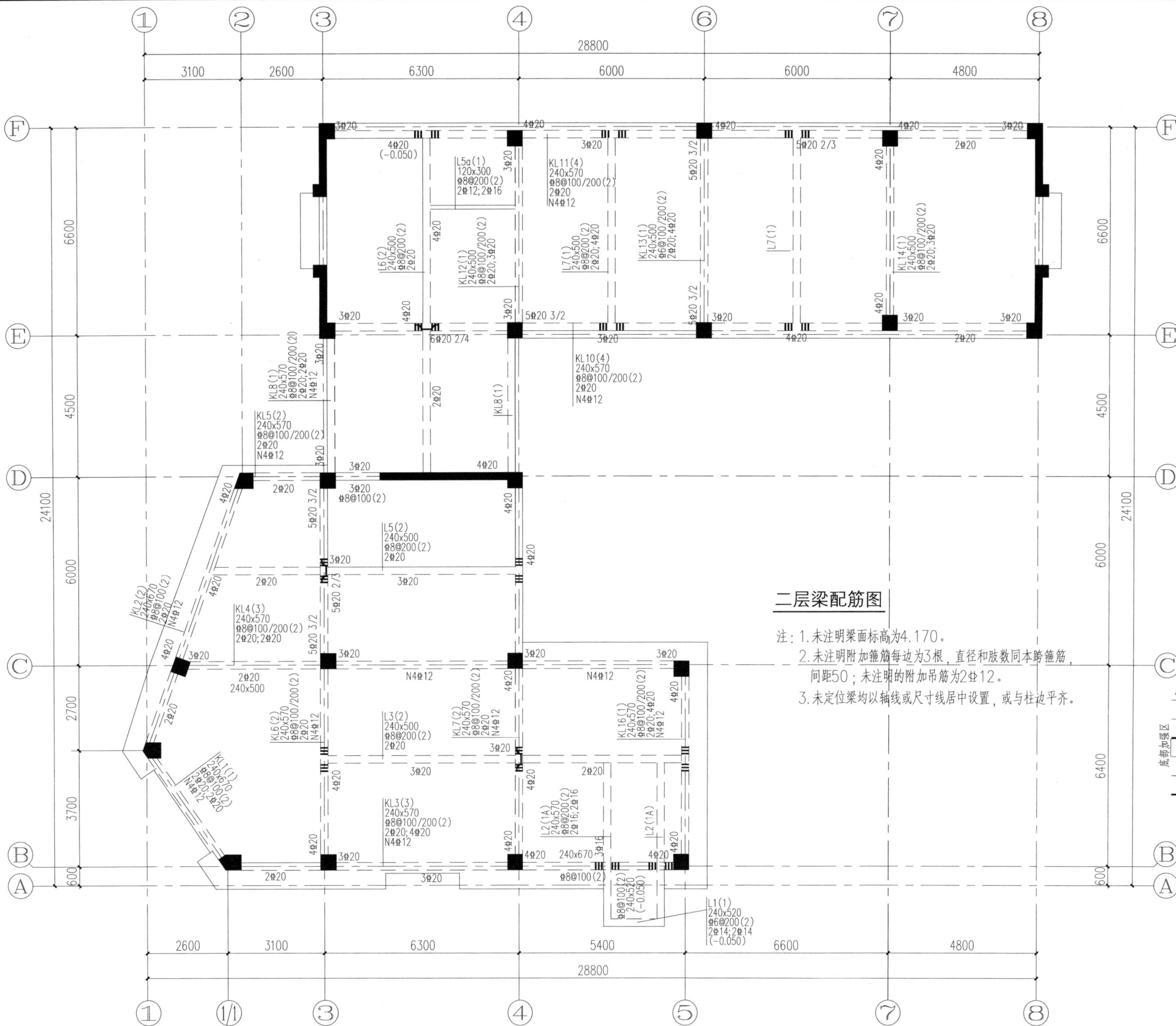

二层梁配筋图

注：1.未注明梁面标高为4.170。
2.未注明附加箍筋每边为3根，直径和肢数同本跨箍筋，间距50；未注明的附加吊筋为2⏀12。
3.未定位梁均以轴线或尺寸线居中设置，或与柱边平齐。

屋面	按实	
3	8.370	按实
2	4.170	4.20
1	-0.050	4.22
-1	-5.500	5.45
层号	标高(m)	层高(m)

结构层楼面标高
结 构 层 高
上部结构嵌固端为基础顶

KL5a(1)
120x300
⏀8@200(2)
2⏀12;2⏀16
N4⏀12

KL11(4)
240x570
⏀8@100/200(2)
2⏀20
N4⏀12

KL12(1)
240x500
⏀8@200(2)
2⏀20;3⏀20

KL7(1)
240x570
⏀8@200(2)
2⏀20;3⏀20

KL13(1)
240x570
⏀6@100/200(2)
2⏀20;4⏀20

L7(1)

KL14(1)
240x570
⏀8@100/200(2)
3⏀20

L6(2)
240x500
⏀8@200(2)
2⏀20

KL10(4)
240x570
⏀8@100/200(2)
2⏀20
N4⏀12

KL8(1)
240x570
⏀8@100/200(2)
2⏀20;2⏀20
N4⏀12

KL5(2)
240x570
⏀8@100/200(2)
N4⏀12

KL2(2)
240x670
⏀8@200(2)
N4⏀12

KL4(3)
240x570
⏀8@100/200(2)
2⏀20;2⏀20

L5(2)
240x500
⏀8@200(2)
2⏀20

KL1(2)
240x670
⏀8@200(2)
2⏀20;4⏀20
N4⏀12

KL6(2)
240x570
⏀8@100/200(2)
N4⏀12

L3(2)
240x500
⏀8@200(2)
2⏀20

KL7(2)
240x570
⏀8@100/200(2)
N4⏀12

KL16(1)
240x570
⏀8@100/200(2)
2⏀20;4⏀20
N4⏀12

240x500

KL3(3)
240x570
⏀8@100/200(2)
2⏀20;4⏀20
N4⏀12

L2(1A)
240x570
⏀8@200(2)
2⏀16;2⏀16

L2(1A)

240x670

L1(1)
240x520
⏀6@200(2)
2⏀14;2⏀14
(-0.050)

⏀8@100(2)
240x520
(-0.050)

未盖出图章本图纸无效

总图区域示意

设计单位

建设单位

审 定
审 核
项目负责
专业负责
校 对
设 计
制 图

项目名称
科创产业园区

工程名称 商务办公楼
图纸名称
二层梁配筋图

工程编号
日 期
阶 段 施工图
版 次
比 例 1:100
图 别 结施
图 号 23

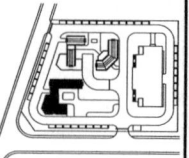

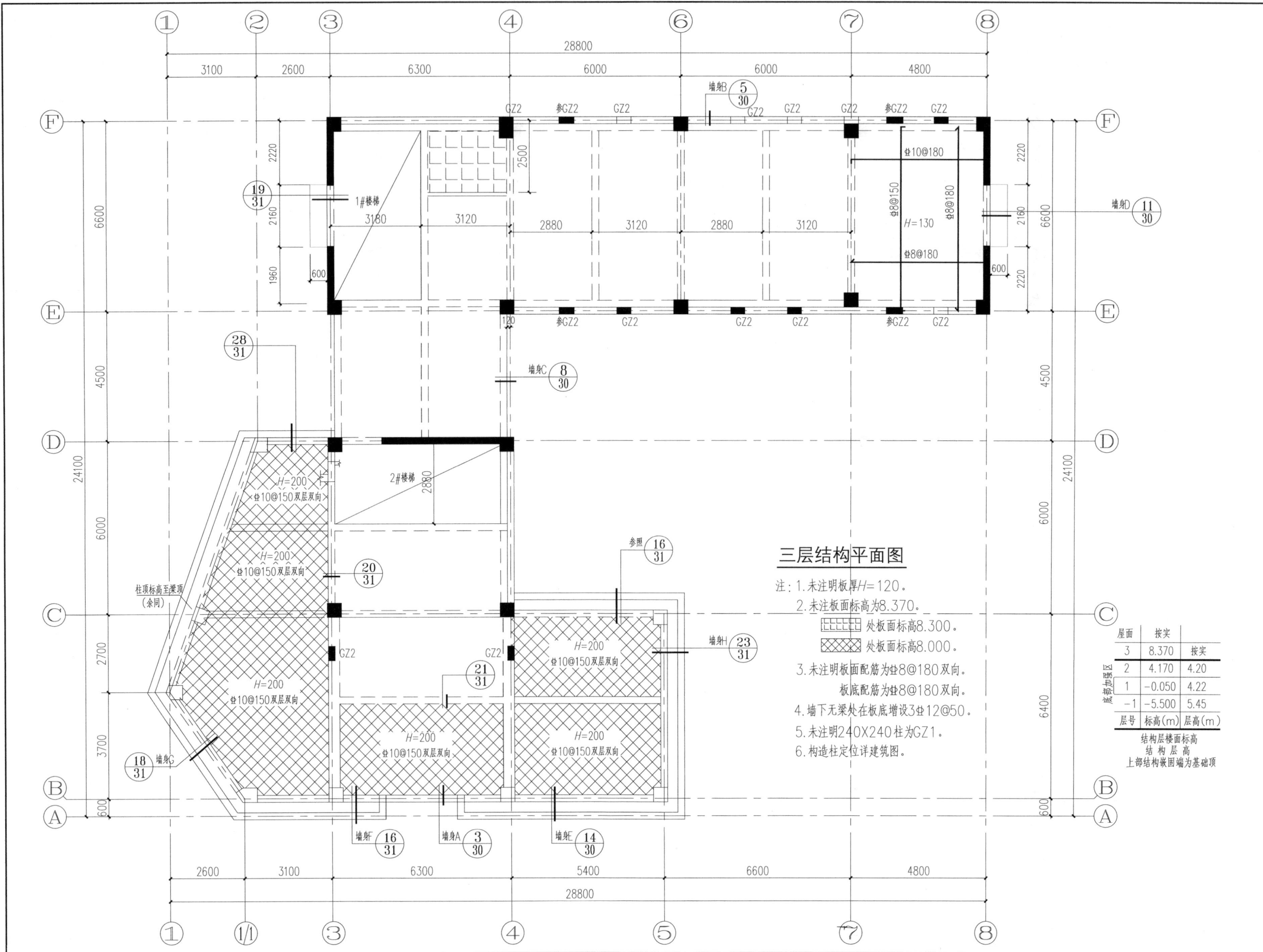

三层结构平面图

注：1. 未注明板厚H=120。
2. 未注板面标高为8.370。
　　▦ 处板面标高8.300。
　　▨ 处板面标高8.000。
3. 未注明板面配筋为Φ8@180双向。
　　板底配筋为Φ8@180双向。
4. 墙下无梁处在板底增设3Φ12@50。
5. 未注明240X240柱为GZ1。
6. 构造柱定位详建筑图。

墙身B 5/30
墙身D 11/30
墙身C 8/30
参照 16/31
墙身H 23/31
墙身G 18/31
墙身F 16/31
墙身A 3/30
墙身E 14/30

19/31
28/31
20/31
21/31

1#楼梯
2#楼梯

GZ2
参GZ2

H=200 Φ10@150双层双向

Φ8@150
Φ8@180
H=130
Φ8@180
Φ10@180

柱顶标高至梁顶（余同）

屋面	按实	
3	8.370	按实
2	4.170	4.20
1	-0.050	4.22
-1	-5.500	5.45

底部加强区

层号	标高(m)	层高(m)

结构层楼面标高
结 构 层 高
上部结构嵌固端为基础顶

尺寸：28800　3100　2600　6300　6000　6000　4800
2600　3100　6300　5400　6600　4800
6600　4500　6000　2700　3700　600
2220　2160　1960　600
3180　3120　2880　3120　2880　3120
2500　2220　2160　600　24100

① ② ③ ④ ⑥ ⑦ ⑧
F E D C B A

总图区域示意

设计单位

建设单位

审　定
审　核
项目负责
专业负责
校　对
设　计
制　图

项目名称
科创产业园区

工程名称 商务办公楼
图纸名称
三层结构平面图

工程编号
日　期
阶　段　施工图
版　次
比　例　1:100
图　别　结施
图　号　24

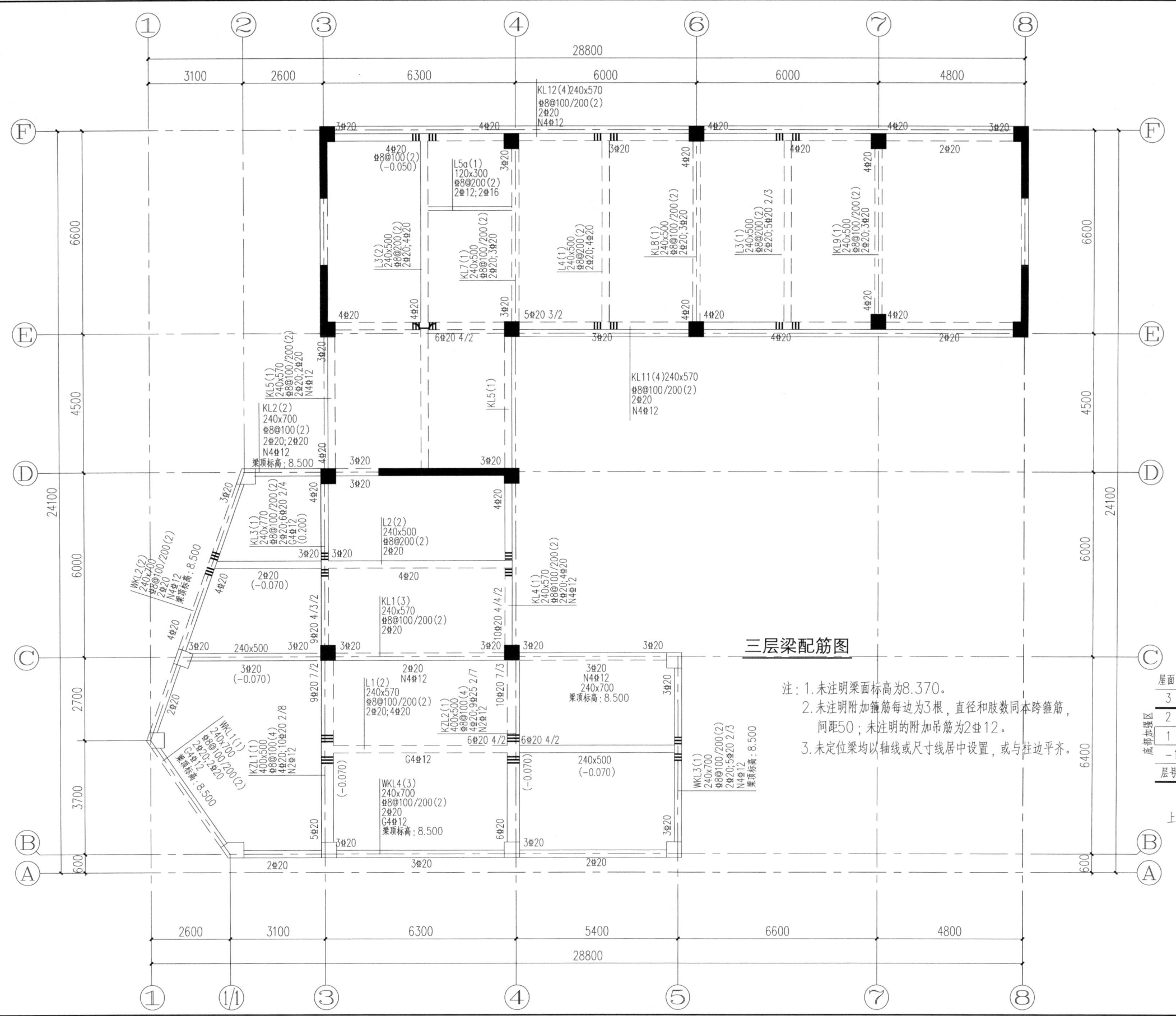

三层梁配筋图

注：1.未注明梁面标高为8.370。
2.未注明附加箍筋每边为3根，直径和肢数同本跨箍筋，间距50；未注明的附加吊筋为2±12。
3.未定位梁均以轴线或尺寸线居中设置，或与柱边平齐。

未盖出图章本图纸无效

总图区域示意

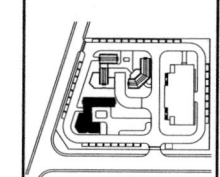

设计单位	
建设单位	
审定	
审核	
项目负责	
专业负责	
校对	
设计	
制图	
项目名称	科创产业园区
工程名称	商务办公楼
图纸名称	三层梁配筋图
工程编号	
日期	
阶段	施工图
版次	
比例	1:100
图别	结施
图号	25

屋面	按实		
3	8.370	按实	
2	4.170	4.20	
1	-0.050	4.22	
-1	-5.500	5.45	
层号	标高(m)	层高(m)	

结构层楼面标高
结 构 层 高
上部结构嵌固端为基础顶

49

总图区域示意

设计单位

建设单位

审定
审核
项目负责
专业负责
校对
设计
制图

项目名称

科创产业园区

工程名称 商务办公楼

图纸名称

屋面结构平面图

工程编号
日期
阶段 施工图
版次
比例 1:100
图别 结施
图号 26

③ ④ ⑥ ⑦ ⑧

23100

6300　6000　6000　4800

3030　3270　3120　2880　3120　2880

F′　F′

760

6600　5080

500

板底附加2⌀12@75
（余同）

13.845

500

14.495

500

760

$\frac{22}{30}$　墙身B $\frac{6}{30}$

$\frac{1}{—}$

$\frac{2}{—}$

墙身D $\frac{12}{30}$

500

820

10.900

E　E

20100　4500

300　300

⌀10@150
⌀10@150

$\frac{25}{30}$

400　800

⌀10@150
⌀10@150

$\frac{3}{—}$

墙身C $\frac{9}{30}$

12.600

D　D

2880

500　500

$\frac{26}{30}$

6000　3120

14.422

$\frac{24}{30}$

C　C

3000

$\frac{1}{—}$　$\frac{2}{—}$

500　13.772　500

720

520　1380　2400　1480　520

6300　12000　4800

23100

③ ④ ⑦ ⑧

屋面结构平面图

注：1.未注明板厚H=120。
2.未注明板面配筋为⌀8@150双向。
板底配筋为⌀8@150双向。

120
随坡
2⌀12
梁夹
750
⌀8@200
⌀8@200
KL
240

①

120
随坡
梁夹
750
KL
240

②

⌀8@150
⌀8@150
⌀8@150
⌀8@150
⌀8@150

③

屋面	按实	
3	8.370	按实
2	4.170	4.20
1	-0.050	4.22
-1	-5.500	5.45
层号	标高(m)	层高(m)

结构层楼面标高
结 构 层 高
上部结构嵌固端为基础顶

屋面梁配筋图

WKL9(4)
240x600
Φ8@100/200(2)
2Φ18;3Φ16 梁顶标高: 12.600

L5(4)
240x650
Φ8@200(2)
2Φ20;3Φ20

L3(1)
240x450
Φ8@200(2)
2Φ16;3Φ20

L4(1)

WKL3(1)
240x750
Φ8@100/150(2)
N4Φ12

L4(1)
240x450
Φ8@200(2)
2Φ16;3Φ20

WKL3(1)

3Φ20

2Φ20

斜梁

4Φ20
240x750
N4Φ12

斜梁

L5(4)

4Φ20

WKL8(4)
240x600
Φ8@100/200(2)
2Φ20;2Φ20
N4Φ12
梁顶标高: 12.600

WKL1(3)
240x600
Φ8@100/200(2)
2Φ20;3Φ20
N4Φ12
梁顶标高: 12.600

WKL7a(1)
240x570
Φ8@100(2)
3Φ20;3Φ20
N4Φ12
梁顶标高: 12.600

L5(1)
240x400
Φ8@200(2)
2Φ16;3Φ18

WKL2(4)
240x600
Φ8@100/200(2)
2Φ20;3Φ20
N4Φ12
梁顶标高: 12.600

3Φ16

WKL7(1)
240x570
Φ8@100(2)
3Φ20;3Φ20
N4Φ12

L1(1)
240x500
Φ8@200(2)
2Φ20;3Φ20

斜梁

L2(2)
240x650
Φ8@200(2)
2Φ20;3Φ20

L2(2)

斜梁

WKL6(1)
240x750
Φ8@100/200(2)
2Φ20;3Φ20
N4Φ12

WKL5(1)
240x600
Φ8@100/200(2)
2Φ20;3Φ20
N4Φ12

2Φ20

3Φ20

屋面		按实	
3	8.370	按实	
2	4.170	4.20	
1	-0.050	4.22	
-1	-5.500	5.45	
层号	标高(m)	层高(m)	

结构层楼面标高
结构层高
上部结构嵌固端为基础顶

注: 1.未注明梁面标高同板面标高。
　　2.未注明附加箍筋每边为3根，直径和肢数同本跨箍筋，
　　　间距50；未注明的附加吊筋为2Φ12。
　　3.未定位梁均以轴线或尺寸线居中设置，或与柱边平齐。

尺寸: 6300, 6000, 6000, 4800 (23100)
3030, 3270, 3120, 2880, 2880, 3120
6600, 4500, 6000, 3000 (20100)
6300, 12000, 4800 (23100)

总图区域示意

设计单位

建设单位

审定
审核
项目负责
专业负责
校对
设计
制图

项目名称
科创产业园区

工程名称 商务办公楼

图纸名称
屋面梁配筋图

工程编号
日期
阶段 施工图
版次
比例 1:100
图别 结施
图号 27

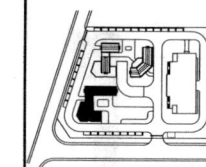

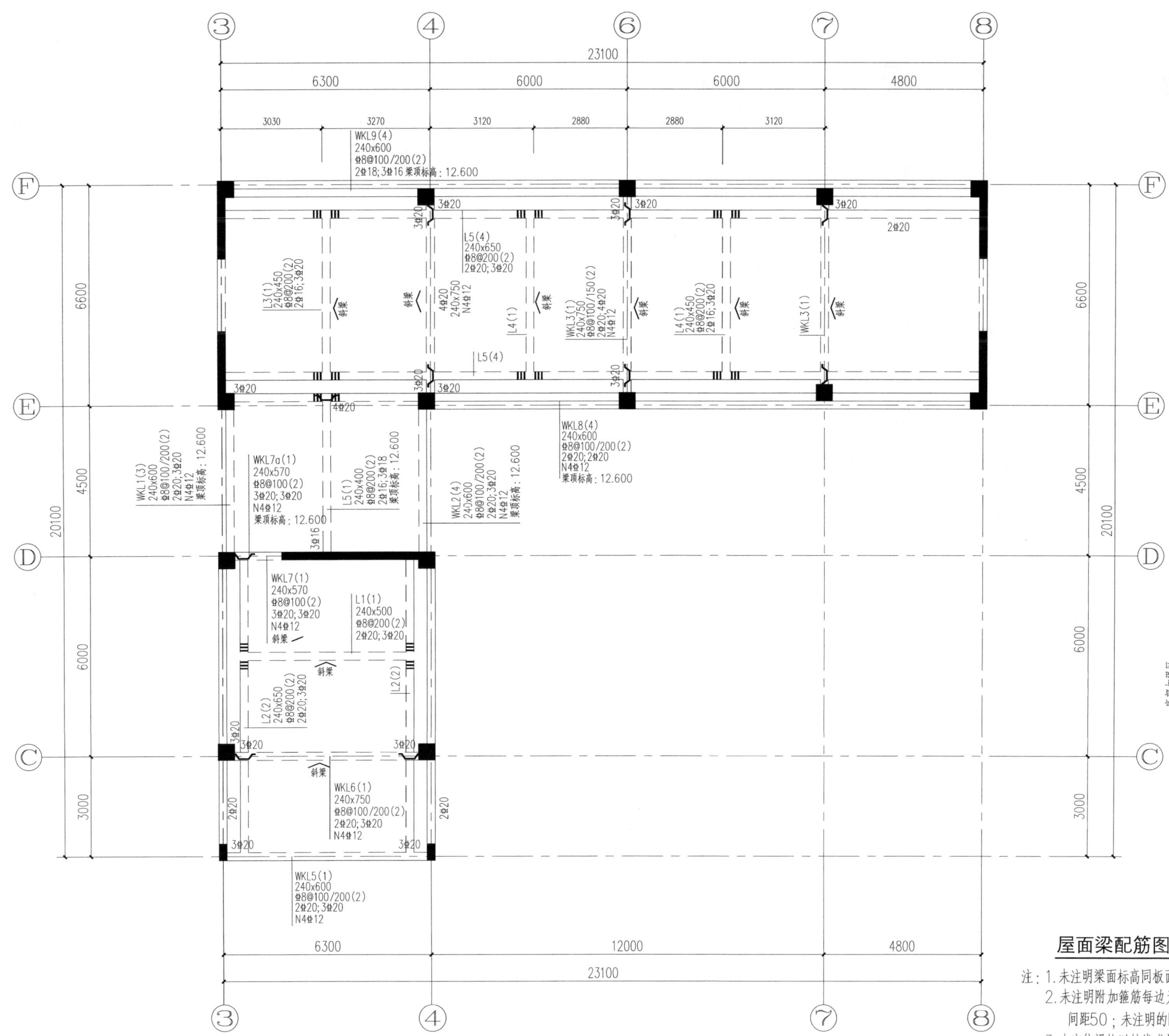

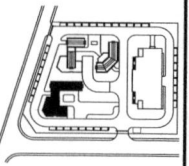

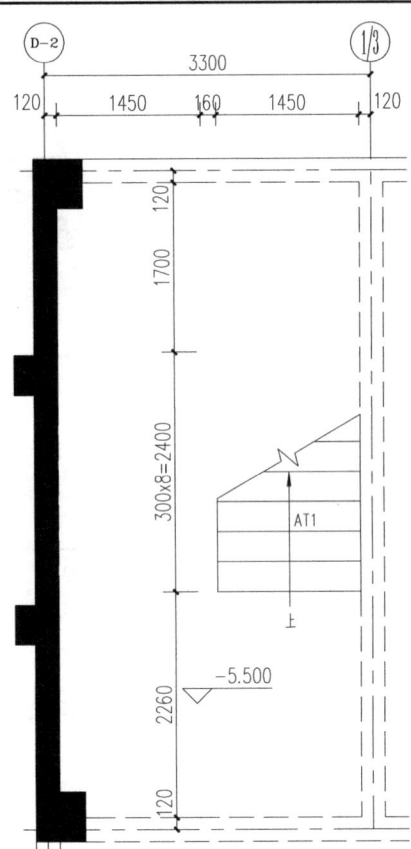

1#楼梯地下室平面图 1:50

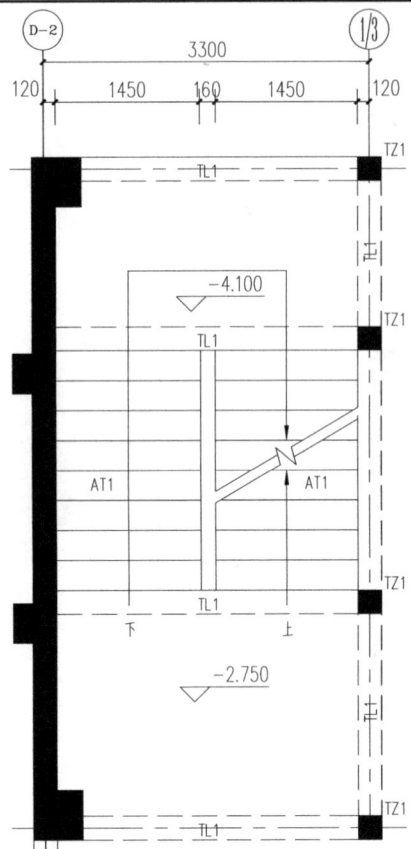

1#楼梯夹层平面图 1:50

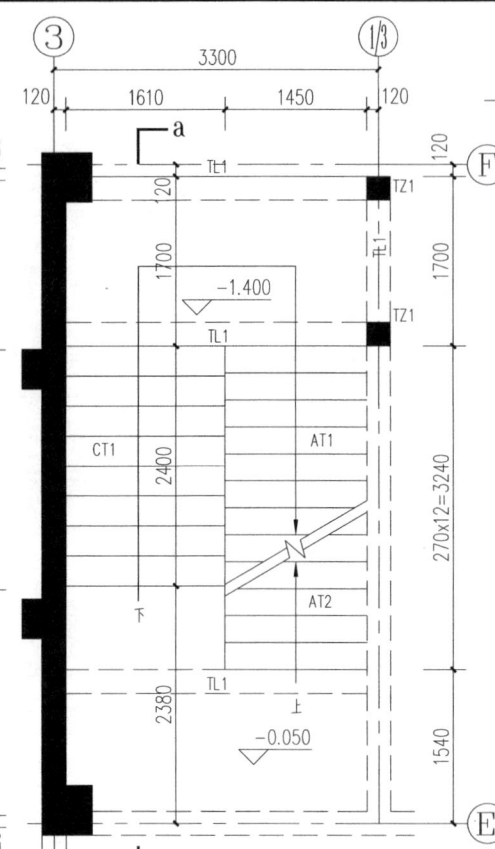

1#楼梯一层平面图 1:50

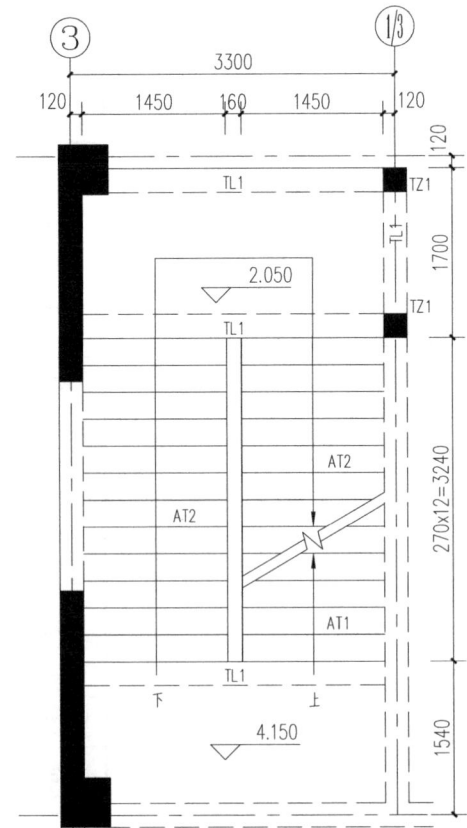

1#楼梯二层平面图 1:50

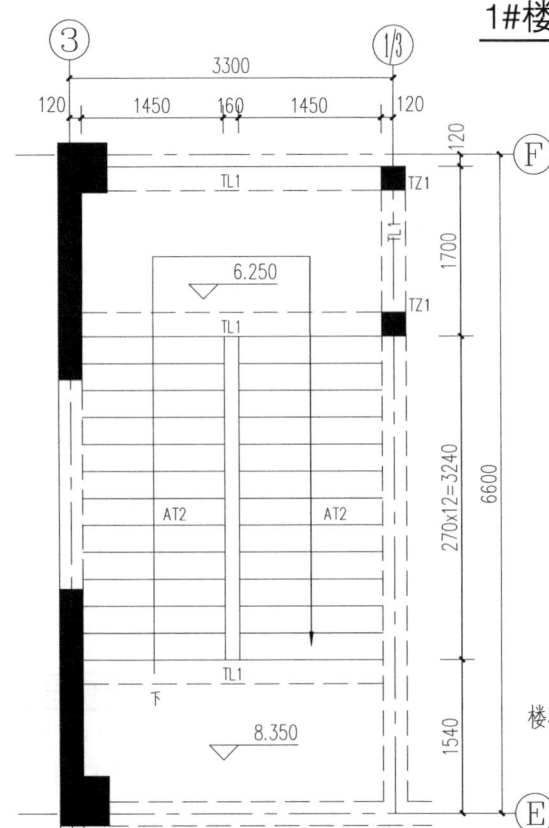

1#楼梯三层平面图 1:50

说明：
楼梯说明及梯柱、梯梁配筋同2#楼梯。

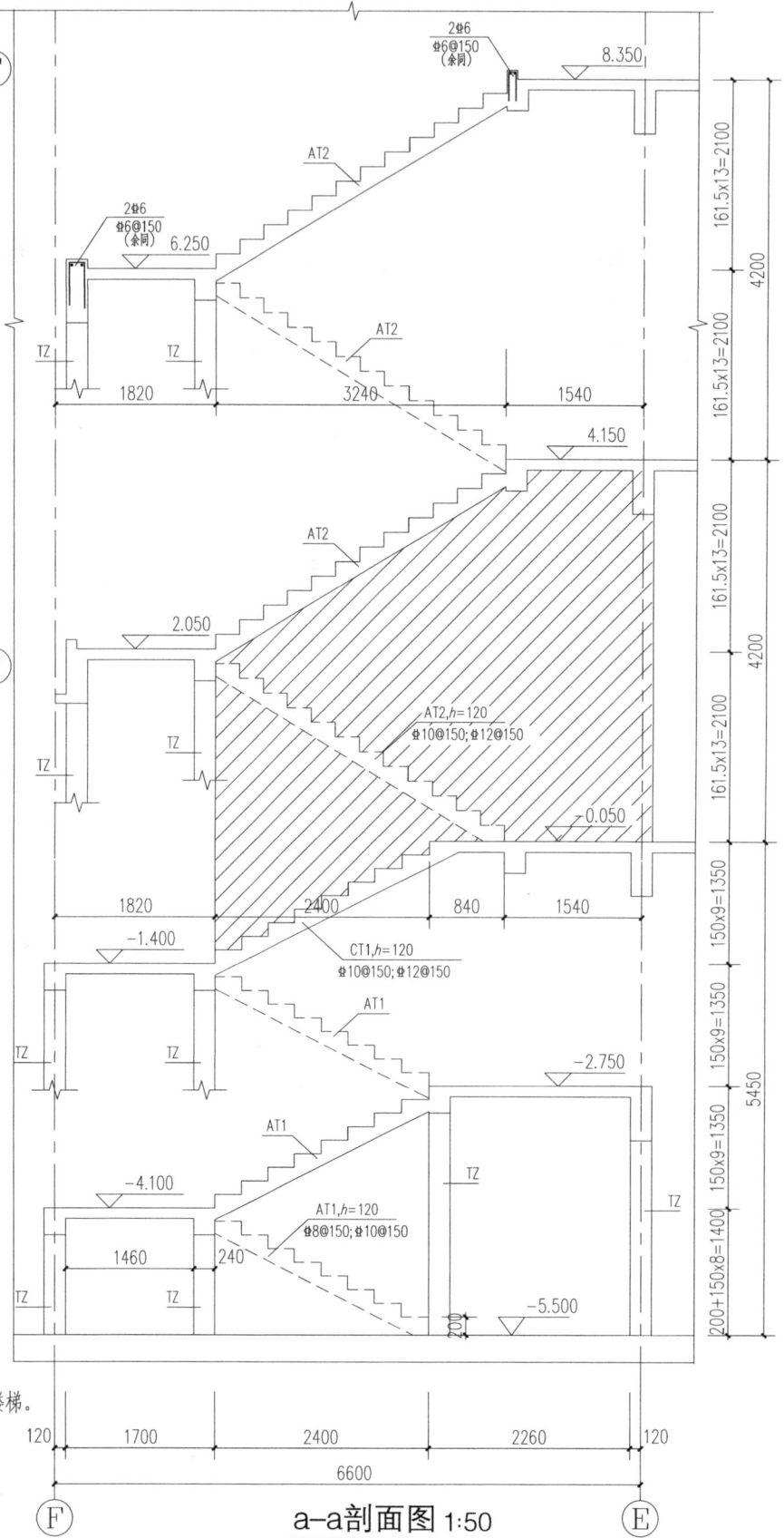

a—a剖面图 1:50

AT2,h=120
ϕ10@150;ϕ12@150

CT1,h=120
ϕ10@150;ϕ12@150

AT1,h=120
ϕ8@150;ϕ10@150

2ϕ6
ϕ6@150
(余同)

2ϕ6
ϕ6@150
(余同)

总图区域示意

设计单位

建设单位

审 定	
审 核	
项目负责	
专业负责	
校 对	
设 计	
制 图	

项目名称

科创产业园区

工程名称　商务办公楼

图纸名称

1#楼梯详图

工程编号

日 期	
阶 段	施工图
版 次	
比 例	
图 别	结施
图 号	28

52

未盖出图章本图纸无效

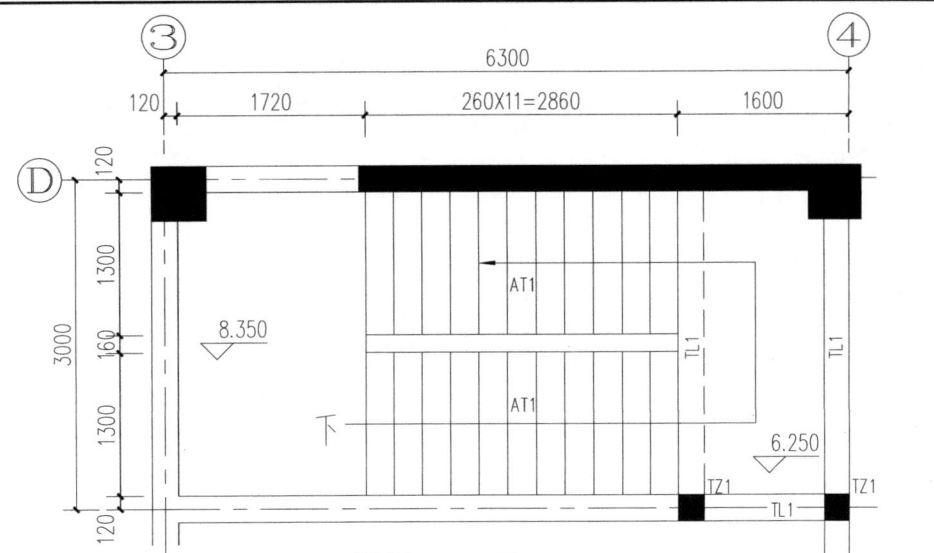

2#楼梯三层平面图 1:50

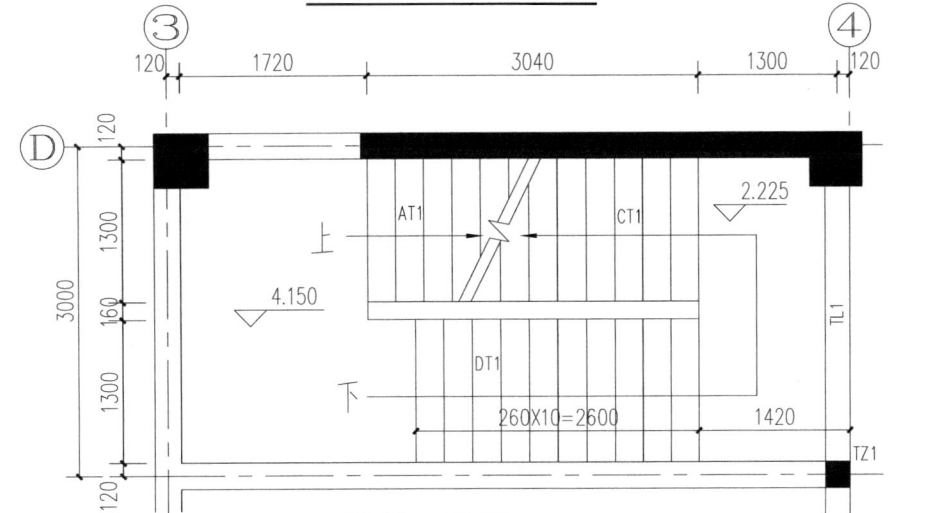

2#楼梯二层平面图 1:50

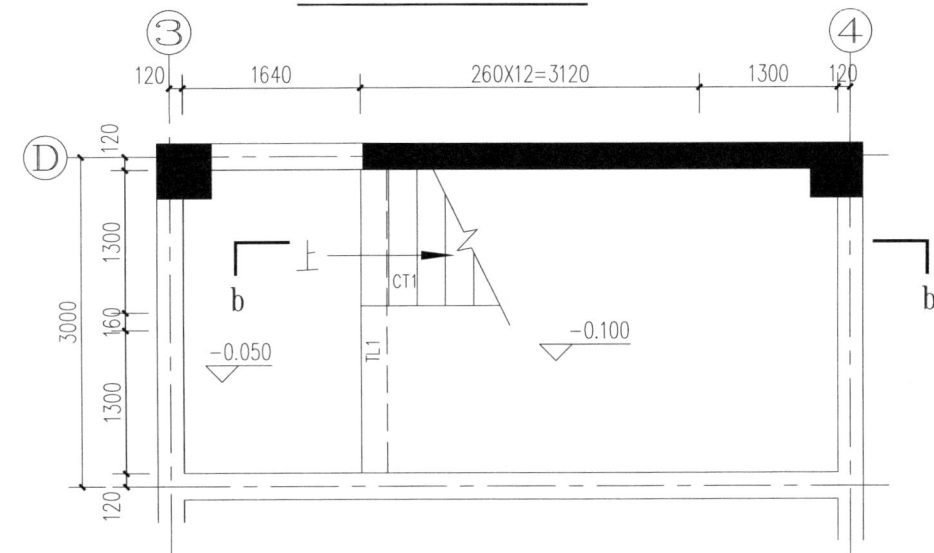

2#楼梯一层平面图 1:50

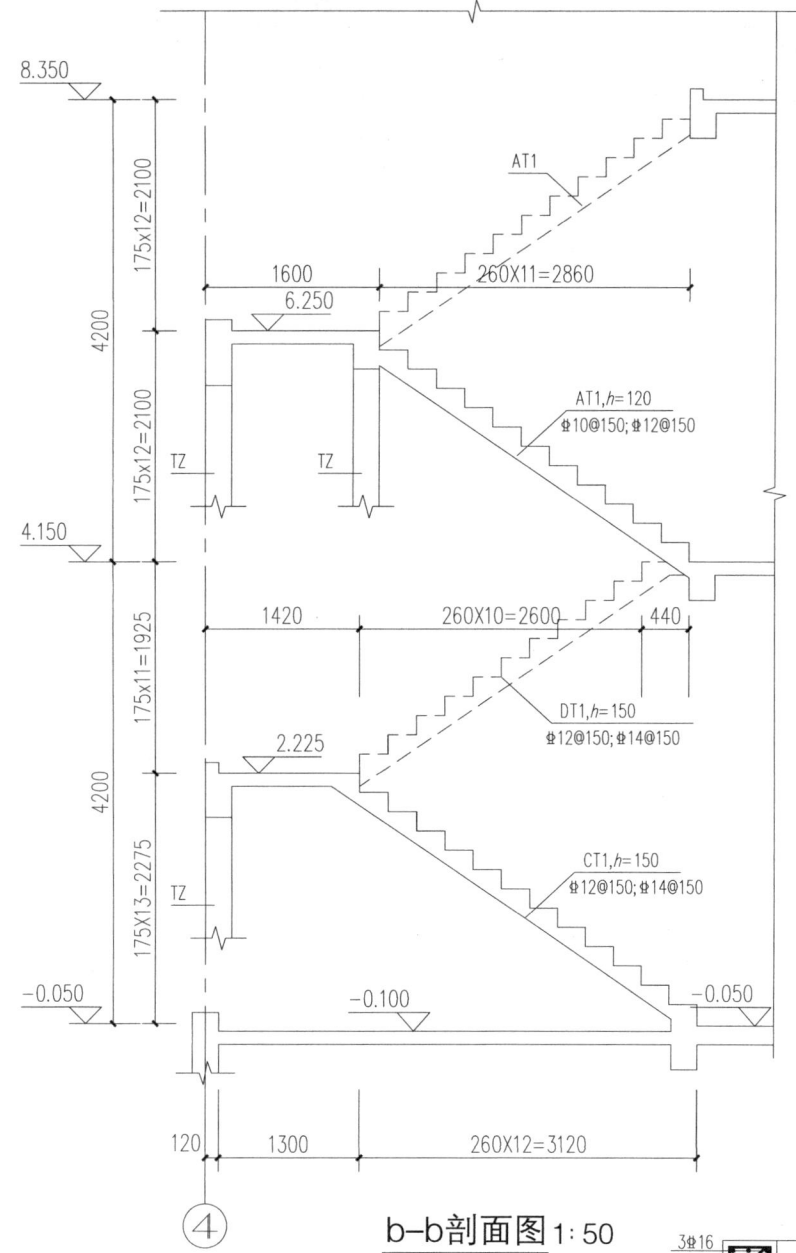

b-b剖面图 1:50

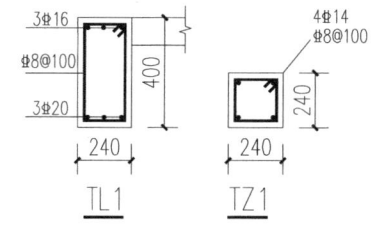

TL1   TZ1

说明：
1. 混凝土等级同同层板混凝土强度等级。
2. 除注明处外，平台板PTB1板厚为120mm，配筋为±8@200双层双向通长。
3. 楼面梁在TL、TZ搁置处设置附加吊筋2±16。120厚墙下无梁时，板底附加2±12。
4. 梁在次梁搁置处附加箍筋：直径和肢数同本梁箍筋，间距为50，每侧附加三道。
5. 梯板顶部配筋为通长配置。

总图区域示意

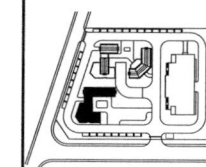

设计单位	
建设单位	
审定	
审核	
项目负责	
专业负责	
校对	
设计	
制图	

项目名称
科创产业园区

工程名称 **商务办公楼**

图纸名称
2#楼梯详图

工程编号	
日期	
阶段	施工图
版次	
比例	
图别	结施
图号	29

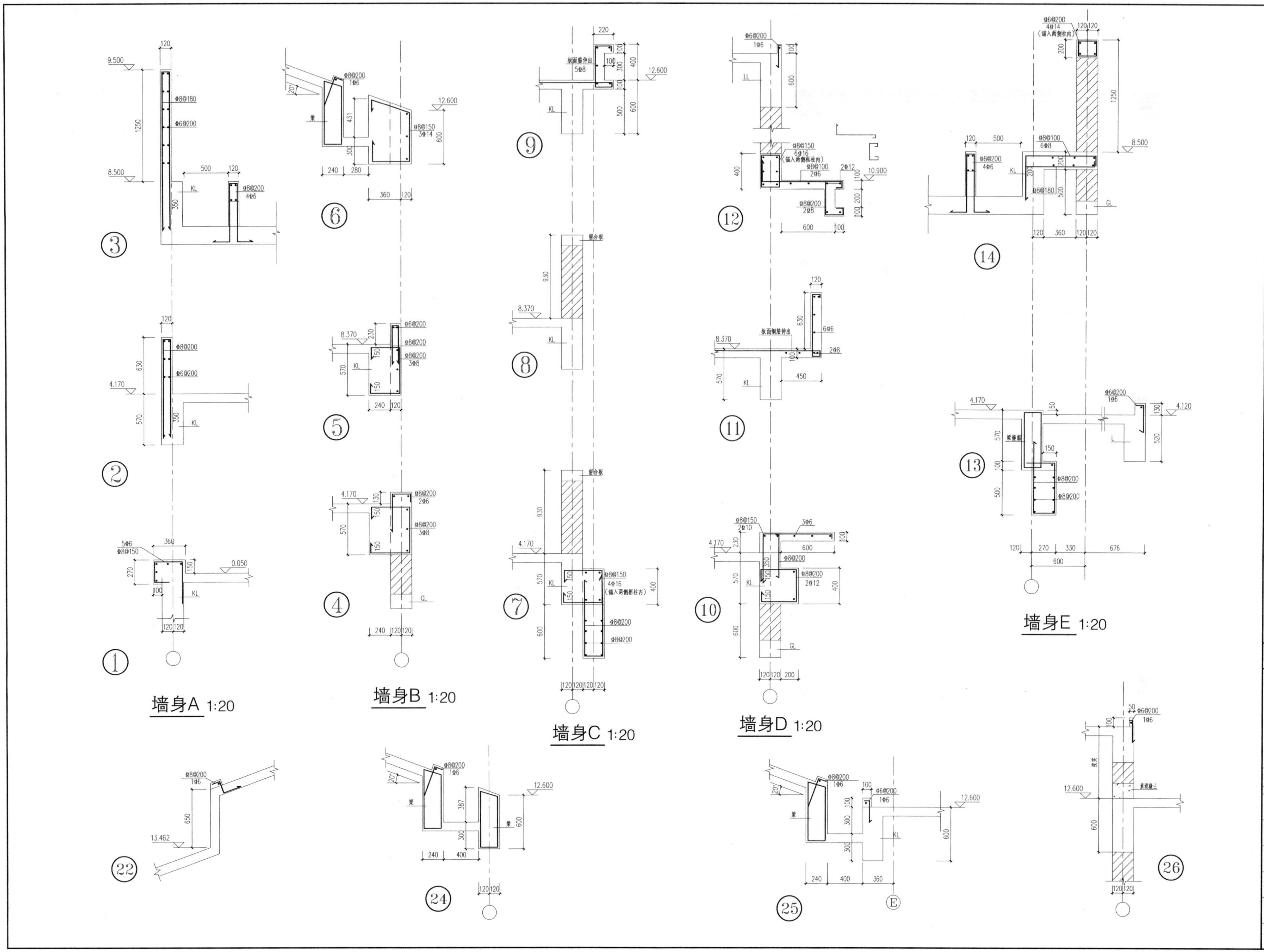

墙身A 1:20

墙身B 1:20

墙身C 1:20

墙身D 1:20

墙身E 1:20

① ② ③ ④ ⑤ ⑥ ⑦ ⑧ ⑨ ⑩ ⑪ ⑫ ⑬ ⑭ ㉒ ㉔ ㉕ ㉖

总图区域示意

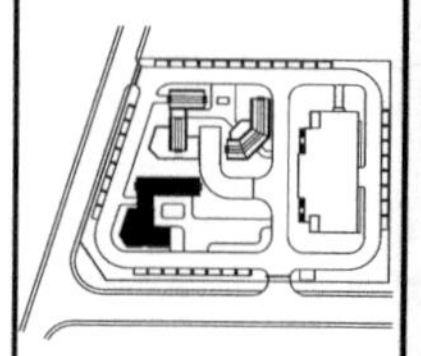

设计单位

建设单位

审 定	
审 核	
项目负责	
专业负责	
校 对	
设 计	
制 图	

项目名称	
	科创产业园区
工程名称	商务办公楼
图纸名称	
	节点详图1

工程编号	
日 期	
阶 段	施工图
版 次	
比 例	1:20
图 别	结施
图 号	30

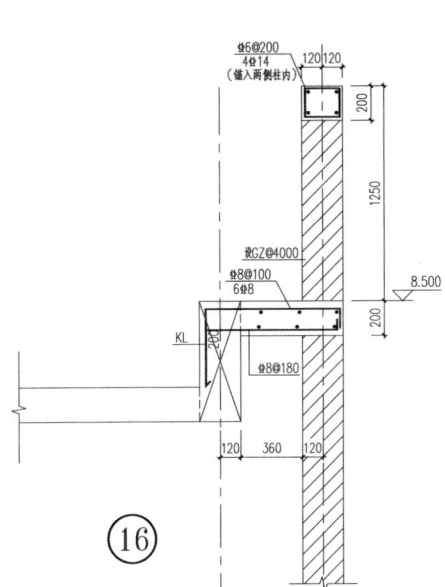

⑯

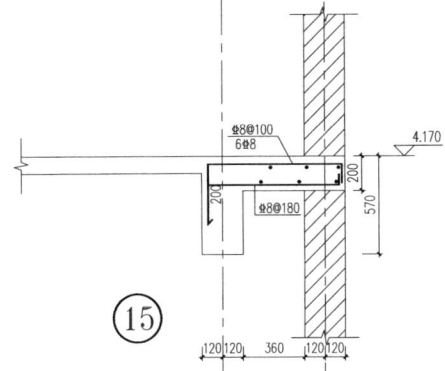

⑮

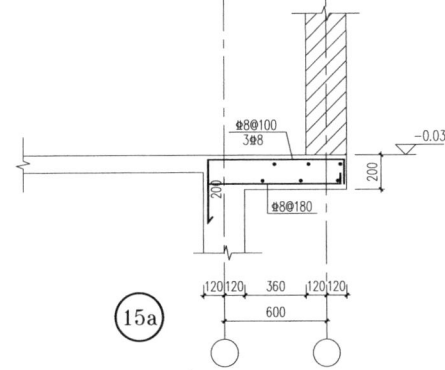

⑮a

墙身F 1:20

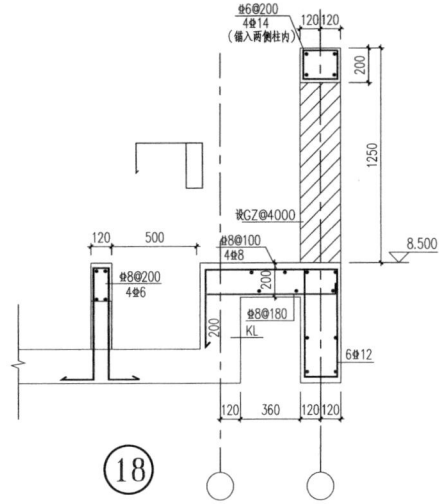

⑱

墙身G 1:20

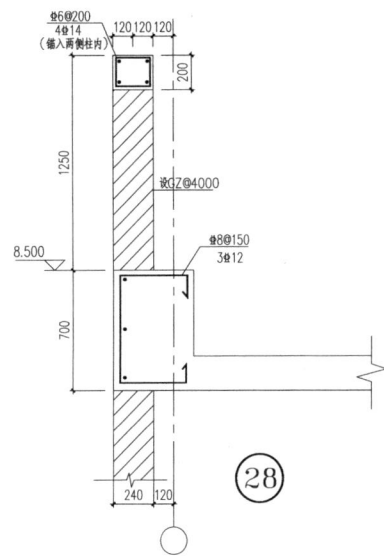

㉘

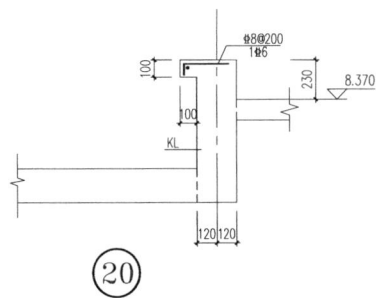

⑳

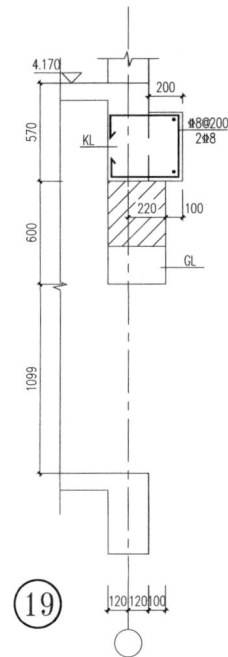

⑲

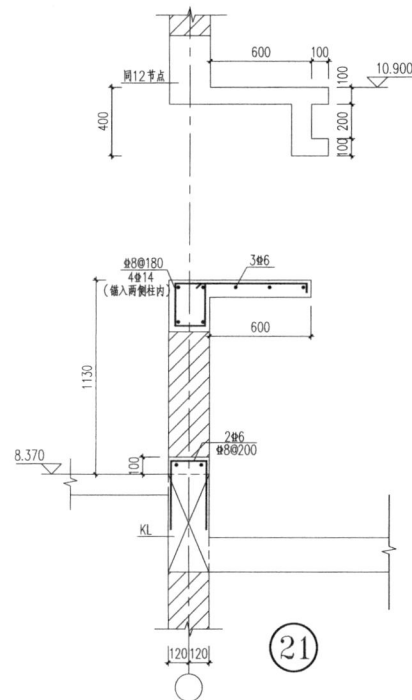

㉑

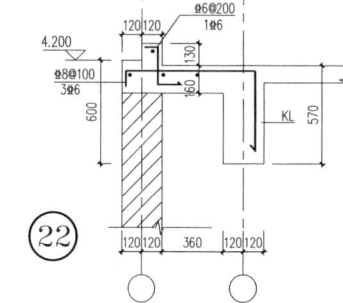

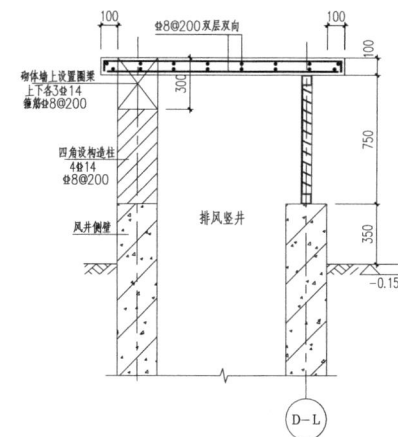

地下室风井做法 1:20

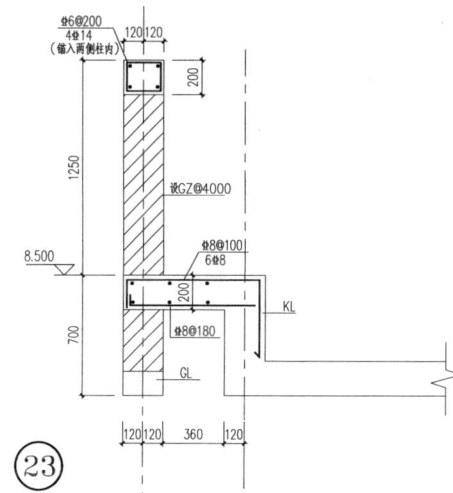

㉓

㉒

墙身H 1:20

总图区域示意

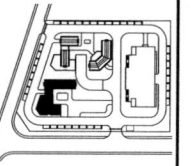

设计单位	
建设单位	
审 定	
审 核	
项目负责	
专业负责	
校 对	
设 计	
制 图	
项目名称	科创产业园区
工程名称	商务办公楼
图纸名称	节点详图2
工程编号	
日 期	
阶 段	施工图
版 次	
比 例	1:20
图 别	结施
图 号	31